U0660844

Photoshop CC 2015

图像设计与制作实用教程

主　编　王安福　孟广俊

副主编　安　龙　顾　燕　关琰芳

王　琴　徐立寅

西安电子科技大学出版社

内 容 简 介

本书是一本 Photoshop CC 实用教程，从自学与培训的角度，全面、详细地介绍了中文版 Photoshop CC 2015 图像处理软件的强大功能和实际应用。

本书共 12 章，首先从 Photoshop CC 2015 的基础知识讲起，分别介绍了图像与文件、创建与编辑选区、调整色彩与色调、图层的基本应用、绘图与修饰、路径与形状工具、通道的应用、滤镜的应用、文字的应用、动作与动画等内容，然后通过平面设计综合实例——网页设计、制作特效字、制作园林规划图等精选实例详细介绍了其制作步骤，让读者在学习理论知识的同时，通过实例演练，逐步掌握 Photoshop CC 2015 的基本操作，最终成为 Photoshop CC 图像设计与处理的行家里手。

本书结构清晰、内容全面、步骤讲解详细，可作为高等院校和大中专院校以及各类计算机培训中心的教材，也可作为图像处理与编辑人员的自学参考书。

图书在版编目(CIP)数据

Photoshop CC 2015 图像设计与制作实用教程 / 王安福，孟广俊主编. —西安：
西安电子科技大学出版社，2020.12
ISBN 978–7–5606–5911–4

Ⅰ.①P… Ⅱ.①王… ②孟… Ⅲ.①图像处理软件—教材 Ⅳ.①TP391.413

中国版本图书馆 CIP 数据核字(2020)第 265335 号

策划编辑 刘统军
责任编辑 刘百川 马晓娟
出版发行 西安电子科技大学出版社(西安市太白南路 2 号)
电 话 (029)88242885 88201467 邮 编 710071
网 址 www.xduph.com 电子邮箱 xdupfxb001@163.com
经 销 新华书店
印刷单位 咸阳华盛印务有限责任公司
版 次 2020 年 12 月第 1 版 2020 年 12 月第 1 次印刷
开 本 787 毫米×1092 毫米 1/16 印 张 24
字 数 572 千字
印 数 1～3000 册
定 价 50.00 元

ISBN 978-7-5606-5911-4 / TP

XDUP 6213001–1
如有印装问题可调换

前　言

Photoshop CC 2015 是由 Adobe 公司推出的一款图形图像处理软件，其具有友好的工作界面、强大的图像处理功能及完善的可扩充性，在广告、出版、平面印刷、图像处理、网页图像设计等领域得到了广泛应用。

本书编写以就业为导向，以培养高素质技能型人才为目标，在内容与结构安排上注重理论与实践相结合，突出"知行合一，工学结合"的人才培养模式，重点培养读者的自主探索能力。

本书共 12 章，主要介绍了 Photoshop CC 2015 的基本操作，包括图像与文件、创建与编辑选区、调整色彩与色调、图层的基本应用、绘图与修饰、文字的应用等图像处理的基本方法与技巧，并通过具体实例制作，详细分析了 Photoshop 中的路径与形状、通道、滤镜、动作与动画等重点难点，带领读者进入更深层次的学习，以提高其图形图像总体设计能力。此外，书中平面设计相关基本知识概念，不仅可以帮助初学者迅速入门和提高，也可以帮助中级用户提高图像处理能力，还能在一定程度上协助高级用户更全面地了解 Photoshop CC 2015 的新增功能。

本书由王安福、孟广俊担任主编，安龙、顾燕、关琰芳、王琴、徐立寅担任副主编。具体编写分工如下：第 1～3 章由王安福编写；第 4 章、第 7 章由安龙编写；第 5 章由关琰芳编写；第 6 章、第 10 章由徐立寅编写；第 8 章由王琴编写；第 9 章由顾燕编写；第 11 章、第 12 章由孟广俊编写。王安福负责总撰及统稿、定稿工作，并参与了其余 9 章部分内容的编写工作。

需要本书中实例源文件的读者，可发送邮件至 2328220345@qq.com 或添加 QQ(2328220345)与我们联系。

由于编者水平有限，书中难免存在不足之处，恳请广大读者批评指正。

编　者

2020 年 9 月

目　录

第 1 章　初识 Photoshop CC 2015

　　Photoshop 是由 Adobe 公司开发的一款专业数字化图像编辑软件,是现在最为流行的图像设计和制作工具软件之一。Photoshop 跨越了平面印刷、广告设计、网页美工、建筑效果图设计等众多行业,被广泛应用在各个领域中,并处于各种图形编辑软件的主导地位,成为了不可或缺的一个组成部分。

　　Photoshop CC 2015 的出现意味着 CS 系列不再开发。Photoshop CC 2015 涵盖了 Photoshop CS6 的所有功能,并新增了相机防抖动、Camera RAW 功能改进、图像提升采样、属性面板改进、Behance 集成等功能,同时 Creative Cloud 云功能的应用开启了全新的云时代 Photoshop 服务。

☞ **知识与技能目标:**

(1) 了解 Photoshop CC 2015 的应用领域。

(2) 掌握 Photoshop CC 2015 应用软件的工作界面及基本操作。

(3) 掌握自定义工作界面的设置方法。

1.1　Photoshop CC 2015 的应用领域

　　在学习 Photoshop CC 2015 之前,首先要了解该软件的应用领域,同时从这些应用领域中找到自己感兴趣的学习方向,从而不断地深入学习。

1.1.1　平面广告设计

　　平面广告包括户外广告、宣传单广告、电影海报以及报刊广告等。大多数平面广告是使用 Photoshop 制作的,但也可以先借助 Photoshop 处理广告中的图像,然后将其置入 Illustrator、PageMaker 及 CorelDRAW 等软件中完成广告的设计。平面广告设计作品如图 1-1 所示。

图 1-1　平面广告设计作品

1.1.2 数码照片的修饰与设计

随着计算机及数码设备的普及，很多摄影爱好者都对处理数码照片产生了极大的兴趣，同时各大影楼也需要对照片进行美化和修饰。运用 Photoshop 可以将一张普通的照片处理得很完美，而且还可以将其处理为具有其他风格的照片。图 1-2 所示是数码照片修复前后的效果对比。

(a) 数码照片原效果   (b) 数码照片修复后的效果

图 1-2 数码照片修复前后的效果对比

1.1.3 插画的绘制

插画的绘制是一个相对比较独立的创作过程，有强烈的个人感情依归。随着出版及商业设计领域工作的逐步细分，商业插画的需求不断扩大，从而使许多以前将插画绘制作为个人爱好的插画艺术家开始为出版社、杂志图片社、商业设计公司绘制插画。电脑插画作品如图 1-3 所示。

图 1-3 电脑插画作品

1.1.4 网页效果图设计

网络的发展与普及，使得网页设计成为了设计热点。随着 Photoshop 软件性能与功能的日趋完善，其强大的图像处理和网页制作功能为增强网页的艺术感染力提供了广阔的空间，Photoshop 现已成为网页设计师必备的工作软件。使用 Photoshop 设计的网页作品如图 1-4 所示。

图 1-4　使用 Photoshop 设计的网页作品

1.1.5　效果图的后期处理

效果图的后期处理是 Photoshop 的应用领域之一，例如对室内设计效果图、建筑效果图进行颜色调整、场景混合、植物添加、照明等后期加工处理，实现三维软件无法实现或者难以实现的效果。室内设计效果图如图 1-5 所示。

　　(a) 室内设计效果图处理前的效果　　　　　　(b) 室内设计效果图处理后的效果

图 1-5　室内设计效果图处理前后的效果

1.1.6　包装与封面设计

包装与封面不仅用于保护产品，还可以突出产品的特征并且装饰美化产品，从而达到宣传销售的目的。包装与封面设计离不开 Photoshop 强大的图形图像设计功能，其作品如图 1-6 所示。

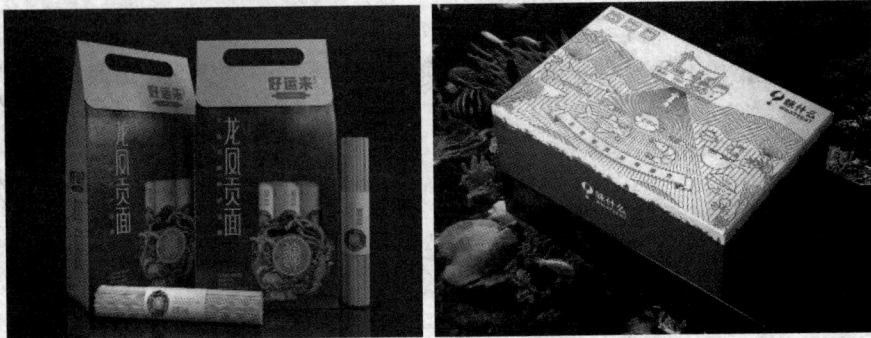

图 1-6　包装设计作品

1.1.7　人机界面设计

随着计算机硬件设备性能的不断加强、网络技术的突飞猛进以及人们审美情趣的不断提高，人机界面设计和开发已成为国际计算机界和设计界最为活跃的研究方向，在此领域 Photoshop 扮演着非常重要的角色。人机界面设计作品如图 1-7 所示。

图 1-7　人机界面设计作品

1.1.8　游戏设计

游戏设计是近年来逐步发展成熟的一个新兴产业，在游戏策划及开发阶段都要大量使用 Photoshop 技术来设计人物、道具、装备、场景等。游戏设计作品如图 1-8 所示。

图 1-8　游戏设计作品

1.2　Photoshop CC 2015 的基本操作

　　软件的操作界面类似于一个产品的外包装,首先需要对它进行解读以了解产品的信息。要想掌握 Photoshop 的基本操作,首先要做的就是看懂 Photoshop 的界面。

1.2.1　Photoshop CC 2015 的启动与退出

1. 启动 Photoshop CC 2015

　　安装好 Photoshop CC 2015 后,便可使用该软件。启动 Photoshop CC 2015 有以下 3 种方法。

　　(1) 鼠标左键双击电脑桌面上 Photoshop CC 2015 的快捷方式图标,便可以启动 Photoshop CC 2015。图 1-9 所示为 Photoshop CC 2015 的启动画面。

图 1-9　Photoshop CC 2015 的启动画面

　　(2) 选择"开始→程序→Adobe Photoshop CC 2015"命令,可启动 Photoshop CC 2015,如图 1-10 所示。

图 1-10　通过"开始"菜单启动 Photoshop CC 2015

(3) 通过打开一个 PSD 格式的图像文件来启动 Photoshop CC 2015。

2．退出 Photoshop CC 2015

在工作完成以后，需要关闭 Photoshop CC 2015。关闭 Photoshop CC 2015 的方法主要有以下 3 种。

(1) 选择"文件→退出"命令。

(2) 按"Ctrl+Q"组合键退出。

(3) 单击 Photoshop CC 2015 操作界面右上角的　×　按钮退出。

1.2.2　Photoshop CC 2015 的工作界面

运行 Photoshop CC 2015 后，选择"文件→打开"命令打开一个图像文件，可以看到如图 1-11 所示的 Photoshop CC 2015 的工作界面。该工作界面主要由菜单栏、工具属性栏、工具箱、图像编辑窗口、状态栏和浮动控制面板等部分组成。

图 1-11　Photoshop CC 2015 的工作界面

如果打开了多个图像文件，可以通过单击文件选项卡窗口右上方的展开按钮(>>)，在弹出的文件名称选择列表中选择要操作的文件，如图 1-12 所示。

图 1-12　打开多个文件的操作

技巧：

使用"Ctrl + Tab"组合键，可以在当前打开的所有图像文件中从左向右依次进行切换；使用"Shift + Ctrl + Tab"组合键，可以逆向切换这些图像文件。

使用选项卡式文件窗口管理图像文件时，为方便对图像文件的管理，可以对图像文件进行如下操作。

(1) 改变图像文件的顺序。选取某图像文件的选项卡并按住其标签不放，将其拖至一个新的位置处再释放，可以改变图像文件选项卡在组中的顺序。

(2) 取消或者恢复图像文件的叠放状态。按住某图像文件的标签不放(如图 1-13 所示)，将其从选项组中拖出来，可以取消图像文件的叠放状态，使其成为一个独立的窗口，如图 1-14 所示。再次按住图像文件的标题栏，将其拖回选项组中，可以使其重新回至叠放状态。

图 1-13　按住"汽车素材"图像文件的标签不放

图 1-14　拖动标签使"汽车素材"图像文件成为一个独立窗口

1.2.3 菜单栏

Photoshop CC 2015 中的菜单栏包括"文件""编辑""图像""图层""文字""选择""滤镜""3D""视图""窗口"和"帮助"等菜单项。单击任意一个菜单项都会弹出其包含的命令。

> **提示：**
> 如果菜单中的命令呈现灰色，则表示该命令在当前编辑状态下不可用；如果菜单右侧有一个三角符号，则表示此菜单包含有子菜单，只要将鼠标指针移动到该菜单上，即可打开其子菜单；如果在菜单右侧有省略号"…"，则执行此菜单项目时会弹出相应的对话框。

1.2.4 工具箱

随着 Photoshop 软件版本的不断升级，工具的种类与数量也不断增加，且越来越人性化，操作过程更加方便、快捷。工具箱是整个 Photoshop 软件的最基础部分，要使用工具箱中的工具，只要单击工具按钮即可在图像编辑窗口中使用，如图 1-15 所示。

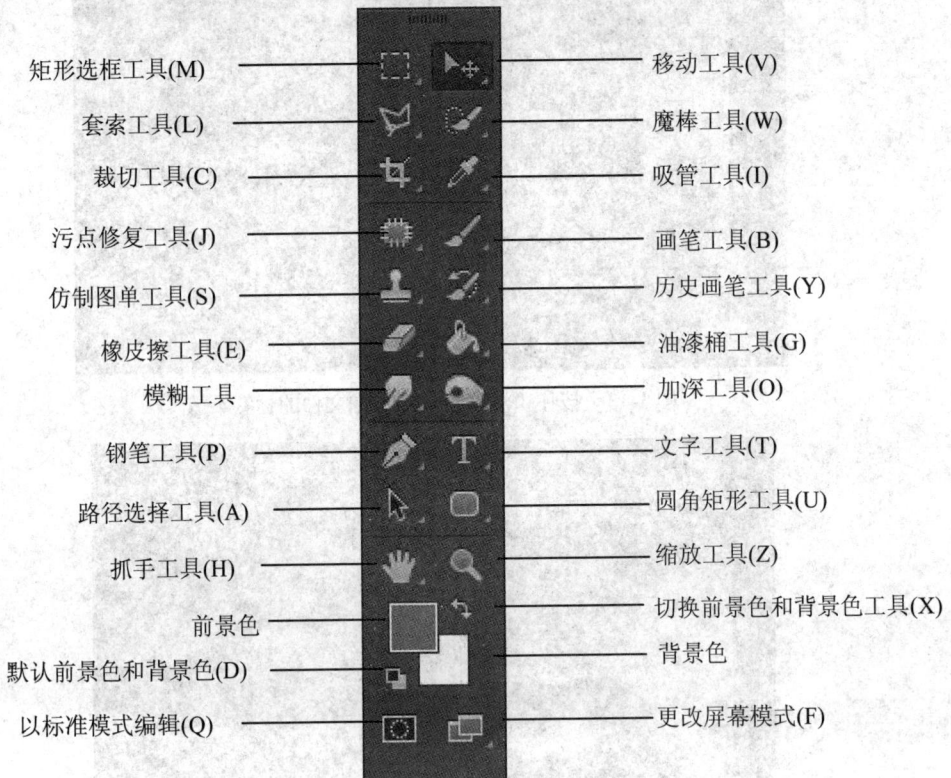

矩形选框工具(M) — 移动工具(V)
套索工具(L) — 魔棒工具(W)
裁切工具(C) — 吸管工具(I)
污点修复工具(J) — 画笔工具(B)
仿制图章工具(S) — 历史画笔工具(Y)
橡皮擦工具(E) — 油漆桶工具(G)
模糊工具 — 加深工具(O)
钢笔工具(P) — 文字工具(T)
路径选择工具(A) — 圆角矩形工具(U)
抓手工具(H) — 缩放工具(Z)
前景色 — 切换前景色和背景色工具(X)
— 背景色
默认前景色和背景色(D) —
以标准模式编辑(Q) — 更改屏幕模式(F)

图 1-15 工具箱

单击工具图标右下角的小三角形(⬒)，按住鼠标左键不放，即可看到隐藏的工具。

单击"工具箱"顶部的双箭头(▶▶)，可以将工具箱中的工具放在一栏中显示，也可以放在两栏中并排显示。

将鼠标指针移至某一工具的图标上，其名称及键盘快捷键将出现在指针下面的工具提示中。使用鼠标左键单击该工具后，便可以在工作区中应用该工具。

选择"套索工具"（ ）并延长单击的时间，可以打开该工具的隐含工具，如图 1-16 所示。

图 1-16　隐含工具

技巧：

用户想要选取隐藏的工具，按住 Alt 键的同时单击该工具组按钮，即可切换一种工具，当要选取的工具出现时，释放 Alt 键即可。或者移动鼠标指针至需要选取的工具组按钮上，单击鼠标右键弹出工具栏，移动鼠标指针至要选取的工具选项上，单击鼠标左键即可。

1.2.5　浮动控制面板

浮动控制面板是 Photoshop 软件比较常用的一种界面布局方式，主要用于对当前图像的颜色、图层、样式以及相关的操作进行设置和控制。

默认情况下，浮动控制面板以面板组的形式出现，位于工作界面的右侧，用户可以进行分离、移动和组合。

用户若要选择某个浮动面板，可单击浮动面板窗口中相应的标签；若要隐藏某个浮动面板窗口，可单击"窗口"菜单中带"✔"标记的命令，或单击浮动面板窗口右上角的 按钮，在弹出的面板菜单中选择"关闭"命令，如图 1-17 所示。

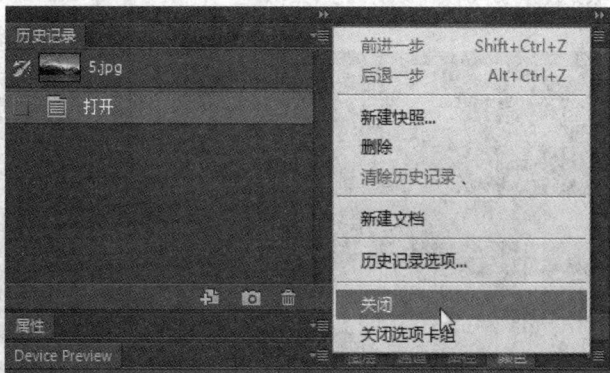

图 1-17　关闭"历史记录"面板

技巧：

按"Tab"键可以隐藏工具箱和所有的浮动面板；按"Shift+Tab"组合键可以隐藏所有的浮动面板，并保留工具箱的显示。

1. 展开面板

单击面板组右上角的双三角形按钮，可以将面板折叠为图标状，再次单击双三角形按钮，可重新恢复至面板组。

（1）拖曳鼠标指针至控制面板上方的任意区域处，单击鼠标右键，在弹出的快捷菜单中选择"展开面板"选项，如图 1-18 所示。

（2）执行操作后，即可在图像编辑窗口中展开控制面板，此时的控制面板如图 1-19 所示。

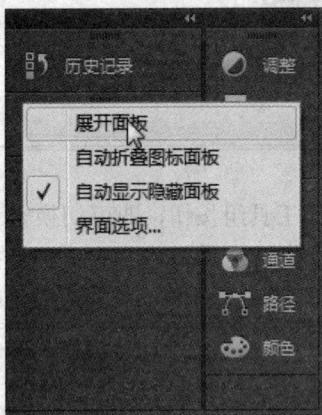

图 1-18　选择"展开面板"选项　　　　　图 1-19　展开面板

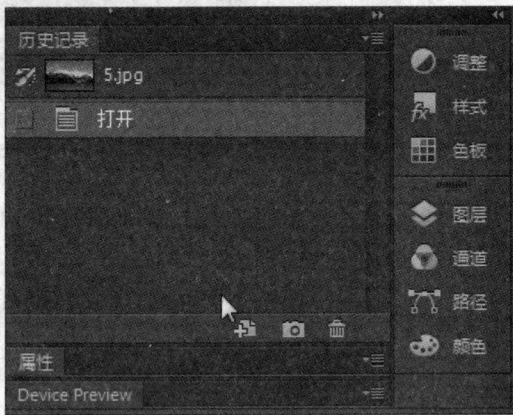

2. 移动面板

将鼠标指针放置在面板组上的黑色区域内，单击鼠标左键并拖曳，即可移动面板组；将一个面板的名称拖曳到另一个面板的标题栏上，当出现蓝色框时放开鼠标，可以将它与目标面板组合在一起。操作方法如下：

（1）单击"文件→打开"命令，打开一幅素材图像，拖曳鼠标指针至控制面板上方的黑色区域内，如图 1-20 所示。

图 1-20　确定鼠标位置

（2）按住鼠标左键并拖曳面板至合适位置，释放鼠标左键即可完成移动面板操作，如图 1-21 所示。

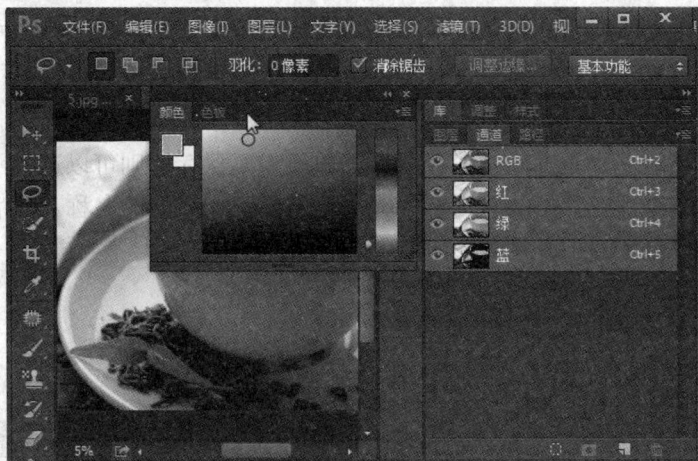

图 1-21　移动面板

3．隐藏面板

在一个面板的标题栏上单击鼠标右键，可以显示一个快捷菜单；选择"关闭"选项，可以关闭该选项卡。对于浮动面板，则可以单击右上角的关闭按钮，将其关闭。操作方法如下：

(1) 拖曳鼠标指针至"颜色"面板组上的灰色区域内，单击鼠标右键，在弹出的快捷菜单中选择"关闭"选项，如图 1-22 所示。

(2) 执行操作后，即可隐藏"颜色"面板，隐藏"颜色"面板后的状态如图 1-23 所示。

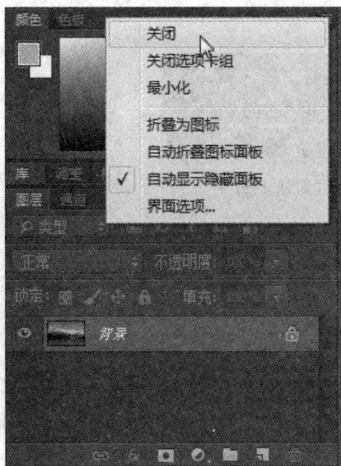

图 1-22　选择"关闭"选项　　　　图 1-23　隐藏"颜色"面板

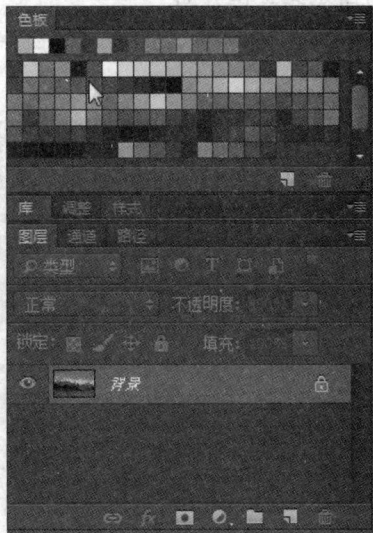

1.3　自定义工作界面

利用 Photoshop 提供的保存工作界面功能，用户可以根据自己的喜好布置工作界面并将其以自定义工作界面的方式保存下来。用户在工作一段时间后，如果工作界面变得零乱，则可以通过调用自定义工作界面命令，将工作界面恢复至自定义时的状态。

1. 保存自定义工作界面

用户根据自己的喜好布置好工作界面后，如果需要保存，则可以选择"窗口→工作区→新建工作区"命令，在弹出的对话框中输入自定义工作界面的名称，然后选择"存储"按钮，即可保存自定义的工作界面，如图 1-24 所示。

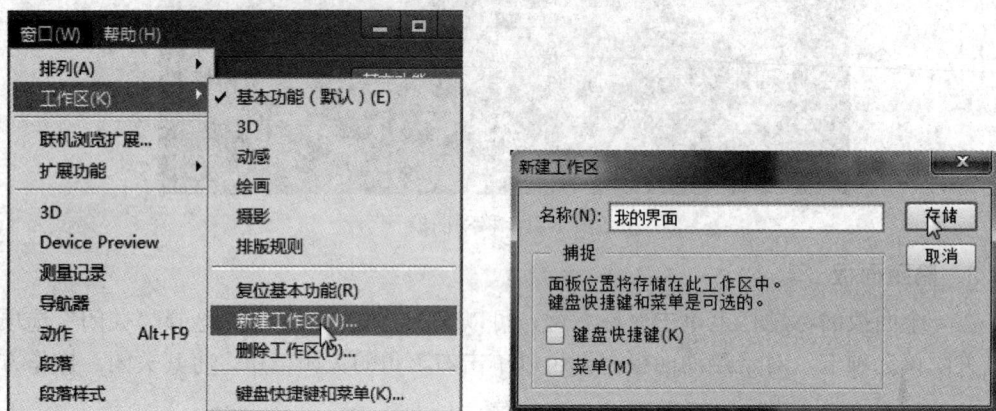

(a) 选择命令　　　　　　　　　　　(b) 输入名称

图 1-24　保存自定义工作界面

2. 调用自定义工作界面

要调用自定义工作界面，选择"窗口→工作区"级联菜单中的自定义工作界面名称即可，如图 1-25 所示。

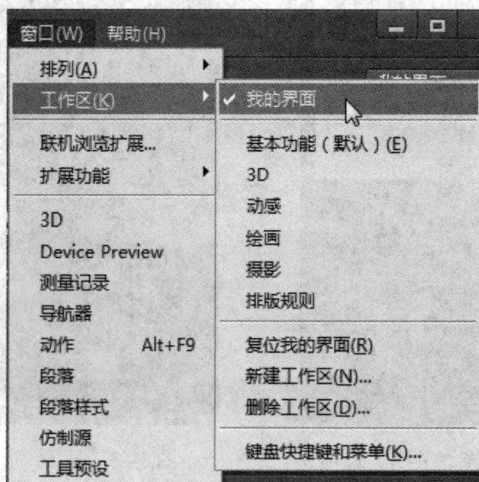

图 1-25　调用自定义工作界面

3. 恢复至系统默认的工作界面

如果在工作过程中要将工作界面恢复至系统默认的工作界面，可选择"窗口→工作区→基本功能(默认)"命令，如图 1-26 所示。

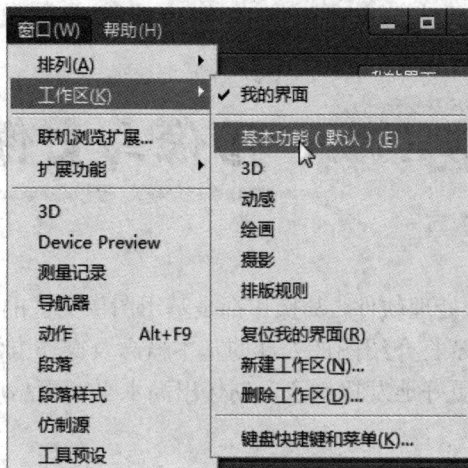

图 1-26 恢复至系统默认的工作界面

1.4 习 题

实训题

(1) 打开一个图像文件,熟悉 Photoshop CC 2015 的工作界面、菜单栏、工具属性栏、工具箱、图像编辑窗口、状态栏和浮动控制面板等部分的操作。

(2) 按照自己的喜好自定义自己的工作布局。

第 2 章　图像与文件

Photoshop 是一款图像处理软件，其操作都是基于图像文件的，掌握有关图像文件的操作方法是非常重要的。本章将介绍图像处理的基本概念及操作方法，使用户了解并熟悉这些专业知识，以利于今后更好地发挥创意，创作出高水平、高品质的作品。

📖 **知识与技能目标：**

(1) 了解位图、矢量图的概念及常见格式。

(2) 理解像素与分辨率的概念及常见分辨率种类。

(3) 掌握图像文件的基础操作方法。

(4) 掌握图像辅助工具的使用方法。

2.1　位图与矢量图

计算机图形图像的主要形式分为位图与矢量图，两者有着本质的区别。Photoshop 是一个位图处理软件，但同时又能导入矢量图文件，所以对于学习 Photoshop 而言，理解并掌握这两种图形图像文件格式的区别就显得很重要。

2.1.1　位图的基本概念

位图是由多个像素点组合生成的图像，不同的像素点以不同的颜色构成了整个图像。位图可以表达出色彩丰富，过渡自然的图像效果，一般由 Photoshop、Paint、Cool 3D 等位图软件绘制生成。我们使用数码相机拍摄的照片和使用扫描仪扫描的图像也都是以位图方式保存的。

位图图像也称为点阵式图像，它是由许多点组成的，这些点称为像素。由于位图是记录每点的数据信息，因而可以精确地制作出色彩和色调变化丰富的图像，进而逼真地表现自然界的色彩。但是由于它所包含的图像像素数目是一定的，所以将图像放大到一定程度后，图像就会失真，边缘会出现锯齿，如图 2-1 所示。

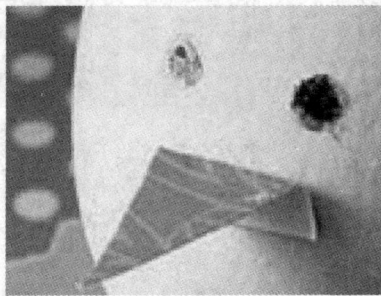

(a) 位图原图像　　　　　　　　　　　(b) 放大显示后的局部图像效果

图 2-1　位图放大前后效果图对比

2.1.2　位图文件的常见格式

图像文件格式是指图像文件在计算机中表示和存储图像信息的格式。面对不同的工作需要，选取不同的文件格式也非常重要。例如，在彩色印刷领域，图像的文件格式选为 TIFF 格式，而在互联网中 GIF 格式、JPEG 格式的图像文件被广泛应用，这主要是因为其独特的图像压缩方式，使得图像所占用的存储量比较小。

位图文件的常见格式有很多，下面将介绍几种常用格式。

1．PSD 格式

PSD 文件格式是 Photoshop 的默认格式，也是唯一支持所有图像模式(包括位图、灰度、RGB、CMYK、双色调、索引颜色、Lab 和多通道等)的文件格式，可以分别保存图像中的图层、通道、辅助线和路径等信息。PSD 格式的唯一缺点是保存的文件比较大。

2．JPEG 格式

JPEG 文件格式是一种高压缩比、有损压缩真彩色的图像文件格式，其最大的特点是文件比较小，可以进行高倍率的压缩，因而在注重文件大小的领域应用广泛，如在网络上绝大部分要求高颜色深度的图像都使用 JPEG 格式。JPEG 格式支持 RGB、CMYK 和灰度三种颜色模式，但不支持 Alpha 通道。它主要用于图像预览和制作 HTML 网页。

JPEG 格式是压缩率最高的图像文件格式之一，这是由于 JPEG 格式在压缩保存的过程中会以失真最小的方式丢掉一些肉眼不易察觉的数据，因此保存后的图像与原图像会有所差别，没有原图像的质量好，不宜在印刷、出版等高要求的场合下使用。

3．TIFF 格式

TIFF 格式用于在不同的应用程序和计算机平台之间交换文件。TIFF 格式是一种通用的位图文件格式，几乎所有的绘画、图像编辑和页面版式应用程序都支持该文件格式。

TIFF 格式能够保存通道、图层、路径，它与 PSD 格式没有什么区别，但如果使用其他应用程序打开以 TIFF 文件格式保存的图像，则所有图层将被合并。只有使用 Photoshop 打开保存图层的 TIFF 文件，才能修改其中的图层。

4．GIF 格式

GIF 文件格式是一种很通用的图像文件格式，由于最多只能保存 256 种颜色，且使用 LZW 压缩方式压缩文件，因此 GIF 格式保存的文件非常小，不会占用太多的磁盘空间，适合 Internet 上的图片传输，另外 GIF 格式还可以保存动画。

5．PDF 格式

PDF 文件格式是 Adobe 公司开发的一种专为出版而制定的，由 Adobe Acrobat 软件生成的文件格式。PDF 文件可以包含矢量和位图图形，还可以包含电子文档查找和导航功能，并且支持超链接。PDF 格式文件可以存有多页信息，其中包含图形和文本，因此 PDF 格式文件可获得图文混排的版面，是网络下载经常使用的文件。

6．PNG 格式

PNG 格式文件即便携式网络图形文件，PNG 格式是一种无损压缩的图片格式，一般情况下应用于 Java 程序或者网页中,原因是压缩比高、文件体积小(比 GIF 格式文件小 10%～30%),非常节约内存空间。同时无损压缩,在不损失数据的情况下,也能快速获取想要的图片,而且不降低图片质量。PNG 格式支持透明效果,这是其他常用的图片格式,比如 JPEG 和 GIF 格式所不具备的特征。PNG-8 格式与 GIF 图像类似,同样采用 8 位调色板将 RGB 彩色图像转换为索引彩色图像,PNG-24 格式可保留照片中存在的亮度和色相的显著变化和细微变化。

2.1.3　矢量图的基本概念

矢量图是由一系列线条所构成的图形,而这些线条的"颜色""位置""曲率"等属性都是通过许多复杂的数学公式来表达的。矢量图不宜制作色调丰富或色彩变化太大的图形,而且绘制出来的图形也无法像位图那样精确地描绘各种绚丽的景象。矢量图一般由 CorelDraw、AutoCAD、Free Hand 等矢量图软件生成。

矢量图形也称为向量图形,是用数学的矢量方式来记录图像内容的,图像以线条和色块为主,这类图像的线条非常光滑、流畅,可以无限地进行放大、缩小或旋转等,并且不会失真,图像文件所占的磁盘空间也很少,如图 2-2 所示。

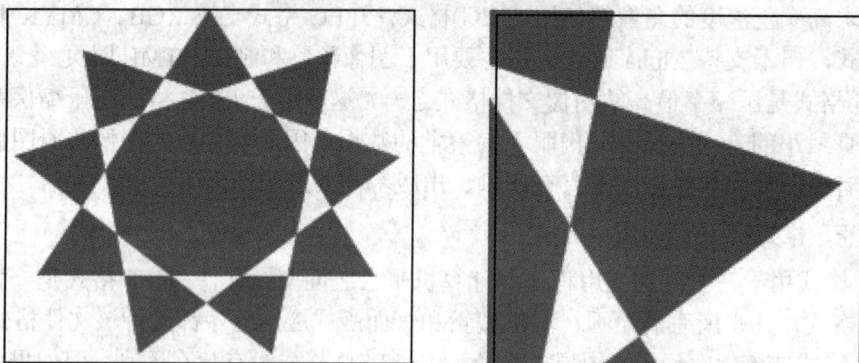

(a) 矢量图原图像　　　　　　　　　　(b) 放大后显示的局部图像效果

图 2-2　矢量图放大前后效果图对比

2.1.4　矢量图文件的常见格式

1. AI 格式

AI 文件格式是 Illustrator 软件所特有的矢量图形存储格式,也是一种标准的矢量图文件格式。在 Photoshop 中将保存了路径的图像文件输出为 AI 格式,可以在 Illustrator 软件中直接打开并可以进行任意修改和处理。在 Photoshop 中打开 AI 文件时,Photoshop 可以将其转换为智能对象,以避免矢量图文件中的矢量信息被栅格化。

2. EPS 格式

EPS 文件格式是一种跨平台的通用格式,它可以同时包含矢量图像和位图图像,并且所有的图像、图表和页面版面程序都支持该文件格式。在 Photoshop 中打开含矢量图像的 EPS 文件时,Photoshop 会将矢量图像转换为位图图像。

EPS 格式支持 Lab、CMYK、RGB、索引颜色、双色调、灰度和位图颜色模式，但不支持 Alpha 通道。

2.2　像素与分辨率

像素与分辨率决定了图像文件的大小和图像输出时的质量，合理地设置像素和分辨率是创作出高品质、高水平作品的前提。

2.2.1　像素与分辨率概述

1. 像素

像素是构成图像的最小单位，它的形态是一个小方点，很多像素组合在一起就构成了一幅图像，组合成图像的每一个像素只显示一种颜色，由于图像能记录下每一个像素的数据信息，因而可以精确地记录色调丰富的图像，逼真地表现自然界的景观。

2. 分辨率

分辨率是图像处理中的一个非常重要的概念，图像的分辨率是指位图图像中每英寸上所包含的像素数量，单位是 dpi(display pixels/inch)。图像分辨率的高低直接影响图像的质量，分辨率越大，文件就越大，图像就越清晰，处理速度也就越慢；反之，分辨率越低，图像就越模糊，文件就越小，处理速度也就越快。

要确定图像的分辨率，首先必须考虑图像的最终用途。比如，对于只在屏幕上观看的图像，只需要满足屏幕显示的分辨率即可，通常为 72 dpi 和 96 dpi。

2.2.2　常见的分辨率种类

1. 屏幕分辨率

屏幕分辨率就是 Windows 桌面的大小，以 17 英寸的屏幕为例，如果图像呈现在屏幕上的尺寸是 800 × 600 像素，由于特定屏幕的显示尺寸是固定的，当屏幕的分辨率由 800 × 600 像素修改为 1280 × 1024 像素后，17 英寸的屏幕中单位面积的像素点增加了，原先的图像看起来细腻了很多，但尺寸则缩小为不到桌面的 40%。

2. 图像分辨率

图像分辨率即图像中单位长度中含有的像素数目，通常用像素/英寸表示(dpi)。在 Photoshop 中，用户可以更改图像分辨率。高分辨率的图像通常比低分辨率的图像能更精细地重现颜色变化，但文件也越大，所需要的内存也越大，CPU 处理时间也越长，所以在制作图像时，根据不同需要和品质设置合适的图像分辨率，才能最高效地制作出自己所需的作品。

3. 打印分辨率

打印机分辨率即激光打印机(包括照排机)等输出设备产生的每英寸的油墨点数(dpi)。大多数桌面激光打印机的分辨率为 300 dpi 至 600 dpi，而高档照排机能够以 1200 dpi 或更高的分辨率进行打印。

2.3　管理图像文件

如果是在原有的素材基础上进行编辑修改，就必须打开这个图像文件；如果是从头开始绘制一幅图像，就必须创建一个新的空白图像，然后使用绘图工具进行绘制。

2.3.1　打开图像文件

打开图像可以按以下步骤进行：

(1) 选择"文件→打开"命令，或按下"Ctrl+O"快捷键，弹出"打开"对话框，如图 2-3 所示。

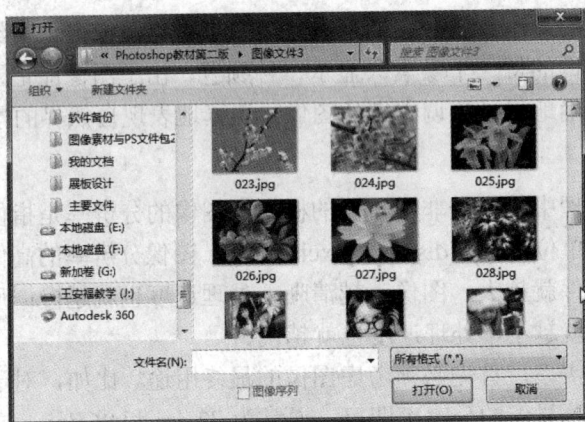

图 2-3　打开图像文件对话框

> **技巧：**
> 若用鼠标左键双击 Photoshop 桌面，也可以打开如图 2-3 所示的"打开"对话框。

(2) 在打开的文件列表框内选择所需的文件，单击"打开"按钮或直接使用鼠标左键双击该文件图标即可打开该文件。

> **提示：**
> 如果文件未打开，则选取的格式可能与文件的实际格式不匹配，或者文件已经损坏。

2.3.2　新建图像文件

建立新图像文件的操作方法如下：

(1) 选择"文件→新建"命令(快捷键：Ctrl + N)，打开"新建"对话框，如图 2-4 所示。

> **技巧：**
> 如果在新建文件前曾执行过复制图像的操作，则"新建"对话框会显示出上次复制的图像的尺寸。按住 Alt 键选择"新建"命令，或直接按下"Ctrl + Alt + N"快捷键可得到上一次新建文件时的尺寸。

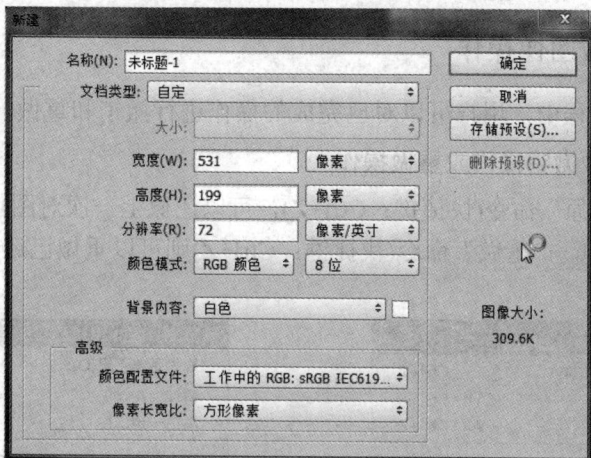

图 2-4　新建图像文件对话框

(2) 在对话框中设置下列各项参数。

① 名称：用于输入新文件的名称。

② 图像大小：用于设置图像文件的大小、颜色模式和分辨率预设。

③ 确定图像的尺寸：在"宽度"和"高度"文本框中直接输入尺寸大小。在输入尺寸大小时，首先应从右侧的单位下拉列表中选择所需的单位，其中有像素、英寸、厘米、点等。

④ 背景内容：用于确定新建文件背景图层颜色，可选择白色、背景色(工具箱中背景颜色框中的颜色)、透明或其他。

(3) 单击"确定"按钮，或按下回车键，即可得到一个指定大小的空白图像文件。

2.3.3　保存图像文件

制作完毕的图像，保存方法如下：

选择"文件→另存为"命令，打开"另存为"对话框进行保存，如图 2-5 所示。

图 2-5　"另存为"对话框

2.3.4　撤销与重做图像操作

在处理图像的过程中，用户可以对已完成的操作进行撤销和重做。

1. 使用菜单命令撤销操作或重做操作

选择"编辑→还原"命令(快捷键：Ctrl+Z)，可以还原上一次对图像所做的操作，如图 2-6 所示。选择"编辑→ 重做"命令(快捷键：Ctrl+Z)则可以重做已还原的操作，如图 2-7 所示。

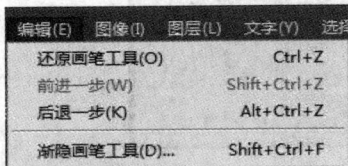

图 2-6　还原命令　　　　　　　　　图 2-7　重做命令

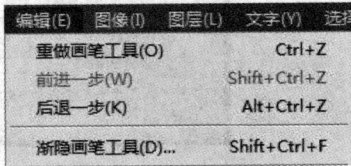

选择"前进一步"和"后退一步"命令可以还原和重做多次操作。在操作时，可以直接使用前进一步(快捷键：Shift+Ctrl+Z)和后退一步(快捷键：Alt+Ctrl+Z)，如图 2-6 和图 2-7 所示。

2. 使用"历史记录"面板撤销任意操作

在编辑图像时，Photoshop 会自动将已执行的操作记录在"历史记录"面板中，用户可以使用该面板撤销前面所进行的任意操作。具体操作方法如下：

选择"窗口→历史记录"命令，打开"历史记录"面板，单击"历史记录"面板右上角的菜单按钮(▤)，在弹出的面板菜单中选择"后退一步"选项，即可撤销"油漆桶"操作，如图 2-8 所示。

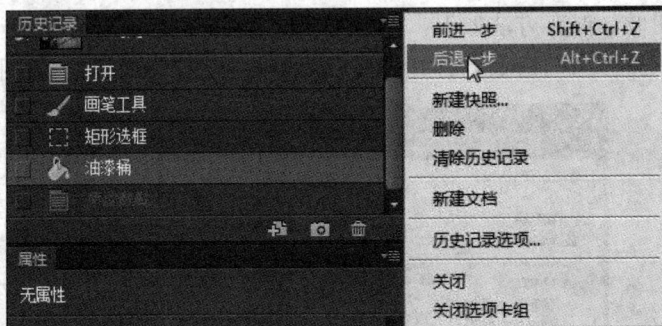

图 2-8　使用"历史记录"面板撤销任意操作

> 提示：
> "历史记录"面板可以撤销指定的操作步骤、恢复撤销后的操作以及删除操作步骤。"历史记录"面板默认可以记录用户当前操作的 20 个步骤，用户可以在"首选项"对话框中对记录的操作步骤数进行设置。

3. 从磁盘上恢复图像文件

当用户对图像进行了保存操作后，又对其进行了其他处理，若想将图像还原为当初保存时的状态，则需从磁盘上恢复图像文件。操作步骤如下：

(1) 选择"文件→打开"命令，打开一幅素材图像，如图 2-9 所示。

(2) 选择"图像→图像旋转→水平翻转画布"命令，如图 2-10 所示。

图 2-9　素材图像

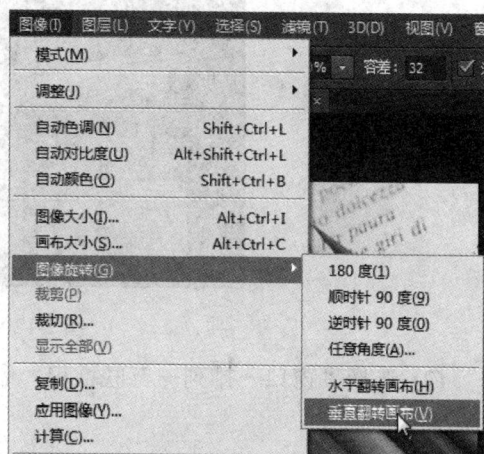

图 2-10　选择"水平翻转画布"命令

(3) 执行操作后即可水平翻转画布，效果如图 2-11 所示。

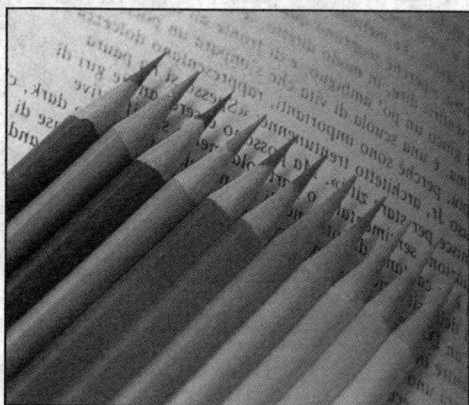

图 2-11　水平翻转画布

(4) 选择"文件→恢复"命令，即可从磁盘上将图像恢复到当初保存时的状态，如图 2-9 所示。

2.4　图像窗口的操作

在实际工作中，如果打开多幅图像同时进行处理，会使 Photoshop 桌面显得零乱，快速、有效地管理这些图像窗口，可为工作带来极大的方便。

2.4.1　图像窗口的排列

图像窗口的排列操作方法如下：

(1) 选择"窗口→排列→平铺"命令，打开的窗口平铺排列，如图 2-12 所示。

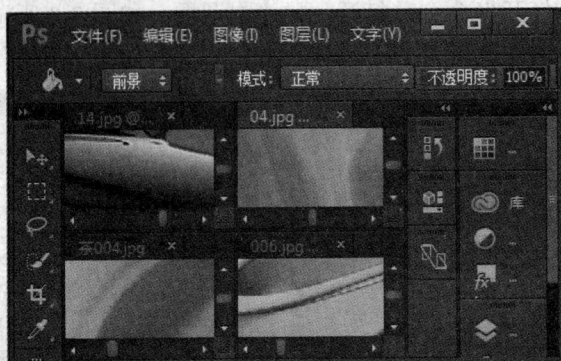

图 2-12　平铺图像窗口

(2) 选择"窗口→排列→三联堆积"命令，打开的图像窗口三联堆积排列，如图 2-13 所示。

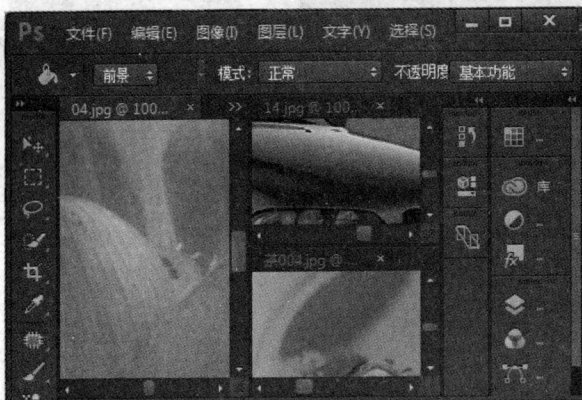

图 2-13　三联堆积图像窗口

(3) 选择"窗口→排列→在窗口中浮动"命令，打开的图像窗口浮动于 Photoshop 桌面中，如图 2-14 所示。

图 2-14　浮动图像窗口

(4) 选择"窗口→排列→层叠"命令，打开的图像窗口层叠于 Photoshop 桌面中，如图 2-15 所示。

图 2-15 层叠图像窗口

当需要在某个图像窗口中工作时，单击相应的图像窗口或其标题栏即可激活该窗口。

2.4.2 图像缩放显示

在处理大尺寸、高分辨率的图像时，由于图像窗口不能显示整张图像，常需要扩大或缩小图像显示比例，或不停地移动图像，以满足操作需要。

1. 使用缩放工具

在工具箱中选择"缩放"工具(🔍)，然后移动鼠标光标至图像窗口，这时光标呈"🔍"形，单击鼠标左键可扩大图像的显示比例。按住 Alt 键，光标显示为"🔍"形，单击鼠标左键则缩小图像的显示比例。使用缩放工具还可以将图像随意放大或缩小，选择"缩放"工具(🔍)后移动鼠标光标至图像窗口，按下鼠标左键向图像窗口右上角或右下角拖动，则可以任意放大图像。反之，向图像窗口左上角或左下角拖动，则可以任意缩小图像。

> **提示：**
> 图像的显示比例大，并不表示图像的尺寸大。在扩大和缩小图像显示比例时，并不影响图像的尺寸和分辨率。

2. 使用导航器面板

使用导航器面板也可以调整图像的显示比例。选择"窗口→导航器"命令，打开"导航器"面板，在"导航器"面板中操作即可，如图 2-16 所示。

图 2-16   "导航器"面板

3．使用状态栏比例框

在 Photoshop 状态栏左下角的显示比例框中输入所需的显示比例值即可调整显示比例，如图 2-17 所示。

图 2-17   在显示比例框中进行显示设置

2.4.3   切换屏幕显示模式

Photoshop 有三种屏幕显示模式：标准屏幕模式、带有菜单栏的全屏模式和全屏模式。选择"视图→屏幕模式"下的不同命令时，可以根据需要选择屏幕显示模式，如图 2-18 所示。

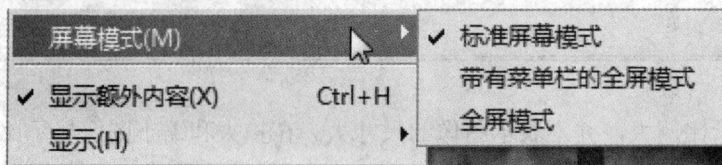

图 2-18   选择屏幕模式

(1) 标准屏幕模式：标准屏幕显示模式是系统默认的屏幕显示模式，在该模式下 Photoshop 窗口中显示其全部组件，如菜单栏、工具栏、标题栏和状态栏等。

(2) 带有菜单栏的全屏模式：在此模式下，不显示滚动条，同时窗口最大化显示，从而为图像操作提供了较大的工作空间，如图 2-19 所示。

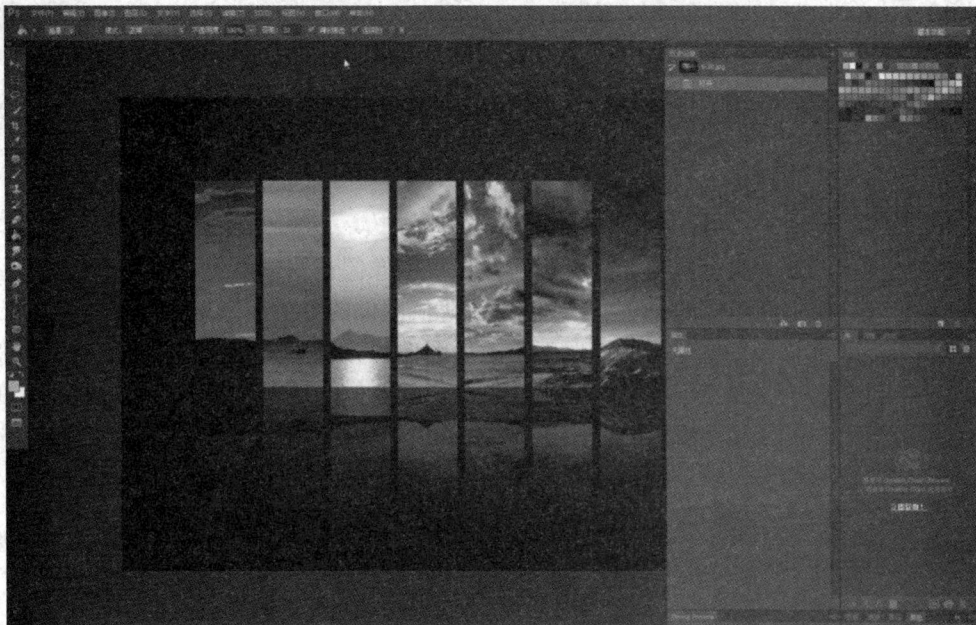

图 2-19 带有菜单栏的全屏模式

(3) 全屏模式：在全屏模式下，图像窗口最大化显示，同时 Photoshop 桌面为黑色，面板是隐藏的，可以在屏幕的两侧访问面板或者按 Tab 键显示面板，如图 2-20 所示。

图 2-20 全屏模式

技巧：
(1) 按下 Shift+Tab 组合键可隐藏控制面板。
(2) 按下 Tab 键可隐藏除图像窗口之外的所有组件。
(3) 连续按 F 键，可在三种屏幕显示模式之间进行切换。

2.5　调整图像大小

2.5.1　图像尺寸的修改

　　在修改图像的尺寸时有两种选择。一是在保持图像像素总量不变的情况下，通过缩小图像的物理尺寸来提高图像的分辨率，或者通过降低图像的分辨率来增大图像的物理尺寸；二是在图像的像素总量发生变化的情况下，改变图像的分辨率或者物理尺寸。更改图像像素的大小不仅会影响图像在屏幕上的大小，还会影响图像的质量及打印特性，即图像的打印尺寸或分辨率。图像尺寸修改的方法如下：

　　选择"图像→图像大小"命令，打开"图像大小"对话框，如图 2-21 所示。

图 2-21　"图像大小"对话框

1. 在像素总量不变的情况下改变图像的物理尺寸

　　在"图像大小"对话框中取消选择"重新采样"复选框，如图 2-22 所示。

图 2-22　取消选择"重新采样"复选框

　　分别在对话框的"宽度"和"高度"文本框中输入数值，如果输入数值小于原数值，则图像尺寸减小，分辨率提高，反之，如果输入数值大于原数值，则图像尺寸增大，分辨率降低。这两种操作都不会影响图像的像素总量，因此对话框上"图像大小"与"尺寸"

对应的相关值不变，如图 2-23 所示。

图 2-23　修改图像后的物理尺寸

2．在像素总量变化的情况下改变图像的物理尺寸

如图 2-24 所示，"图像大小"对话框中的"重新采样"复选框处于选中状态，在"宽度"和"高度"数值右侧选择合适的单位，并在文本框中输入相应的数值即可改变像素总量。

图 2-24　选中"重新采样"复选框

也可以在"分辨率"文本框中输入一个新的分辨率数值，改变当前图像的分辨率。如果输入的数值大于原分辨率，将增加图像的像素总量，反之将减少图像的像素总量，如图 2-25 所示。

图 2-25　修改图像的分辨率

由于 Photoshop 无法找回损失的图像细节，所以在将图片尺寸变小使得图像像素总量发生变化后，再以同样的方法将图片的尺寸恢复到变小之前的尺寸时，由图片尺寸变小引起图像细节的损失将不会再次出现，如图 2-26 所示。

(a) 原图效果　　　　　　　　(b) 设置图像尺寸为原图 30%后的效果

(c) 用同样的方法将尺寸恢复为原图尺寸后的效果

图 2-26　Photoshop 无法找回损失的图像细节

提示:

(1) 虽然分辨率越大，图像的信息越多，图像越清晰，但是人为地增大一幅本身并不清晰的图像的分辨率时，这幅图像的清晰度是不会改变的。

(2) 当图像用于印刷时，度量衡单位用英寸、厘米等，如果用于 WEB 显示，则使用像素为单位。

2.5.2　图像画布的修改

通过选择"文件→新建"命令，也不能够保证最后得到符合需要的图像画布尺寸。如果需要精确改变画布的尺寸，其具体操作如下：

(1) 选择"图像→画布大小"命令，打开"画布大小"对话框，如图 2-27 所示。

(2) 单击"定位"选项下的控制块，以确定画布扩展或被裁剪的方向。本操作选择左上方定位块，画布向右侧及下侧扩展，如图 2-28 所示。

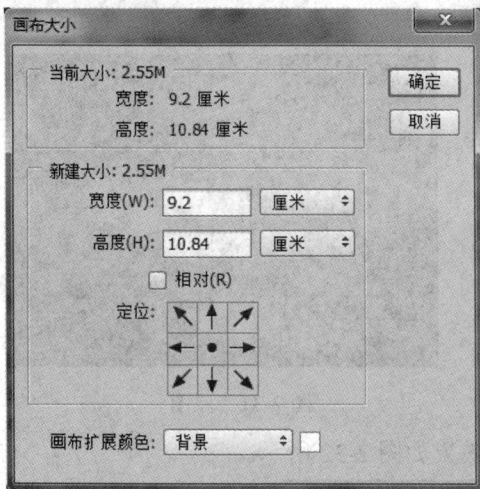

图 2-27 "画布大小"对话框 图 2-28 定位方向

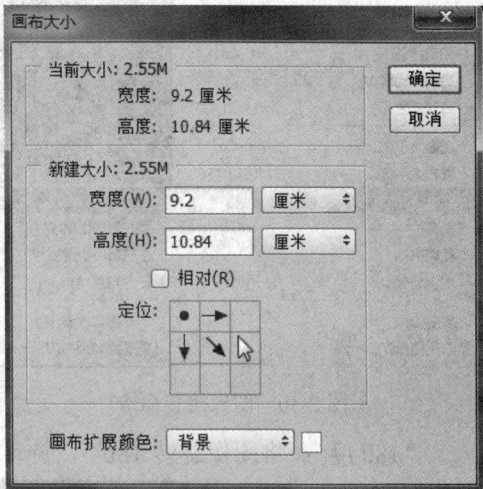

(3) 在"新建大小"区域输入"宽度"值和"高度"值改变图像画布尺寸。如果输入的值大于原图像文件，则画布被扩展，图像周围出现空白区，反之 Photoshop 会提示用户将对图像进行裁剪并得到新的画布尺寸。本操作在"画布大小"对话框中，将高度从 9.2 设置为 10.2，宽度从 10.84 设置为 11.84。

(4) 单击"画布扩展颜色"右侧的选项框，在弹出的下拉列表中选择扩展画布后显示的颜色。如果需要使用自定义的颜色，可以单击右侧的颜色块，在弹出的"画布扩展颜色"对话框中选择合适的颜色。本操作选取扩展后的颜色为"黑色"。设置完成后单击"确定"按钮，画布扩展后的效果如图 2-29 所示。

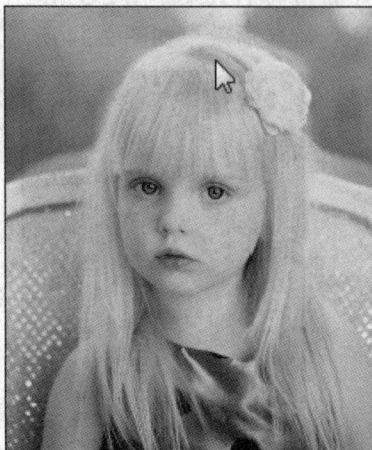

(a) 原图 (b) 画布扩展后的效果

图 2-29 向右侧及下侧扩展画布

当需要旋转图像时，可以使用"图像→图像旋转"命令来完成，如图 2-30 所示。以图 2-31 为例，图像旋转效果如下：

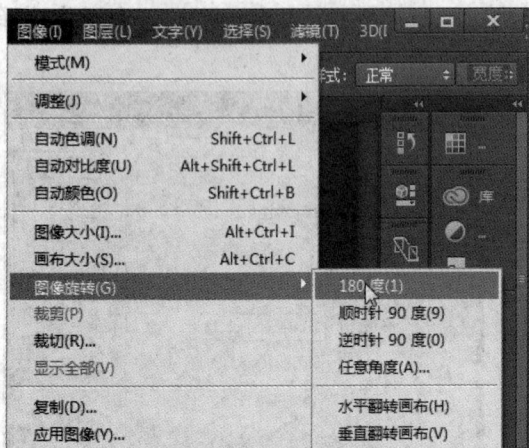

图 2-30   图像旋转命令

图 2-31   原图

① "180 度"：将图像旋转 180°，旋转后效果如图 2-32 所示。

图 2-32   旋转 180°后的效果

② "顺时针 90 度"：将图像顺时针旋转 90°，旋转后效果如图 2-33 所示。

③ "逆时针 90 度"：将图像逆时针旋转 90°，旋转后效果如图 2-34 所示。

图 2-33   顺时针旋转 90°后的效果

图 2-34   逆时针旋转 90°后的效果

④ "任意角度…": 按指定方向和角度旋转图像, 选择该命令后将弹出 "旋转画布" 对话框, 如图 2-35 所示。在 "角度" 文本框中输入 "45" 后得到的效果如图 2-36 所示。

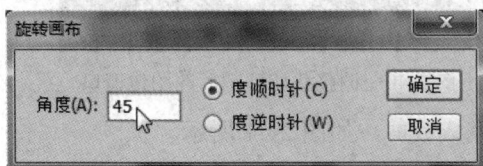

<table>
<tr><td>图 2-35　"旋转画布"对话框</td><td>图 2-36　旋转 45°后的效果</td></tr>
</table>

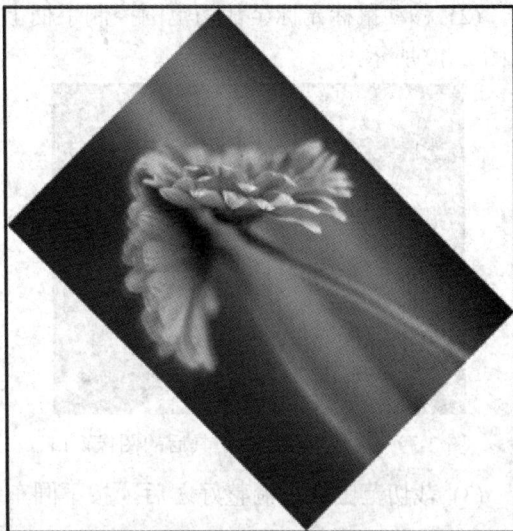

⑤ "水平翻转画布": 将图像在水平方向上进行镜像翻转, 效果如图 2-37 所示。

⑥ "垂直翻转画布": 将图像在垂直方向上进行镜像翻转, 效果如图 2-38 所示。

<table>
<tr><td>图 2-37　水平翻转画布后的效果</td><td>图 2-38　垂直翻转画布后的效果</td></tr>
</table>

提示:

上述命令也可以对整幅图像进行操作, 包括图像、通道和路径等。

2.6 裁 剪 图 像

由于摄影构图的原因造成的拍摄主体不突出或者占画面比例过小的照片, 可通过 "裁剪" 工具对图像画布进行裁剪, 以得到重点突出的图像。

2.6.1 使用 "裁剪" 工具编辑画布尺寸

如果拍摄时图像的主体不够突出, 就需要进行一定的裁剪操作以突出图像主体。具体操作步骤如下:

(1) 打开图像后在工具箱中选择"裁剪"工具(⬜)，此时在图像窗口中出现一个带有八个控制手柄的矩形裁切范围框，如图 2-39 所示。

(2) 移动鼠标光标至裁切范围控制手柄上，按下鼠标左键拖动鼠标调整裁切范围大小，如图 2-40 所示。

图 2-39　选择"裁剪"工具后的图像窗口

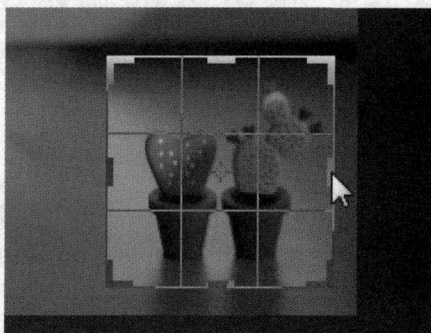

图 2-40　调整裁切范围后的图像窗口

(3) 裁切范围大小调整好之后，按下回车键完成裁剪，如图 2-41 所示。

图 2-41　裁剪后的图像窗口

在拍摄建筑物或者有明显水平标志物的对象时，常常由于无法端平相机而拍摄出带有倾斜角度的照片，这时可以使用"裁剪"工具进行校正。操作步骤如下：

(1) 打开需要进行校正的图像，如图 2-42 所示。

图 2-42　原图像

(2) 选择工具箱中的"裁剪"工具(▣)。

(3) 在"裁剪"工具的选项栏中选择"拉直"按钮(▦)。

(4) 然后拖动鼠标光标在图像上画一条线来拉直该图像,如图 2-43 所示。释放鼠标后的效果如图 2-44 所示。

图 2-43　在图像上画一条线

图 2-44　拉直后的效果图

(5) 按下回车键,裁剪效果如图 2-45 所示。

图 2-45　裁剪后的效果图

如果使用"裁剪"工具(🔲)绘制裁剪框后，需要取消此操作，可以按下面方法中的任一种进行操作：

(1) 在裁剪框中单击鼠标右键，在弹出的快捷菜单中选择"取消"命令。

(2) 直接选择工具箱中的其他工具，在弹出的对话框中单击"不裁剪"按钮。

(3) 按 Esc 键取消操作。

2.6.2　使用"裁剪"命令编辑画布尺寸

使用"裁剪"命令编辑画布尺寸的操作步骤如下：

(1) 打开图像后在工具箱中选择"矩形选框"工具(▦)，围绕图像中需要保留或者突出的部分制作选区，如图 2-46 所示。

(2) 选择"图像→裁剪"命令即可完成对图像的裁剪操作，按下"Ctrl + D"组合键取消选区，如图 2-47 所示。

图 2-46　制作裁剪选区　　　　　　　　图 2-47　裁剪后的效果

提示：

使用任何一种工具制作连续选区或不连续选区，都可以用上述操作对图像进行裁剪。

2.6.3　使用"裁切"命令编辑画布尺寸

选择"图像→裁切"命令，会弹出如图 2-48 所示的对话框，在其中可以进行快速裁剪图像的操作。

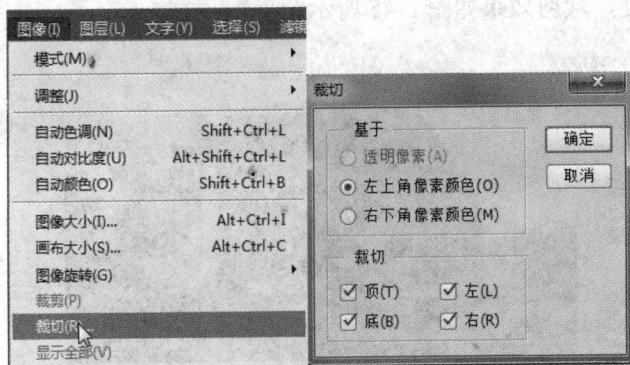

图 2-48　裁切对话框

(1)　"基于"单选选项组用于指定裁剪图像所基于的准则。如果当前图像的图层为透明，则选择"透明像素"单选钮。

(2)　"裁切"选项组用于指定裁切的方位。

2.7　使用图像辅助工具

在传统绘画中，人们经常会用到直尺、圆规以及三角板等辅助工具。同样的，在 Photoshop 中进行操作时，辅助类工具的使用也必不可少，如使用标尺进行测量或者使用参考线进行对齐等。

2.7.1　标尺

标尺显示了当前鼠标指针所在的坐标，应用标尺可以精确选取一定的范围和更准确地对齐对象。

1. 显示或隐藏标尺

选择"视图→标尺"命令(快捷键：Ctrl+R)，在图像窗口中显示或隐藏标尺，如图 2-49 所示。系统默认图像的左上角为标尺的原点(0，0)位置，用户也可以根据自己的需要随意调整原点位置。移动光标至标尺左上角方格内，然后按下鼠标左键拖动至所需位置即可，如图 2-50 所示。

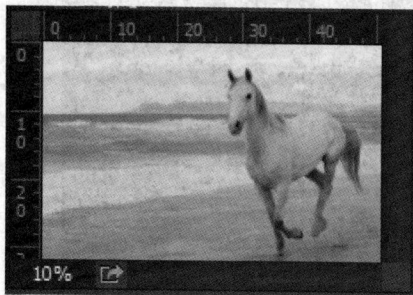

图 2-49　在图像窗口中显示标尺　　　　图 2-50　调整原点位置

2. 单位与标尺设置

通过改变系统的默认设置，可以重新设置标尺单位。选择"编辑→首选项→单位与标尺"命令，弹出"首选项"对话框，在"标尺"下拉列表中选择"毫米"选项，如图 2-51 所示。单击"确定"按钮，即可设置标尺。

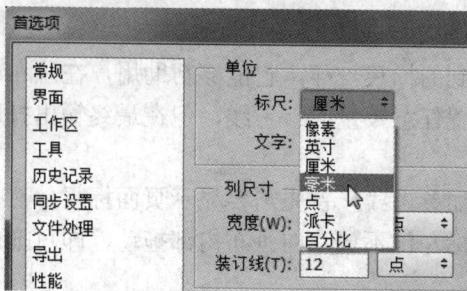

图 2-51　设置标尺单位对话框

改变当前操作文件的标尺单位最快捷的方法是在文件标尺上单击鼠标右键，在弹出的快捷菜单中选择所需要的标尺单位即可，如图 2-52 所示。

图 2-52　在文件标尺上单击鼠标右键重新设置标尺单位

3. 运用"标尺"工具

"标尺"工具用来测量图像任意两点间的距离与角度，还可以校正倾斜的图像。下面以测量图像中墙面上的画框边长为例讲解标尺工具的使用方法。

选取工具箱中的"标尺"工具(▨)，接着移动鼠标光标至画框下边的起始位置，如图 2-53 所示。这时的鼠标光标显示为"▨"形状，然后按住鼠标左键拖曳至画框下边的终端位置后释放鼠标，信息面板显示出的测量的长度为"L: 7.91"。

图 2-53　测量图像中墙面上的画框边长

2.7.2　参考线

参考线如同生活中用到的标尺一样，它能够帮助用户在画布中对齐并准确放置对象，在屏幕上可以根据需要放置任意数量的参考线，但在最终输出打印作品时，参考线是不会被打印出来的。

如果需要在画布中添加参考线，首先需要显示页面标尺，然后将鼠标指针放在水平标尺或垂直标尺上，按住鼠标左键不放，向画布内部拖动，即可拖出水平或垂直的参考线，如图 2-54 所示。

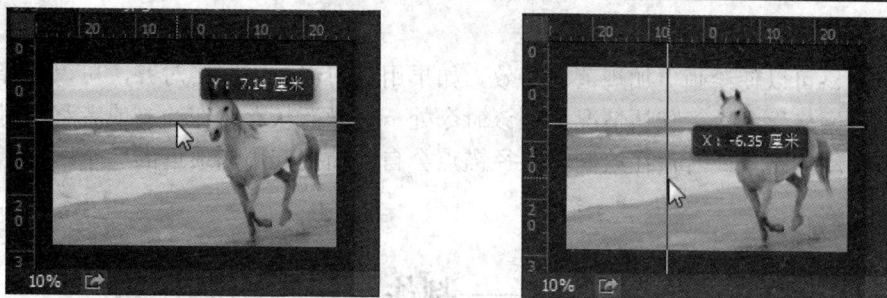

(a) 拖出水平参考线　　　　　　　　　　　(b) 拖出垂直参考线

图 2-54　在画布中添加参考线

1. 锁定与解锁参考线

为了防止在操作时无意间移动参考线的位置，可以将参考线进行锁定。选择"视图→锁定参考线"命令，即可锁定当前图像页面中的所有参考线。若要解锁参考线，则再次选择"视图→锁定参考线"命令，参考线即可解除锁定状态。

2. 清除参考线

要清除一条或几条参考线，首先要取消参考线的锁定状态，然后使用工具箱中的"移动"工具(🔁)将其拖回到标尺上并释放鼠标左键。如果要一次性清除画布中的所有参考线，可以选择"视图→清除参考线"命令。

3. 显示或隐藏参考线

要显示参考线，可以选择"视图→显示→参考线"命令。要隐藏参考线，可以再次选择"视图→显示→参考线"命令。

2.7.3　网格

与参考线相比，网格更有助于用户精准地对齐与放置对象，而且在输出打印时网格也不会被打印出来。

1. 显示与隐藏网格

选择"视图→显示→网格"命令，系统会按默认的参数设置显示网格，如图 2-55 所示。再次执行此命令，可以隐藏网格。

图 2-55　显示网格效果

2. 对齐网格

利用网格可以使绘画更加规范、高效。如果用户习惯使用网格对齐，可以选择"视图
→对齐到→网格"命令。默认情况下，该命令处于被激活状态，在绘制或者移动对象时，
选区、被移动的路径或者正在绘制的路径锚点会自动捕捉其周围最近的一个网格点并与之
对齐。

2.8　综合实训——制作笔记本电脑广告

本实训主要是制作一个笔记本电脑的简单广告，突出笔记本电脑的品牌展示及中央处
理器的性能，目标效果如图 2-56 所示。

图 2-56　笔记本电脑广告

知识要点提示：

(1) 按下"Crtl+R"组合键，在图像窗口显示标尺。

(2) 运用"参考线"工具为需要添加的对象进行精准定位。

操作步骤：

(1) 打开如图 2-57 所示的"笔记本电脑.psd"素材文件。

图 2-57　打开素材文件

(2) 选择"视图→标尺"命令显示标尺，如图 2-58 所示。

图 2-58 显示标尺图像窗口

(3) 选择"文件→打开"命令，打开如图 2-59 所示的(a)素材文件和(b)素材文件。

(a) Lenovo 联想 LOGO　　　　　　　(b) intel-LOGO

图 2-59 打开两个 png 格式的素材文件

如果是同时打开这两幅图像文件，为了方便操作可以取消这两个文件的叠放状态，使其成为两个独立的窗口，如图 2-60 所示。

图 2-60 素材文件以独立窗口显示

(4) 在"笔记本电脑"图像文件操作界面中，选择工具箱中的"移动"工具(　)，分别在垂直方向、水平方向拖出两条参考线，这时素材文件"Lenovo 联想 LOGO"暂时用不

到，可将其最小化，如图 2-61 所示。

图 2-61 垂直方向与水平方向拖出两条参考线

(5) 适当调整垂直方向、水平方向的两条参考线后，选择工具箱中的"移动"工具(▶✛)，通过任务栏激活"intel-LOGO"图像窗口并将其拖入"笔记本电脑"图像文件中，拖入过程如图 2-62 所示，拖入到"笔记本电脑"图像中的结果如图 2-63 所示。

图 2-62 "intel-LOGO"图像拖入过程图示

图 2-63 "intel-LOGO"图像拖入后的效果

(6) 运用同样的方法将素材文件"Lenovo 联想 LOGO"图拖入到笔记本电脑图像文件中，如图 2-64 所示。

图 2-64　"Lenovo 联想 LOGO" 图拖入后的效果

(7) 选择 "视图→清除参考线" 命令，得到最终效果图，如图 2-65 所示。

图 2-65　最终完成效果图

2.9　习　　题

1. 选择题(可多选)

(1) 下列选项中，用(　　)绘制生成的图形是矢量图。

A．AutoCAD　　　　　　　　　B．Photoshop　　　　　　　　C．Paint

(2) 决定图像文件的大小和图像输出时质量的是(　　)。

A．色彩和色调　　　　　　　　B．像素与分辨率　　　　　　　C．位图和矢量图

(3) 可以分别保存图像中的图层、通道、辅助线和路径等信息的文件格式是(　　)。

A．JPEG 文件格式　　　　　　B．PSD 文件格式　　　　　　　C．GIF 文件格式

(4) 用户要选取隐藏的工具时，可以通过按住(　　)的同时单击该工具组按钮。

A．ALT 键　　　　　　　　　　B．Ctrl 键　　　　　　　　　　C．Shift 键

(5) 下列选项中关于参考线的描述，正确的是(　　)。

A．参考线是浮动在整个图像上却不被打印的直线

B．参考线主要用来协助对齐和定位图形对象，用户可以移动或锁定参考线

C．参考线建立前，先要在图像窗口中显示标尺，然后移动光标至水平或垂直标尺上方，按下鼠标左键拖曳至窗口，即可建立水平或垂直参考线

(6) 下列选项中关于裁剪工具的描述，正确的是(　　)。

A．通过裁剪工具对图像画布进行裁剪，可以得到重点突出的图像

B．选取裁剪工具，按下 Shift 键的同时在图像窗口中拖曳鼠标，可得到正方形的裁剪范围

C．使用裁剪工具绘制裁剪框后，按 Esc 键取消操作

(7) 下列选项中关于图像大小命令的描述，正确的是(　　)。

A．图像大小命令可以改变图像的尺寸

B．图像大小命令可以改变图像的像素

C．图像大小命令不可以改变图像的分辨率

2. 判断题

(1) 在编辑图像时，Photoshop 会自动将已执行的操作记录在"历史记录"面板中，用户可以使用该面板撤销前面所进行的任何操作。(　　)

(2) 图像窗口的排列只有窗口叠放排列和窗口平铺排列两种排列方式。(　　)

(3) Photoshop 有三种屏幕显示模式：标准屏幕模式、带有菜单栏的全屏模式和全屏模式。(　　)

(4) 如果使用"裁剪"工具绘制裁剪框后，需要取消此操作，可以按 Esc 键取消操作。(　　)

3. 填空题

(1) 位图是由多个_____组合生成的图像。

(2) 按_____键可以隐藏工具箱和所有的浮动面板；按_____组合键可以隐藏所有浮动面板，并保留工具箱的显示。

(3) 用户最好不要把_____作为第一暂存盘，防止频繁地读写磁盘数据，影响操作系统的运行效果。

(4) 确定图像的尺寸大小有两种方式：一种方式是_____，从 Photoshop 预置的尺寸规格列表中选择一种尺寸；另一种方式是_____直接输入尺寸大小。

(5) 按住_____键选择"新建"命令，可得到上一次新建文件时的尺寸。

(6) 按下组合键_____，可以还原上一次对图像所做的操作。

(7) 人为地增大一幅本身并不清晰的图像的分辨率时，这幅图像的_____是不会改变的。

4. 实训题

(1) 打开某一存盘的图像文件，对其进行裁剪等相关操作，最后将其恢复为图像当初保存时的状态。

(2) 打开一幅图像文件，在其"图像大小"对话框中，人为地增大这幅图像文件的分辨率，观察这幅图像是否会变得更清晰。

在 Photoshop 中关于处理图像的操作几乎都与当前选区有关，因为编辑操作只对当前选区内的像素有效，所以创建选区是进行其他许多操作的基础。选区创建的准确与否，与图像编辑后的效果好坏有密切关系。高效、快捷及准确的创建选区是提高图像处理质量、创作满意作品的关键。创建选区的方法有很多种，可以通过选区命令创建选区，也可以直接使用工具箱中选区工具来创建。

☞ **知识与技能目标：**

(1) 理解选取工具及其选项参数的意义。
(2) 理解选区形态的意义与改变方法。
(3) 掌握创建选区的方法与技巧。
(4) 掌握修改与变换选区的基本操作。

3.1　创建图像选区

在 Photoshop 中创建图像选区的基本方法是使用选取工具。工具箱中的选取工具按选取方式不同分为 3 类，分别是规则区域选取工具、不规则区域选取工具和色彩范围选取工具。

3.1.1　规则区域选取工具

规则区域选取工具包括"矩形选框"工具、"椭圆选框"工具、"单行选框"工具和"单列选框"工具四种，如图 3-1 所示。

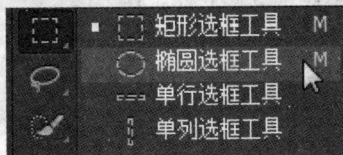

图 3-1　规则区域选取工具

它们的使用方法基本相同，创建的选区如图 3-2 所示。

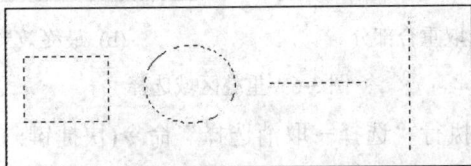

图 3-2　规则区域选区

1. 矩形选框工具

使用"矩形选框"工具(▦)可以在图像中创建形状为矩形的选取框。在图像窗口中按住鼠标左键并拖动即可创建矩形选框以选取需要的范围，如图 3-3 所示。

在选取范围之后按住 Shift 键，这时十字形鼠标指针的右下方会多出一个加号，再次进行选择区域的操作便可以增选其他的区域，如图 3-4 所示。

也可以在一个选取区域内减去一定的区域。按住 Alt 键，这时十字形鼠标指针的右下方会多出一个减号，再次进行选择区域的操作则新建立的选区与原选区重叠的部分将被减去，如图 3-5 所示。

图 3-3 创建矩形选框	图 3-4 增选区域	图 3-5 减选区域

如果希望选取多个选择区域的重合部分，可以先建立选择区域，按住"Shift+Alt"组合键，这时十字形鼠标指针的右下方会多出一个乘号，再次进行选区的操作，则新建立的选择区域与原选择区域重叠的部分将被保留，如图 3-6 所示。

(a) 选取重合部分	(b) 最终效果

图 3-6 重叠区域选择

当需要取消选择时，执行"选择→取消选择"命令(快捷键: Crtl+D)，或使用选择工具在图像窗口中单击即可。

> **技巧：**
> 　　拖动鼠标的同时按住 Shift 键，可以选取正方形的选择区域。按住 Alt 键，可以选取以起点为中心的矩形区域。按住 "Shift + Alt" 组合键，可以选取以起点为中心的正方形区域。

　　"矩形选框"工具所对应的选项栏如图 3-7 所示。

图 3-7　"矩形选框"工具选项栏

　　"矩形选框"工具选项栏主要选项介绍如下：

　　(1) ▣按钮：鼠标左键单击该按钮可创建一个新选区。

　　(2) ▣按钮：鼠标左键单击该按钮可在图像中原有选区的基础上添加新的选区。

　　(3) ▣按钮：鼠标左键单击该按钮可在图像中原有选区的基础上减去新的选区。

　　(4) ▣按钮：鼠标左键单击该按钮可创建原有选区和新选区相交部分的选区。

　　(5) **羽化**：在该文本框中输入数值，可柔化选区边缘，产生渐变过渡的效果。其取值范围在 0.0～1000.0 之间，数值越大，羽化效果越明显，如图 3-8 所示。

(a) 羽化半径为 0　　　　　　(b) 羽化半径为 30　　　　　　(c) 羽化半径为 60

图 3-8　不同羽化半径产生的效果对比

　　(6) **✓消除锯齿**：选中该复选框可除去边缘的锯齿，使选区边缘更加平滑，该选项在使用矩形选框工具时为灰色，表示不可用。

　　(7) **样式**："样式"下拉列表框中有三个样式选项，如图 3-9 所示。选择"正常"时，在图像中单击并拖曳鼠标可创建任意宽度和高度的选区；选择"固定比例"时，在文本框中输入宽度和高度的比例值，单击并拖曳鼠标，可创建设置了宽度和高度比例的选区；选择固定大小，在文本框中输入宽度和高度值，直接单击鼠标即可设置创建大小精确的选区。

图 3-9　样式下拉菜单

　　(8) **调整边缘...**：只有在创建选区后，工具选项栏中的"调整边缘"按钮才被激活，此时单击"调整边缘"按钮，在打开的"调整边缘"对话框中可以设置选区的边缘效果，如图 3-10 所示。

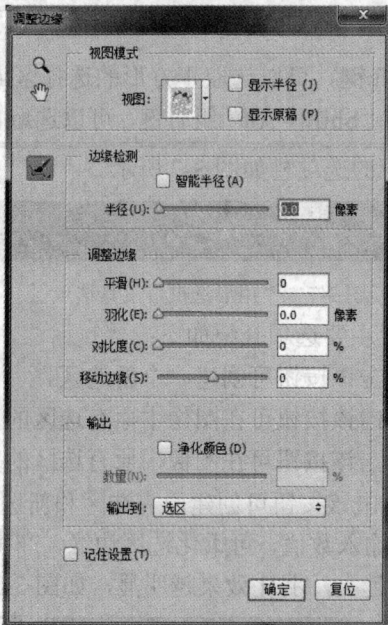

图 3-10 "调整边缘"对话框

例如，设置"边缘检测"选项组中的"半径"效果，即可得到相应的边缘半径变化效果。填充白色后的选区效果，如图 3-11 所示。

(a) 边缘半径"0 像素" (b) 边缘半径"25 像素" (c) 边缘半径"40 像素"

图 3-11 边缘检测半径的设置效果

2. "椭圆选框"工具

要制作圆形选区，可以使用"椭圆选框"工具。单击工具箱中的"椭圆选框"工具按钮(■)，在图像窗口中按住鼠标左键拖动出椭圆形的选取框，以选取所需要的范围，如图 3-12 所示。

"椭圆选框"工具选项栏的使用与矩形选框工具基本相同。椭圆选项的"宽度"和"高度"分别为椭圆的长轴和短轴。不同之处在于椭圆选框工具选项栏中可以选择"消除锯齿"复选框，其作用是在边缘和背景色之间填充过渡色时，应用此选项可以消除边缘锯齿，使边缘看起来更柔和，如图 3-13 所示。

图 3-12 椭圆选区

 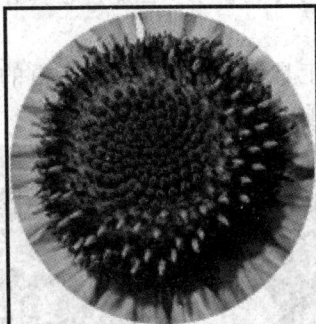

(a) 未选中消除锯齿 (b) 选中消除锯齿

图 3-13 使用"消除锯齿"选项的效果对比

技巧：

按住 Alt 键，可以创建以起点为中心的椭圆形选区。

3. "单行选框"工具和"单列选框"工具

使用"单行选框"工具(▭)可以在图像中创建高度为一个像素、宽度为文件宽度的选区；使用"单列选框"工具(▯)可以在图像中创建宽度为一个像素、高度为文件高度的选区。选中"单行选框"工具或"单列选框"工具，在图像中单击鼠标即会出现单行或单列选区，如图 3-14 所示。

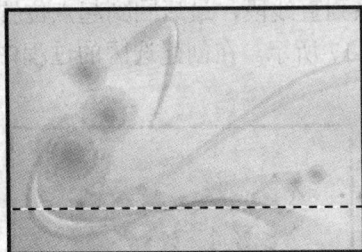 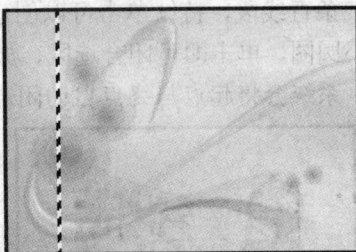

(a) 单行选区 (b) 单列选区

图 3-14 单行选区、单列选区的创建

3.1.2 不规则区域选取工具

在日常工作中，运用不规则区域选取工具可以创建一些不规则选区，不规则区域选取工具主要有"套索"工具、"多边形套索"工具和"磁性套索"工具 3 种，如图 3-15 所示。

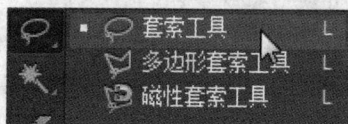

图 3-15   不规则区域选取工具

1. "套索"工具

利用"套索"工具(●)可以建立不规则形状的选区，主要用于外形较复杂的图像。"套索"工具在使用时比较难以控制，在操作过程中拖曳鼠标时要小心翼翼，才能获得满意的效果。

"套索"工具与"矩形选框"工具的选项栏基本相同，使用时可以设置"消除锯齿"和"羽化"选项，如图 3-16 所示。

(a) 使用套索工具   (b) 套索工具创建的选区

图 3-16   使用套索工具创建选区

2. "多边形套索"工具

利用"多边形套索"工具(●)可以在图像中选取不规则的多边形选区，如三角形、四边形和五角星等复杂图形，只是形成的选区边缘线比较"僵硬"。

选择"多边形套索"工具后，在选项栏中设置"消除锯齿"和"羽化"选项，在图像中移动鼠标光标并单击左键设置起点，这时会随鼠标的移动拉出一条线，再次单击鼠标左键即可创建一条直线段，持续单击可以创建一系列直线段，最后回到起点位置时光标右下角会有一个小圆圈，单击即可闭合选区，如图 3-17 所示。在创建选区的过程中，也可以双击鼠标左键，系统会将起点与终点自动闭合。

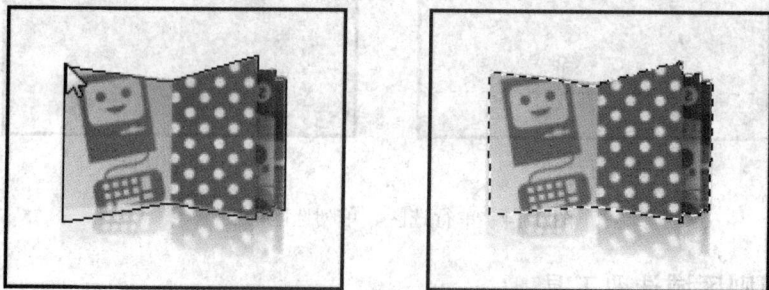

(a) 使用多边形套索工具   (b) 多边形套索工具创建的选区

图 3-17   使用多边形套索工具创建选区

技巧：

在创建选区时，按下 Alt 键拖曳鼠标可以绘制曲边，释放后再转为绘制直线边；在创建选区过程中，单击 Delete 键，可以删除创建的直线段。

3. "磁性套索"工具

"磁性套索"工具(🔲)常用于图像与背景反差较大、形状较复杂的图像选取工作，因为它可以自动根据颜色的反差来确定选取的边缘，使选区边缘紧贴图像中已定义区域的边缘。"磁性套索"工具特别适合快速选择边缘与背景有强烈对比的对象。"磁性套索"工具的选项栏如图 3-18 所示。

图 3-18 "磁性套索"工具选项栏

(1) 宽度：指"磁性套索"工具在选取图像时能够检测到的边缘宽度，其取值范围在 1～256 像素之间。数值越小，所检测的范围就越小，选取也就越精确，但同时鼠标也更难控制，稍有不慎就会移出图像边缘。

(2) 对比度：用于控制"磁性套索"工具在选取图像时对图像边缘的敏感度，其取值范围在 1%～100%之间。较高的数值用于与周围对比强烈的边缘。

(3) 频率：用于设置选取图像时的关键点数(以小方框显示)，其取值范围在 0～100 之间。数值越大，标记的关键点就越多，选择就越精细。

使用"磁性套索"工具创建选区的方法如下：

移动鼠标指针至图像中，单击鼠标左键设置第一个关键点作为选区起点，然后松开鼠标左键，将光标沿着所要选取的对象移动，光标会紧贴图像中颜色对比度最大的地方创建选区线。当光标移至起点位置时，光标右下角有一个小圆圈，单击即可闭合选区，如图 3-19 所示。

(a) 使用"磁性套索"工具　　　　　(b) "磁性套索"工具创建的选区

图 3-19 使用"磁性套索"工具创建选区

3.1.3 色彩范围选取工具

使用色彩范围选取工具或命令主要是针对某种色彩范围创建选区。

1. "魔棒"工具

使用"魔棒"工具(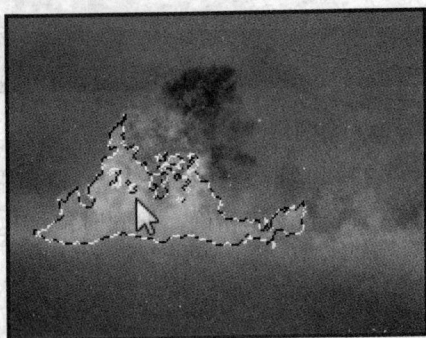)，可以根据指定的容差值，迅速选择图像中颜色一致的区域。魔棒工具的选项栏如图 3-20 所示。

图 3-20　魔棒工具选项栏

(1) 容差：用于设置选定颜色的范围，其取值范围在 0～255 之间。数值越大，颜色选取范围越广，如图 3-21 所示。

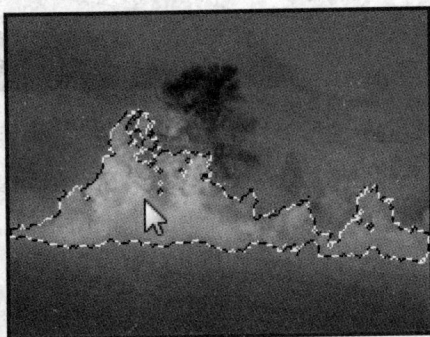

(a) 容差为 32 时创建的选区　　　　　　(b) 容差为 64 时创建的选区

图 3-21　不同容差值对应的选区

(2) 连续：选中此复选框，选取时只选择与单击点位置相邻且颜色相近的区域；不勾选则选取图像中所有与单击点颜色相近的区域，而不管这些区域是否相连，如图 3-22 所示。

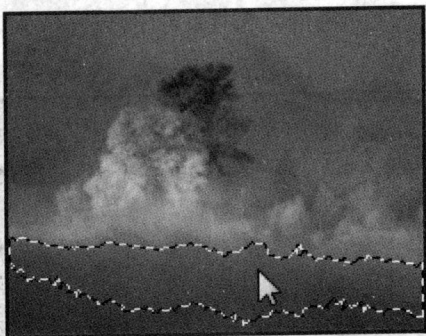

(a) 选择"连续"复选框时的选区　　　　　(b) 未勾选"连续"复选框时的选区

图 3-22　选择与不选择"连续"复选框时对应的选区效果

(3) 对所有图层取样：选中此复选框，选取时对所有可见图层起作用；不勾选则选取时只对当前图层起作用。

2. "快速选择"工具

使用"快速选择"工具(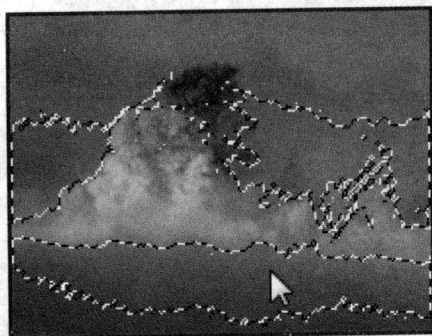)，可以根据拖动鼠标光标范围内的相似颜色来创建选区。"快速选择"工具的选项栏如图 3-23 所示。

图 3-23　"快速选择"工具选项栏

(1) 新选区：生成新的选区。

(2) 添加到选区：在原有选区的基础上增加选区。

(3) 从选区减去：在原有选区的基础上减去选区。

(4) 画笔选取器：单击打开画笔选取器以设置画笔大小等参数，如图 3-24 所示。

(5) 对所有图层取样：从整体图像中取样颜色。

(6) 自动增强：自动增强选区边缘。

使用"快速选择"工具创建选区的方法如下：

首先设置好画笔大小(如 50)，然后在图像中按住鼠标左键进行拖动，鼠标光标所到之处即成为选区。在拖动过程中，按住 Alt 键可以减去多余的选区；按住 Shift 键可以增加选区范围，如图 3-25 所示。

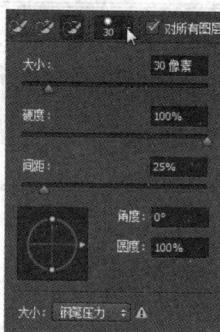

图 3-24　画笔选取器

图 3-25　使用"快速选择"工具创建选区

3. 使用色彩范围命令

使用"色彩范围"命令可以在图像中创建与预设颜色相似的图像选区，并且可以根据需要调整预设颜色，它比魔棒工具选取的区域更广，具体操作如下：

(1) 打开素材图像文件，如图 3-26 所示，选择"选择→色彩范围"命令，在弹出的"色彩范围"对话框中使用"取样颜色"工具()单击图像中需要取样的颜色，如图 3-27 所示。

图 3-26　素材图像

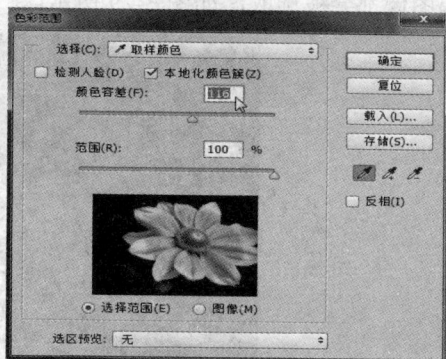

图 3-27　"色彩范围"对话框

　　(2) 返回"色彩范围"对话框进行"颜色容差"的设置,如图 3-27 所示,拖动"颜色容差"滑块,直至所有需要选择的区域都在预览窗口中显示为白色,单击"确定"按钮即可在图像上得到选区,如图 3-28 所示。

图 3-28　图像选区效果

> **技巧:**
> 　　按住 Shift 键可以将 ✎ 工具切换为 ✎ 工具,以增加颜色;按住 Alt 键可以将 ✎ 工具转换为 ✎ 工具,以减少颜色。另外,既可以从图像文件窗口中拾取颜色,也可以从对话框预览窗口中拾取颜色。

3.2　修改选区

　　当用户在图像中创建好选区后,有时还需要对选区进行一些修改,如对选区进行移动、扩展、收缩、增加和平滑等。

3.2.1　基本选择命令

1. 全选

　　如果需要选择整幅图像时,可以选择"选择→全选"命令,或按下"Ctrl+A"组合键,这时整幅图像都会被选取,如图 3-29 所示。

图 3-29　选取整幅图像

2．取消选区

选择"选择→取消选择"命令，或按下"Ctrl＋D"组合键即可取消选区。

3．重新选择

选择"选择→重新选择"命令，或按下"Shift＋Ctrl＋D"组合键即可重新创建选区。

4．反向选择

使用"魔棒"工具将人物的背景部分选中，如图 3-30 所示。

选择"选择→反向"命令，或按下"Shift＋Ctrl＋I"组合键，反向选取选区，如图 3-31 所示。

图 3-30　选取人物背景区域

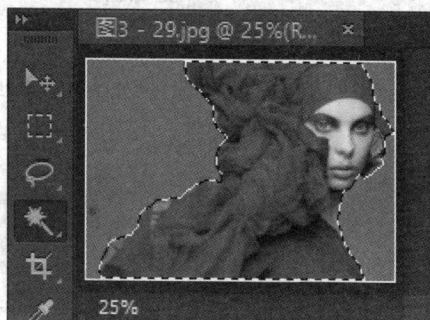

图 3-31　将选区进行反向选取

3.2.2　改变选区的形态

1．移动选区

移动选区时可以使用选框工具直接移动，也可以使用"移动"工具(▶₊)在移动选区的同时将选区中的图像进行移动，具体操作如下：

(1) 创建一个选区，如图 3-32 所示。将鼠标光标移动到选区中，当鼠标光标改变形状后，按住鼠标进行拖动即可移动选区，如图 3-33 所示。

图 3-32　创建选区

图 3-33　移动选区

(2) 选择"移动"工具(▶₊)，然后按住 Alt 键移动选区，可以移动并复制选区中的图像，如图 3-34 所示。

(3) 选择"编辑→后退一步"命令，直接使用移动工具移动选区，移动后的原位将以背景色填充，如图 3-35 所示。

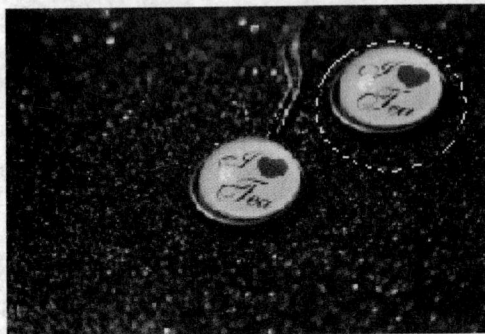

图 3-34　移动并复制选区

图 3-35　移动选区图像

2. 增加选区边界

增加选区边界就是在选区边界处向内或向外增加一条边界，具体操作如下。

(1) 打开一幅图像文件，使用"磁性套索"工具(🖾)创建一个选区，如图 3-36 所示。

图 3-36　创建选区

(2) 选择"选择→修改→边界"命令，打开"边界选区"对话框，设置"宽度"值，如图 3-37 所示。单击"确定"按钮，即可得到增加的选区边界，如图 3-38 所示。

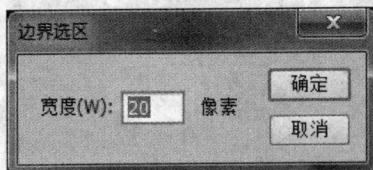

图 3-37　设置"边界选区"对话框　　　　图 3-38　增加选区边界后的效果

3. 扩展和收缩选区

扩展图像选区就是在原始选区的基础上将选区进行扩展，而收缩选区是扩展选区的逆向操作，即将选区向内进行缩小。

扩展选区操作如下：

(1) 打开一幅图像，在图像窗口中创建选区，如图 3-36 所示。

(2) 选择"选择→修改→扩展"命令,弹出"扩展选区"对话框,输入"扩展量",如图 3-39 所示。单击"确定"按钮,扩展效果如图 3-40 所示。

图 3-39　"扩展选区"对话框

图 3-40　使用扩展命令后效果

收缩选区操作如下:

(1) 打开一幅图像,在图像窗口创建选区,如图 3-36 所示。

(2) 选择"选择→修改→收缩"命令,弹出"收缩选区"对话框,输入"收缩量",如图 3-41 所示。单击"确定",收缩效果如图 3-42 所示。

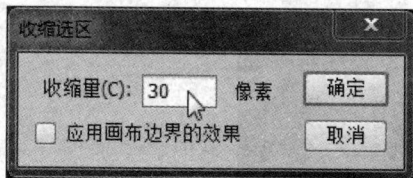

图 3-41　收缩选区对话框

图 3-42　使用收缩命令后效果

4. 平滑选区

使用"平滑"命令可以通过增加或减少边缘像素来消除选区边缘锯齿,使选区的边缘达到平滑的效果,具体操作如下:

(1) 打开一幅图像,选择工具箱中的"快速选择工具"(　)创建选区,如图 3-43 所示。

图 3-43　创建选区

(2) 选择"选择→修改→平滑"命令，弹出"平滑选区"对话框，输入取样半径值，如图 3-44 所示。单击"确定"按钮，平滑效果如图 3-45 所示。

图 3-44　"平滑选区"对话框　　　　　图 3-45　平滑选区后的效果

提示：

在"平滑选区"对话框中设置平滑度时，"取样半径"值越大，选区的轮廓越平滑，但同时也会失去选区的细节，因此需要合理设置"取样半径"值。

5. 羽化选区

使用"羽化选区"命令，同使用选取工具选项栏中的"羽化"选项一样，可以使选区的边缘产生模糊效果，具体操作如下：

(1) 打开一幅图像，选择工具箱中的"快速选择工具"(　)创建选区，如图 3-46 所示。

图 3-46　创建选区

(2) 选择"选择→修改→羽化"命令，弹出"羽化选区"对话框，输入"羽化半径"值，如图 3-47 所示。单击"确定"按钮，羽化效果如图 3-48 所示。

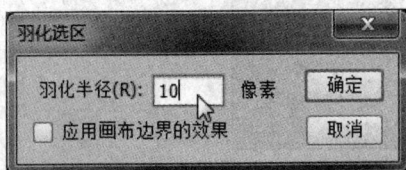

图 3-47　"羽化选区"对话框　　　　　图 3-48　羽化选区后的效果

3.3 编 辑 选 区

　　用户在图像窗口中创建的选区有时并不能达到实际要求，利用选区编辑功能，可以对选区进行一些特殊的处理。

3.3.1 描边图像选区

　　对选区使用"描边"命令，可以为选区边界填充一种颜色，还可以设置填充的宽度，具体操作如下。

　　(1) 打开一幅图像，选择工具箱中的"快速选择工具"(▨)创建选区，如图 3-49 所示。

　　(2) 选择"编辑→描边"命令，打开"描边"对话框，设置描边的"宽度"值及描边的位置，如图 3-50 所示。

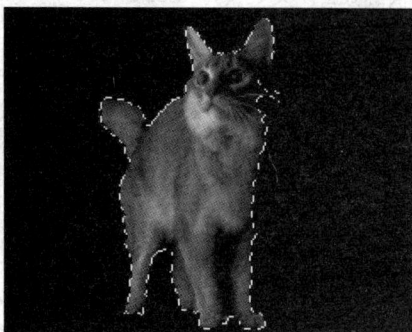

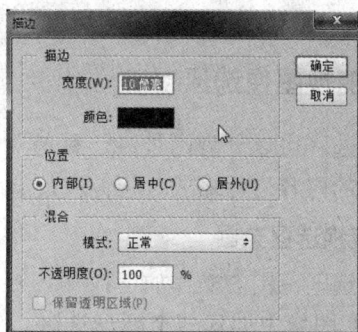

图 3-49 创建选区　　　　　　　　　　　　图 3-50 "描边"对话框

　　① 宽度：用于设置描边后生成填充线条的宽度。
　　② 颜色：设置描边区域的颜色。
　　③ 位置：设置描边区域的位置，包括"内部""居中"及"居外"3 个单选按钮。
　　④ 混合：设置描边后颜色的不透明度和着色模式，与图层混合模式相同。
　　⑤ 保留透明区域：选中后进行描边时将不影响原图层中的透明区域。

　　(3) 单击"颜色"选项右边的色块，打开"拾色(描边颜色)"对话框，设置描边的颜色，这里设置为白色，如图 3-51 所示。

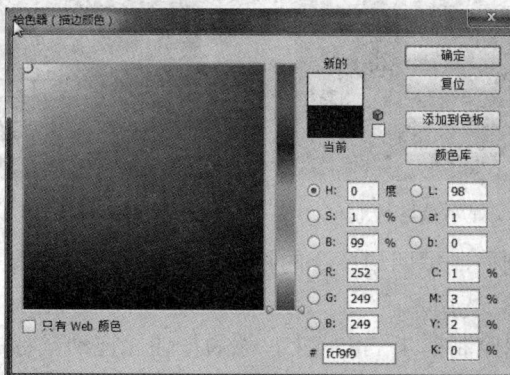

图 3-51 设置描边颜色

(4) 设置好描边的宽度、颜色及位置后，单击"确定"按钮即可得到选区的描边效果，如图 3-52 所示。

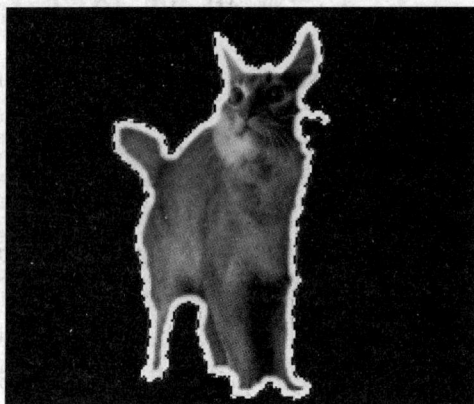

图 3-52　描边选区效果

3.3.2　变换图像选区

变换选区可以分为两种，一种是对建立的选区进行缩放、拉伸和旋转等操作；另一种是对选区的内容进行缩放、拉伸和旋转等操作。

1. 变换选区范围

变换选区范围的操作如下：

(1) 在图像中创建一个圆形选区，然后选择"选择→变换选区"命令，选区四周即可出现 8 个控制点，如图 3-53 所示。

(2) 拖动控制点即可调整选区大小，按住"Shift+Alt"组合键可以相对选区中心缩放选区，如图 3-54 所示。

图 3-53　显示选区控制框　　　　　图 3-54　变换选区大小

(3) 将鼠标光标放到控制框四边中心的控制点上，然后按住鼠标左键并拖动鼠标，可以改变选区形状，如图 3-55 所示。

(4) 将鼠标光标放到控制框 4 个角点上，然后按住并拖动鼠标，可以旋转选区的角度，如图 3-56 所示。

图 3-55　改变选区形状　　　　　　　　　图 3-56　旋转选区

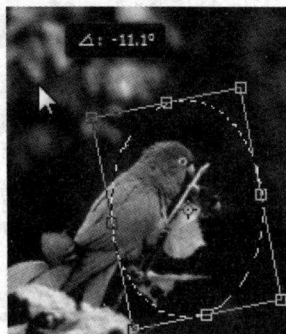

(5) 将鼠标光标放到控制框内，然后按住鼠标左键并拖动鼠标，即可移动选区位置，如图 3-57 所示。双击鼠标左键或按下 Enter 键，即可完成选区的变换操作，如图 3-58 所示。

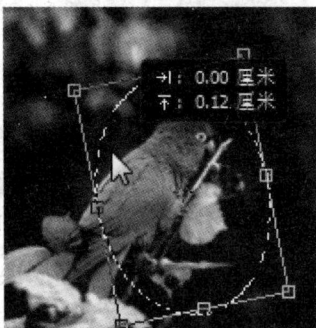

图 3-57　移动选区　　　　　　　　　　图 3-58　变换后的选区效果

2. 变换选区内容

在选区创建之后，选择"编辑→自由变换"命令或按下"Ctrl+T"组合键，会出现变换选框，共有 8 个控制点，用鼠标拖动控制点即可改变选框的大小和长宽比例，也可实现选区内图像的旋转等效果，如图 3-59 所示。

图 3-59　执行"自由变换"命令

选择"编辑→变换"命令，可在其级联菜单中看到与图像变换有关的全部命令，如图 3-60 所示。

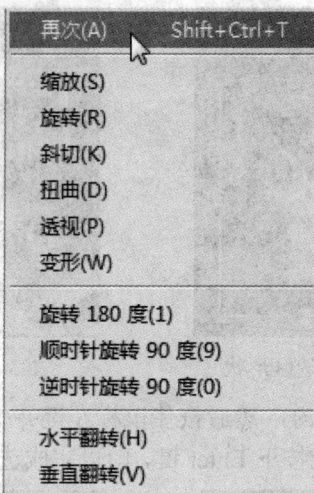

图 3-60　"变换"命令的级联菜单

(1) "再次"：选择此命令可以重复执行上一次的变形动作。

(2) "缩放"：将图像放大或缩小。选择该命令，将鼠标指针移至控制点上并拖动，可以实现图像的缩放。如果同时按住 Alt 键，则以所选图像固定的中心点来缩放，如图 3-61 所示。如果同时按住 Shift 键，在变换选框的 4 个顶点拖动，则按长度等比例缩放，如图 3-62 所示。如果同时按住"Shift+Alt"组合键，则以所选图像的中心为固定点，进行长宽度等比例缩放，如图 3-63 所示。

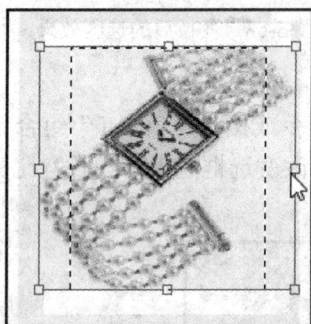

图 3-61　按住 Alt 键的缩放操作

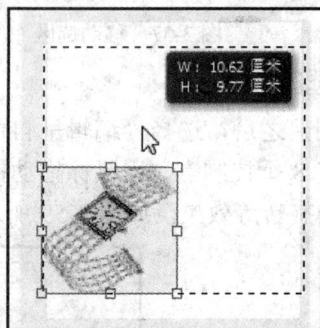

图 3-62　按住 Shfit 键的缩放操作

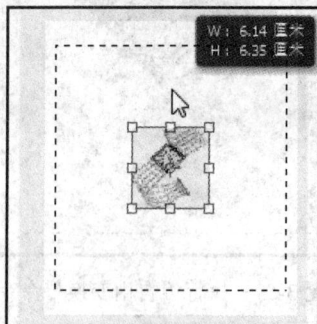

图 3-63　按住"Shift+Alt"组合键的缩放操作

(3) "旋转"：选择该命令，用鼠标在控制点或变换选框的外围拖动，则以中心点为圆心旋转图像，如图 3-64 所示。

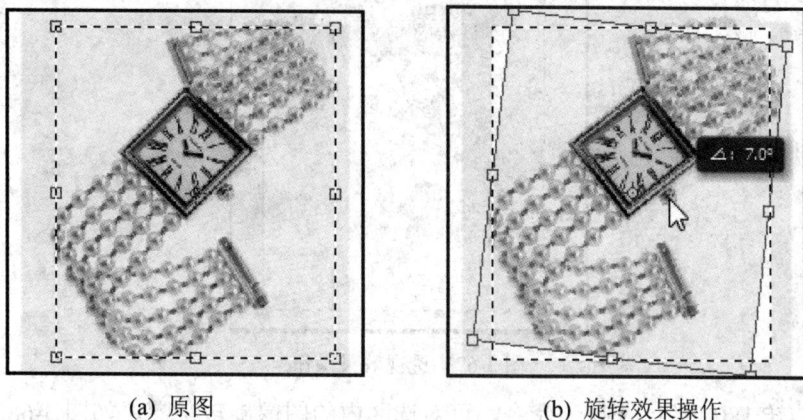

(a) 原图   (b) 旋转效果操作

图 3-64　旋转图像

(4) "斜切"：选择该命令，可实现图像向一侧倾斜。在变换选框的控制点上直接用鼠标拖动，即可实现沿一边的斜切变换，如图 3-65 所示。

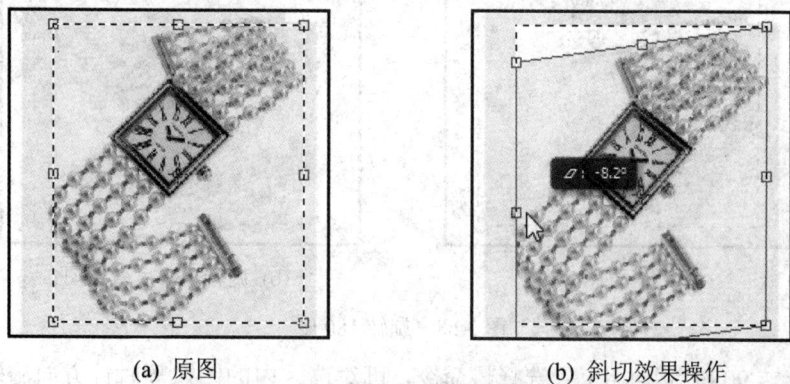

(a) 原图   (b) 斜切效果操作

图 3-65　斜切图像

(5) "扭曲"：选择该命令，在变换选框的控制点上任意拖动，即可实现选区内图像的扭曲效果，如图 3-66 所示。

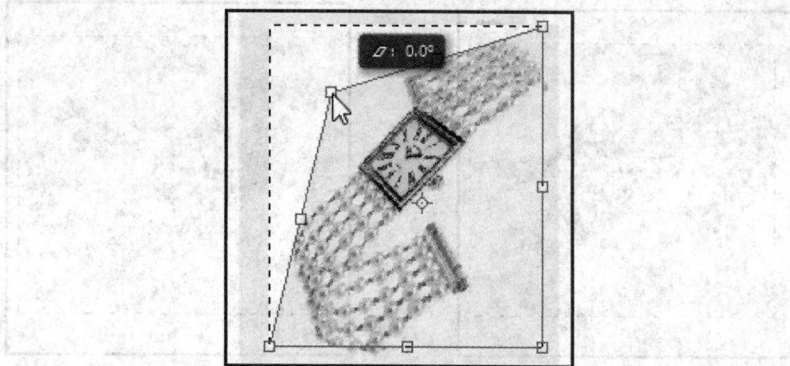

图 3-66　扭曲效果操作

(6) "透视": 选择该命令, 可对选区内的图像实现透视变换效果, 如图 3-67 所示。

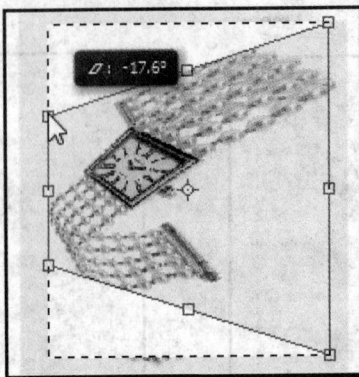

图 3-67 透视效果操作

(7) "旋转 180 度": 选择该命令, 可对选区内的图像旋转半圈, 如图 3-68 所示。

(a) 原图   (b) 旋转 180 度效果图

图 3-68 旋转 180 度

(8) "旋转 90 度(顺时针)": 选择该命令, 可对选区内的图像顺时针方向旋转 90°, 如图 3-69 所示。

(9) "旋转 90 度(逆时针)": 选择该命令, 可对选区内的图像逆时针方向旋转 90°, 如图 3-70 所示。

图 3-69 旋转 90 度(顺时针)效果图   图 3-70 旋转 90 度(逆时针)效果图

　　(10)"水平翻转":选择该命令,可对选区内的图像逆时针方向旋转180°,如图3-71所示。

　　(11)"垂直翻转":选择该命令,可对选区内的图像以水平线为中轴线进行翻转,如图3-72所示。

图 3-71　水平翻转效果图　　　　　　　图 3-72　垂直翻转效果图

3.3.3　保存和载入选区

　　在编辑图像的过程中,用户可以保存一些造型较复杂的图像选区,当以后需要使用时,就可以直接载入以恢复选区。保存与载入选区的操作如下:

　　(1)打开一幅图像,使用工具箱中的"磁性套索"工具(　)创建选区,如图3-73所示。

　　(2)选择"选择→存储选区"命令,打开"存储选区"对话框,设置存储通道的位置及名称,如图3-74所示。在"名称"文本框中输入"宠物狗",并将当前图像的选区存储到"通道"中,成为新建通道。

图 3-73　创建图像选区

　　①"文档":在下拉列表中可以选择在当前文档中或是在新建文档中创建存储选区的通道,如图3-75所示。

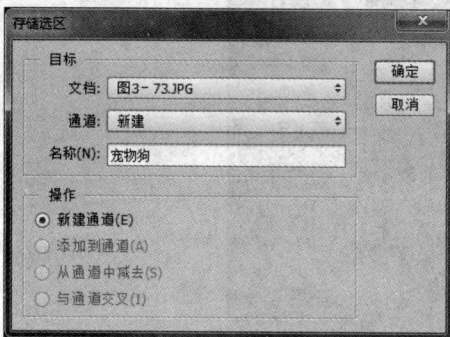

图 3-74　存储选区对话框　　　　　　　图 3-75　选择存储通道的位置

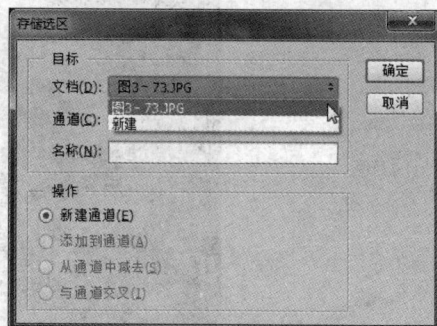

　　②"通道":用于选取要作为选区存储的图层或通道。

③ "名称": 用于设置存储通道的名称。

④ "操作": 用于选择通道的处理方式, 包括 "新建通道" "添加到通道" "从通道中减去" "与通道交叉" 几个选项。

(3) 单击 "确定" 按钮后, 选择 "窗口→通道" 命令, 可以看到 "通道" 面板发生了变化, 如图 3-76 所示。

图 3-76　通道面板

(4) 按下 "Ctrl+D" 组合键, 将图像中的选区取消, 如图 3-77 所示。然后选择 "选择→载入选区" 命令, 在 "载入选区" 对话框的 "通道" 下拉列表中选择需要载入的选区名称, 如图 3-78 所示。

图 3-77　取消选区

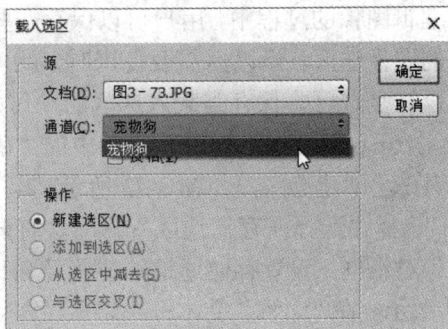

图 3-78　载入选区对话框

(5) 选择好载入的选区名称后, 单击 "确定" 按钮, 即可将指定的选区载入到图像中, 如图 3-79 所示。

图 3-79　载入选区

3.4　综合实训——制作精美贺卡

本实训主要是制作一个精美贺卡，通过应用
图像元素突出主题，元素的色彩要融入到贺卡的
整体色调中，给人一种赏心悦目的感觉。目标效
果如图 3-80 所示。

知识要点提示：

(1) 使用选取工具创建不同选区，并对选区进
行形态改变与变换。

(2) 运用拷贝和贴入等命令对图像进行合成
处理。

图 3-80　精美贺卡

操作步骤如下：

(1) 打开一幅素材图像，如图 3-81 所示。

(2) 选择"矩形选框工具"在图像中创建矩形选区，如图 3-82 所示。执行"编辑→拷
贝"命令，拷贝选区内图像。

图 3-81　素材图像

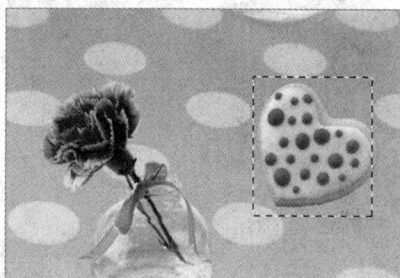

图 3-82　拷贝选区

(3) 打开另一幅素材图像，如图 3-83 所示。

(4) 选择"编辑→粘贴"命令，粘贴步骤(2)拷贝的图像，如图 3-84 所示。

图 3-83　背景图像

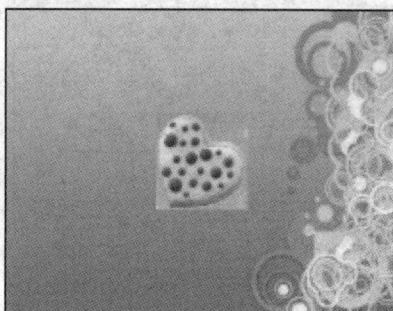

图 3-84　粘贴图像

(5) 选择工具箱中的"移动"工具(　)，通过鼠标拖动将粘贴来的图像移至合适位置，
如图 3-85 所示。

(6) 选择"编辑→自由变换"命令，对选区内图像进行大小与旋转变换，操作效果如图 3-86 所示。

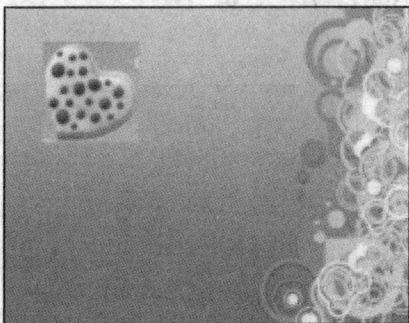

图 3-85　移动图像

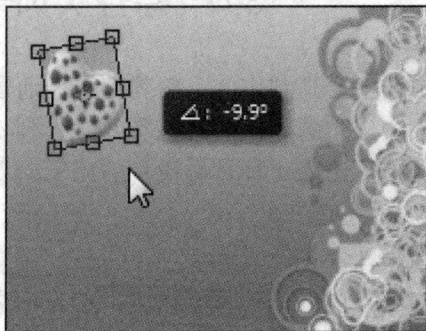

图 3-86　自由变换操作

(7) 选择"编辑→变换→水平翻转"命令，对选区内图像进行水平翻转，然后按下回车键(Enter)，效果如图 3-87 所示。

(8) 选择"图层→向下合并"命令合并图层，然后，在工具箱中选择"多边形套索"工具(🔲)创建选区，如图 3-88 所示。

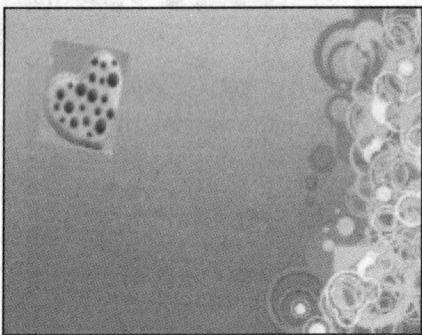

图 3-87　图像变换效果

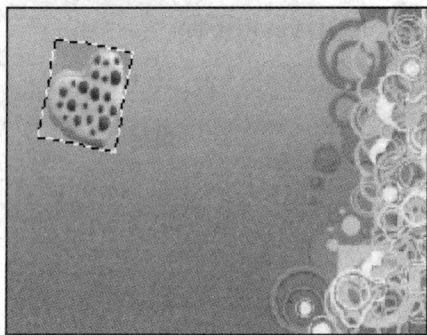

图 3-88　创建图像选区

(9) 选择"选择→修改→扩展"命令，在"扩展选区"对话框中设置"扩展量"为 10 像素，如图 3-89 所示。单击"确定"按钮后，得到扩展后的选区效果如图 3-90 所示。

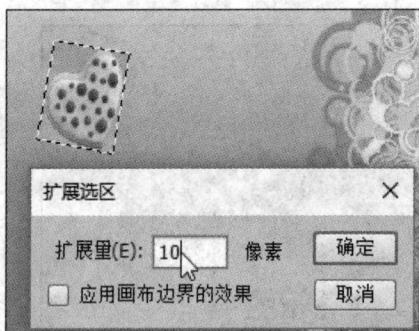

图 3-89　设置选区扩展量

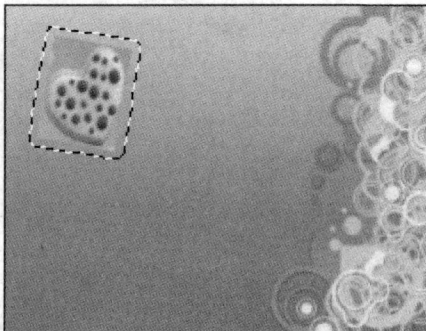

图 3-90　扩展图像选区

(10) 在工具箱中选择"拾色器(前景色)"工具(■)，打开"拾色器"对话框，设置前景色为白色，如图 3-91 所示。然后选择"油漆桶"工具(■)填充扩展选区，效果如图 3-92 所示。

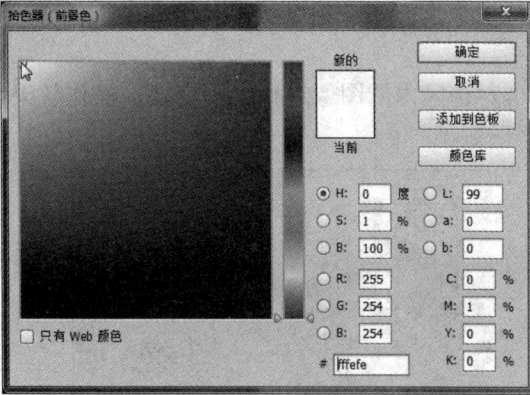

图 3-91　设置前景色

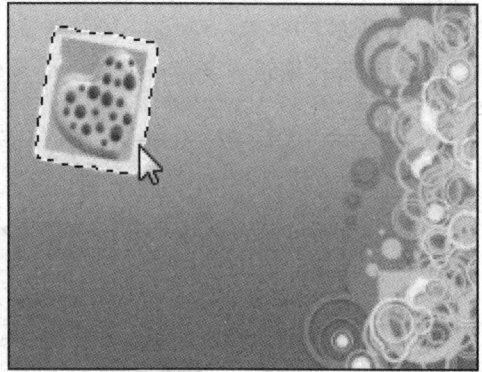

图 3-92　扩展选区填充效果

(11) 选择"编辑→描边"命令，在弹出的"描边"对话框中设置"宽度"值为 2 像素，如图 3-93 所示。同时移动鼠标光标至"颜色"右边的设置区，单击鼠标左键打开"拾色器(描边颜色)"对话框，设置颜色为"浅蓝色"，如图 3-94 所示。颜色设置结束后，单击"描边"对话框中的"确定"按钮，描边效果如图 3-95 所示。

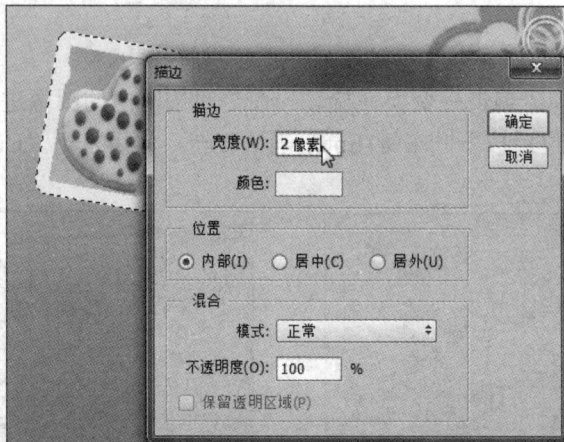

图 3-93　设置描边宽度值

图 3-94　设置描边颜色值

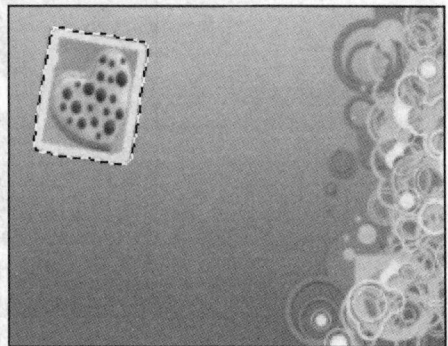

图 3-95　描边效果图

(12) 选择"选择→变换选区"命令，再次变换选区，变换到位后按下回车键(Enter)，如图 3-96 所示。

(13) 选择"编辑→变换→缩放"命令，再对选区内的图像进行大小变换，操作效果如图 3-97 所示。

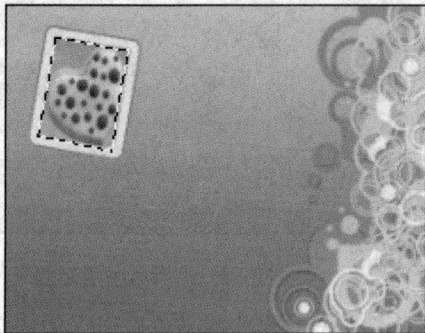

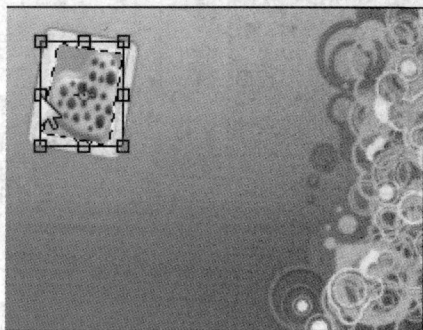

图 3-96　缩小选框　　　　　　　　图 3-97　缩小选区内图像

(14) 缩放到位后，按下回车键(Enter)。然后选择"选择→修改→扩展"命令，在"扩展选区"对话框中设置"扩展量"为 5 像素，单击"确定"按钮，得到扩展后的选区效果如图 3-98 所示。

(15) 按照步骤(11)的相同方法对扩展后的选区进行描边。

(16) 描边后，选择"编辑→变换→旋转"命令对选区内的图像进行旋转，旋转操作如图 3-99 所示。旋转到位后按下回车键(Enter)确认旋转，然后按下"Ctrl+D"组合键取消选区，如图 3-100 所示。

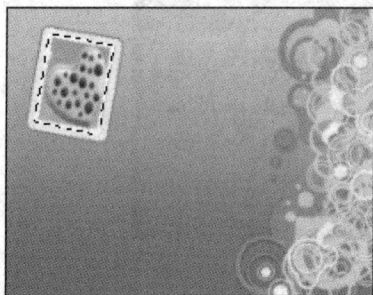

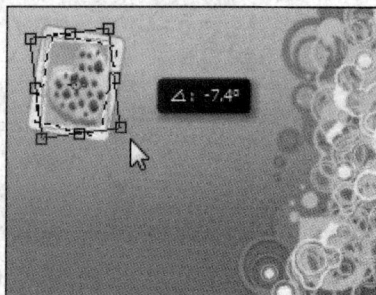

图 3-98　扩展选区　　　　　　　　图 3-99　执行旋转操作

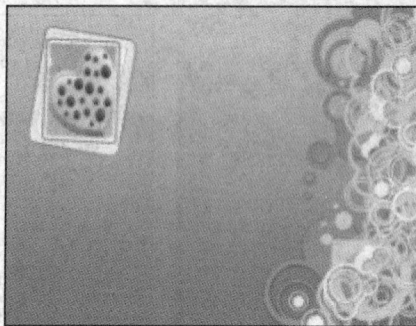

图 3-100　旋转后效果

(17) 选择"椭圆选框"工具( )，在其选项栏上设置"羽化"值为 30，创建如图 3-101 所示的椭圆选区。

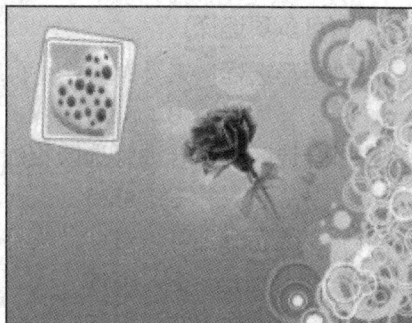

(18) 选择如图 3-81 所示的素材图像为当前文件，执行"选择→全部"命令后再执行"编辑→拷贝"命令拷贝整个图像。

(19) 选择如图 3-101 所示图像文件为当前文件，执行"编辑→选择性粘贴→贴入"命令粘贴图像。使用"移动"工具轻移图像位置，效果如图 3-102 所示。

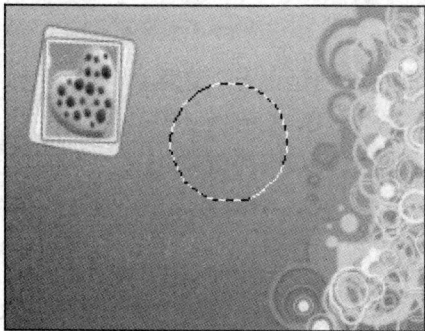

图 3-101　创建选区　　　　　　　　　　　　图 3-102　粘贴图像

(20) 在工具箱中选择"横排文字"工具( )，并设置前景色为红色，在图像窗口中单击鼠标左键录入文字，然后在文字工具选项栏中，通过"创建文字变形"( )选项设置样式为"波浪"，最终效果如图 3-103 所示。

图 3-103　贺卡效果图

3.5　习　　题

1. 填空题

(1) 创建组合选区时，按下_____可以进行选区相减的操作。

(2) 选择菜单中，修改命令的子命令有_____、_____、_____、_____和_____。

(3) 自由变换的快捷方式是_____。

(4) 运用椭圆选框工具时，按下_____键可以创建出确定了中心的椭圆选区。

2. 判断题

(1) 在任何情况下都可以单击键盘上的"↑、↓、←、→"键对所选图像进行微小距离移动。(　　)

(2) 使用"平滑"命令可以做出环状效果。(　　)

(3) 使用"矩形选框"工具可以创建宽度为一个像素的选区。(　　)

(4) 使用"填充"命令只能填充前景色。(　　)

3. 选择题(可多项选择)

(1) 运用"矩形选框"工具时，按下(　　)键可以创建正方形选区。

A．Alt　　　　　　　　B．Shift　　　　　　　　C．Ctrl

(2) 创建组合选区时，若进行选区相加时可以用(　　)快捷键。

A．Alt　　　　　　　　B．Shift　　　　　　　　C．Ctrl

(3) 使用"变换"命令可以对图像进行(　　)。

A．旋转　　　　　　　　B．缩放　　　　　　　　C．变形

(4) 对当前图像进行 180 度旋转可以使用(　　)命令。

A．变换　　　　　　　　B．自由变换　　　　　　　　C．图像旋转

4. 实训题

(1) 练习使用选取工具对选区进行加、减、相交的操作，创建特殊形状的选区。

(2) 打开一幅图，创建一个选区，并对选区内图像进行缩放、旋转、扭曲、透视、变形等操作。

第4章　调整色彩与色调

Photoshop 中图像的色彩调整功能非常强大，这类工具在图像修饰中占极其重要的地位，因此了解各种颜色模式和色彩的调整是非常必要的。在 Photoshop 软件中，系统提供了众多调整图像色彩和色调的命令，用以对图像进行快速、简单和全局性的调整，但调整效果的命令与实现方法并不是唯一的，许多命令都可以通过不同的方法取得相似的效果，因此确定一种合适的图像调整方式取决于原始图像与期望达到的效果。只有全面掌握这些内容，才能使图像创作显得更加丰富多彩。

☞ 知识与技能目标：

(1) 了解各种颜色模式的概念。
(2) 理解色彩色调调整的各种效果。
(3) 掌握图像色彩的调整操作。
(4) 掌握图像色调的调整操作。

4.1　颜　色　模　式

图像设计所使用的色彩是将自然界的色彩通过不同的计算方式(即颜色模式)展现在显示屏上，之所以有这么多的颜色模式，主要是根据不同的应用目的而设定的。不同的颜色模式所定义的颜色范围不同，也影响图像中显示的颜色数量，其图像文件的大小也不同。Photoshop 中提供了多种颜色模式，可以在不同的场合下使用，其中比较常用的有：RGB 模式、灰度模式、位图模式、双色调模式、CMYK 模式、索引颜色模式、Lab 模式等。

4.1.1　RGB 颜色模式

RGB 模式是由红(Red)、绿(Green)和蓝(Blue)3 种颜色即三原色组成，之所以称为三原色，是因为在自然界中肉眼所能看到的任何颜色都可以由这 3 种颜色混合叠加而成，因此也称为加色模式。对于每个像素，RGB 模式分别为 3 种颜色指定一个介于 0(黑色)到 255(白色)之间的强度值，通过叠加形成其他各种颜色，这 3 种颜色混合起来可以形成 1670 多万种颜色，也就是我们常说的真彩色。在 Photoshop 中 RGB 模式是最常用的一种颜色模式，不管是什么形式制作出的图像，基本都是以 RGB 模式存储的，该模式可以使用 Photoshop 中所有的命令和滤镜对图像进行处理。常见的电视机、显示器和部分手机的彩屏就是采用 RGB 的颜色模式。

4.1.2　灰度模式

　　灰度模式下的图片有点类似黑白照片，在此模式下只存在灰色，最多可以达到 256 级灰度。在灰度模式的图像文件中，色相及饱和度等有关信息都不能影响灰度，只有亮度是唯一能够影响灰度图像的参数。因此灰度图像中的每一个像素都有一个 0(黑色)到 255(白色)之间的亮度值。另外，灰度值也可以用黑色覆盖的百分比来度量(0%等于白色，100%等于黑色)。报业界中的图像常用的颜色模式就是灰度模式。

　　要将一个彩色图像转换为灰度图像，选择"图像→模式→灰度"命令，将弹出"信息"对话框，单击"扔掉"按钮，如图 4-1 所示。灰度模式下的图像效果如图 4-2 所示。

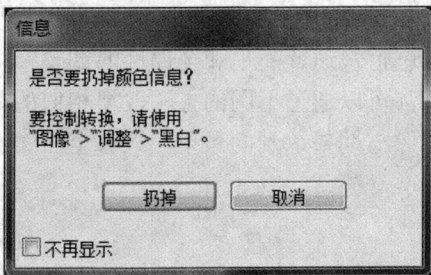

图 4-1　"信息"对话框　　　　　　图 4-2　灰度图像

4.1.3　位图模式

　　位图模式只有黑色和白色两种颜色，位图模式下每个像素只能在这两种颜色中选择，即图像只由黑色和白色的点组成。要将一个彩色图像转换为位图图像，必须先将图像文件转换为灰度图像，然后才能选择"图像→模式→位图"命令，在弹出"位图"对话框中单击"确定"按钮，如图 4-3 所示。位图图像效果如图 4-4 所示。

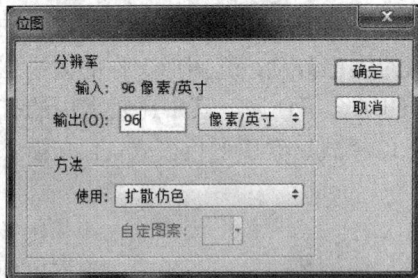

图 4-3　"位图"设置对话框　　　　　　图 4-4　位图图像

　　提示：
　　位图模式的图片不能使用 jpeg 的图片格式进行存储。

4.1.4　双色调模式

　　双色调图像是由 2～4 种自定义油墨创建的，该模式与灰度模式相似，是由灰度模式发展而来，可创建双色调(两种颜色)、三色调(三种颜色)和四色调(四种颜色)的灰度图像。单色调是用非黑色的单一油墨来打印灰度图像，双色调、三色调和四色调分别是用 2 种、3 种和 4 种油墨来打印的灰度图像。将灰度图像转换为双色调模式的过程中，可以对色调进行编辑，使之产生特殊的效果。

> **提示：**
> RGB 模式的图像需要转换为双色调模式时，必须先将图像转换为灰度模式，然后才能进一步转换为双色调模式。

4.1.5　CMYK 颜色模式

CMYK 模式是一种用于印刷的色彩模式，它由分色印刷的青色(Cyan)、洋红色(Magenta)、黄色(Yellow)和黑色(Black)4 种颜色组成。CMYK 模式和 RGB 模式最大的区别是，RGB 模式产生色彩的方式是加色法，而 CMYK 模式产生色彩的方式是减色法。由于在实际应用中，青色、洋红和黄色三种色彩很难形成真正的黑色，因此又增加了一种黑色，用于强化暗部的色彩，为了和 RGB 模式的蓝色相区别，所以将黑色缩写为 K。当 4 种颜色分量均为 0%时，就会产生纯白色(就是露出纸的底色)。

4.1.6　索引颜色模式

索引颜色模式是单通道图像模式，使用 256 种或更少的颜色来表现一个由上百万种颜色表现的全彩色图像。索引颜色模式使用最多 256 种颜色，即每个像素具有 8 位的最大颜色容差。与灰度模式不同的是，此模式的图像是彩色的。索引模式在印刷中很少使用，但在制作多媒体图片或网页图片时很实用，因为这种模式产生的图片体积要比 RGB 模式产生的图片体积小很多。

索引颜色模式通过限制调色板中颜色数量，在保持图像视觉品质的同时减小文件大小。在这种模式下只能进行有限的编辑，Photoshop 中的修复工具组、模糊工具、锐化工具以及渐变色工具等在此模式下都不可用，因此若要进一步对图像进行编辑时，应临时转换为 RGB 模式。

4.1.7　Lab 颜色模式

Lab 颜色模式是 Photoshop 中内建的标准颜色模式，这种模式的颜色范围最广，而且包含所有 RGB 模式和 CMYK 模式中的颜色。Lab 颜色模式也是一种颜色通道模式，其中 L 代表光的亮度分量，其范围为 0~100；a 表示从绿色到红色的光谱变化、b 表示从蓝色到黄色的光谱变化，两者的变化范围都为–128~+127。使用 Lab 模式可以处理 Photo CD 图像，独立编辑图像中的亮度和颜色值，在不同系统之间移动图像并将其打印到 PostSctipt Level 2 和 PostSctipt Level 3 打印机。Lab 模式的"颜色"面板如图 4-5 所示。

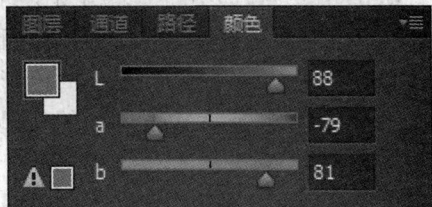

图 4-5　Lab 模式的"颜色"面板

4.2　色彩调整

通常获取原始图片的方法是通过数码相机、数码摄像机及扫描仪等工具。无论是通过何种途径获取的图片，在色彩和色调等方面或多或少都有些问题，如偏亮、偏红、偏冷等。Photoshop 提供了众多调整图像色彩的方法，可以将这些有问题的图片通过图像色彩的调整，最终转换为具有艺术性的作品。

4.2.1　自动颜色

"自动颜色"命令可以调整图像的整体颜色，使色彩平衡达到最佳效果。"自动颜色"命令除了增加颜色对比度以外，还将对一部分高光和暗色区域进行亮度合并。打开一幅图像文件，可以选择"图像→自动颜色"命令来调整图像颜色效果，如图 4-6 所示。

(a) 素材图像　　　　　　　　(b) 自动颜色调整后效果

图 4-6　使用"自动颜色"命令调整前后效果对比

4.2.2　色彩平衡

"色彩平衡"命令可以增加或减少图像中的颜色，常用于调整图像中出现的偏色情况。通过调整图像的阴影、中间区和高光区，从而调整图像整体的色彩平衡。

Web 图像的处理不同于印刷图像的处理，它不需要精确控制单个颜色，而色彩平衡恰好提供了这种一般化的色彩校正，完全可以满足对 Web 图像的处理要求。

打开一幅图像文件，选择"图像→调整→色彩平衡"命令，弹出"色彩平衡"对话框，如图 4-7 所示。

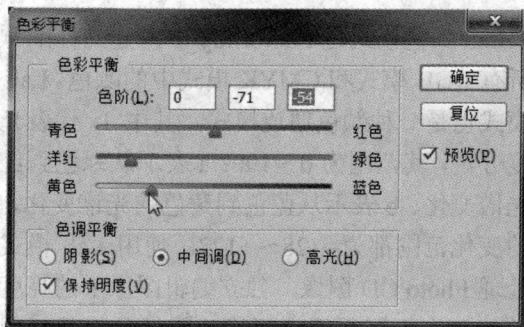

图 4-7　"色彩平衡"对话框

"色彩平衡"对话框中各选项含义如下：

(1) "色彩平衡"栏：用于在"阴影""中间调"或"高光"中添加过渡色来平衡色彩

效果，也可直接在 3 个"色阶"文本框中输入相应的值来调整颜色平衡。

(2) "色调平衡"栏：用于选择用户需要着重进行调整的色彩范围。分别有"阴影""中间调""高光"3 个单选按钮，选某一按钮就会对相应色调的像素进行调整。

(3) "保持明度"选项：选择该选项，在调整图像色彩时可以使图像亮度保持不变。

打开一幅偏色图像，按照图 4-7 中的设置参数值对"色彩平衡"对话框中的各项进行设置，完成后单击"确定"按钮，调整后的效果对比如图 4-8 所示。

(a) 素材图像   (b) 色彩平衡调整后的效果

图 4-8　色彩平衡调整前后的效果对比

4.2.3　色相/饱和度

颜色的外在表现叫作色相，色相是指色彩所呈现出来的质地面貌，如红、橙、黄、绿、青、蓝、紫等。饱和度是颜色的纯正度或鲜艳程度，饱和度越大，颜色越浓，反之，颜色越淡。使用"色相/饱和度"命令可以调整图像中单个颜色成分的色相，饱和度及明度，从而实现图像色彩的改变。

打开一幅图像文件，选择"图像→调整→色相/饱和度"命令，弹出"色相/饱和度"对话框，如图 4-9 所示。

图 4-9　"色相/饱和度"对话框

"色相/饱和度"对话框中各选项含义如下：

(1) "编辑"下拉列表：用于选择作用范围，如选择"全图"选项，则将对图像中所有颜色的像素起作用，其余选项表示对某一颜色成分的像素起作用。

(2) "包相/饱和度/明度"栏：调整所选颜色的色相、饱和度或明度。

(3) "着色"复选框：选择该选项，可以将图像调整为灰色或单色的效果。

打开一幅需要调整饱和度的图像文件，按照图 4-9 中设置的参数值，对"色相/饱和度"对话框中的各项进行设置，完成后单击"确定"按钮，调整后的效果如图 4-10 所示。

(a) 素材图像　　　　　　　　　　　　(b) 调整后

图 4-10　调整色相/饱和度前后的效果对比

> **提示：**
>
> 在"色相/饱和度"对话框中选中"着色"复选框，可以对图像进行单色调整，此时，对话框中的"全图"下拉列表将不可用。

4.2.4　黑白

使用"黑白"命令可以改变图像的 6 种颜色(红、黄、绿、青、蓝、洋红)的亮度值，轻松地将彩色图像转换为层次丰富的黑白照片，并可以精细地调整图像整体色调值和浓淡，制作出各种颜色层次不同的单色照片。

打开一幅图像文件，选择"图像→调整→黑白"命令，弹出"黑白"对话框，如图 4-11 所示。

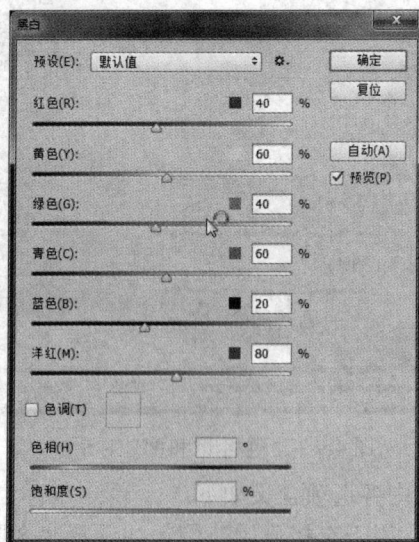

图 4-11　"黑白"对话框

　　"预设"：用于选择不同的预置方案，既可以选择预先设置好的颜色值，也可以通过"自定"选项，手动设置各种颜色的色值。

　　如果在"黑白"对话框中选中"色调"复选框，可以为图像添加单一色调，并通过下面的"色相"及"饱和度"的设置，制作出层次丰富的单色照片。

　　经过"黑白"命令处理后的图像效果如图 4-12 所示。

　　　　　(a)　素材图像　　　　　　　　　　　　(b)　黑白命令处理后的效果

图 4-12　"黑白"命令处理前后的效果对比

4.2.5　照片滤镜

　　"照片滤镜"是模仿在照相机镜头前添加彩色滤镜的效果，即把带颜色的滤镜放在照相机镜头前方以调整图像颜色。还可以通过选择色彩预置来调整图像的色相。

　　打开一幅图像文件，选择"图像→调整→照片滤镜"命令，弹出"照片滤镜"对话框，如图 4-13 所示。

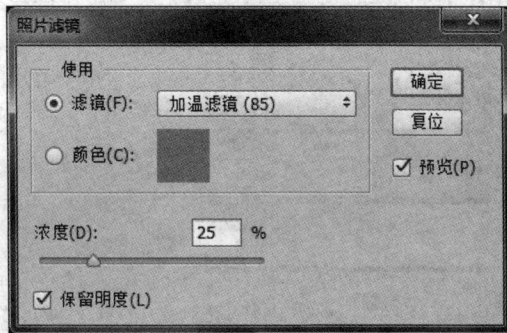

图 4-13　"照片滤镜"对话框

　　"照片滤镜"对话框中各选项含义如下。

　　(1)　"滤镜"：在其右侧的下拉列表中有很多内置的滤镜可供选择。

　　(2)　"颜色"：单击右侧的颜色框，可设置过滤颜色。

　　(3)　"浓度"：控制着色的强度，数值越大，滤色效果越明显。

　　(4)　"保留明度"：选取该复选框可以在滤色的同时保持图像的明度分布层次。

　　经过"照片滤镜"命令处理后的图像效果如图 4-14 所示。

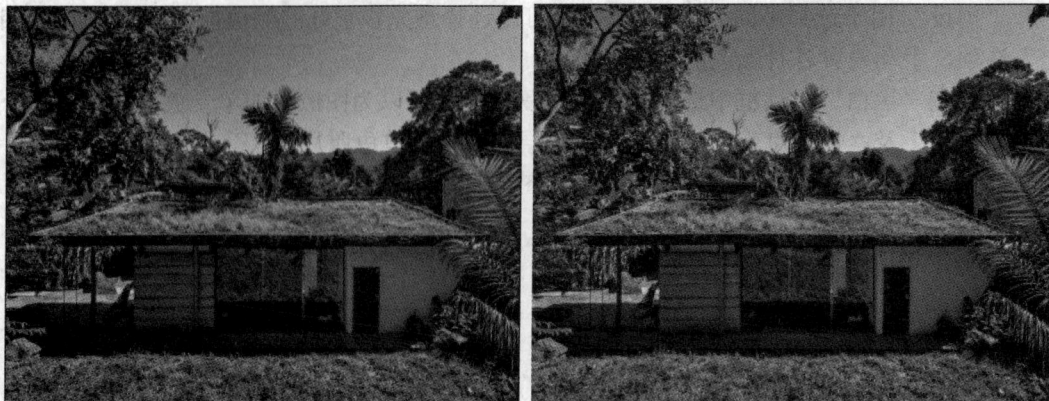

(a) 素材图像   (b) 照片滤镜处理后的效果

图 4-14 "照片滤镜"命令处理前后的效果对比

4.2.6 通道混和器

"通道混和器"命令能通过使用当前颜色通道的混合来修改颜色通道，可以单独改变某一通道中的颜色，并混合到主通道中产生一种图像合成的效果。也可以把每一个通道的颜色理解为由青色、洋红、黄色和黑色 4 种颜色调配而得。默认情况下，每一个通道中添加的颜色只有一种，就是通道对应的颜色。

打开一幅图像文件，选择"图像→调整→通道混和器"命令，弹出"通道混合器"对话框，如图 4-15 所示。

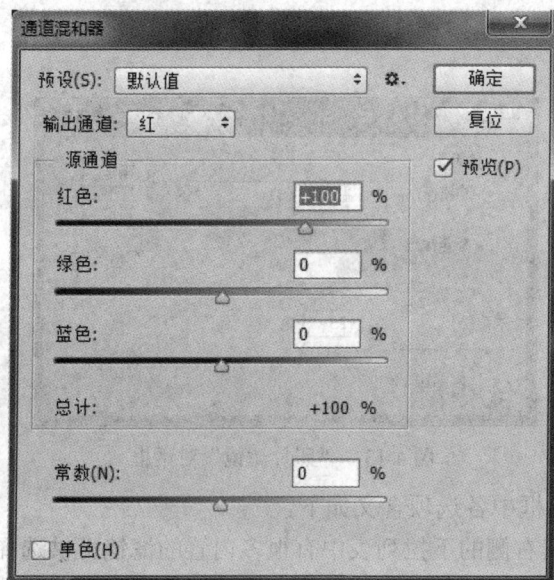

图 4-15 "通道混和器"对话框

"通道混和器"对话框中各选项含义如下。

(1) "输出通道"：通过该下拉列表框选择需要进行调整的通道。

(2) "源通道"：通过拖动滑块或输入数值来调整源通道在输出通道中所占的百分比值。

（3）"常数"：通过拖动滑块或输入数值来调整通道的不透明度。

（4）"单色"复选框：将图像转换成只含灰度值的灰度图像。

经过"通道混和器"命令处理后的图像效果如图 4-16 所示。

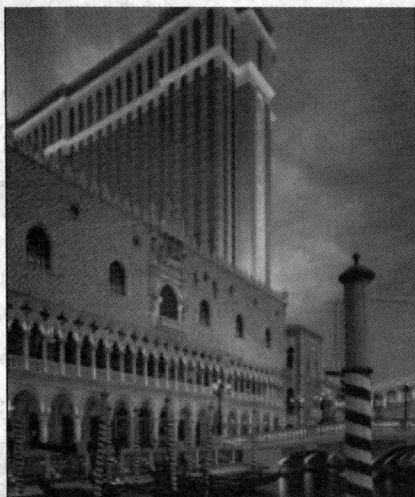

(a) 素材图像　　　　　　　　　　　(b) 通道混和器处理后的效果

图 4-16　"通道混和器"命令处理前后的效果对比

4.2.7　反相

使用"反相"命令可以反转图像中的色彩，将像素的颜色转换为互补色。打开一幅图像文件，选择"图像→调整→反相"命令或按下"Ctrl+I"组合键，把图像的色彩反相，从而转化为负片，或将负片还原为图像。当再次使用该命令时，图像会还原。"反相"命令处理效果对比如图 4-17 所示。

(a) 素材图像　　　　　　　　　　　(b) 反相后的图像效果

图 4-17　"反相"命令处理前后的效果对比

提示：

"反相"命令是唯一不损失图像色彩信息的变换命令。

4.2.8　色调分离

　　使用"色调分离"命令可以减少图像的颜色过渡层次，使图像的颜色过渡直接而又清晰。其原理是通过指定图像中每个通道的色调级(或亮度值)的数目，并将像素映射为最接近的匹配级别。打开一幅图像文件，选择"图像→调整→色调分离"命令，弹出"色调分离"对话框，如图 4-18 所示。其中"色阶"选项用于设置图像色调变化的程度，数值越大，图像色调变化越大，效果越明显，如图 4-19 所示。

图 4-18　"色调分离"对话框

　　(a) 素材图像　　　　　　　　　　　　　　(b) 色调分离效果

图 4-19　"色调分离"命令处理前后的效果对比

4.2.9　阈值

　　使用"阈值"命令可以将一个彩色图像或灰度图像变成一个只有黑白两种色调的高对比度的黑白图像，这种效果适合用来制作版画。打开一幅图像文件，选择"图像→调整→阈值"命令，弹出"阈值"对话框，如图 4-20 所示。

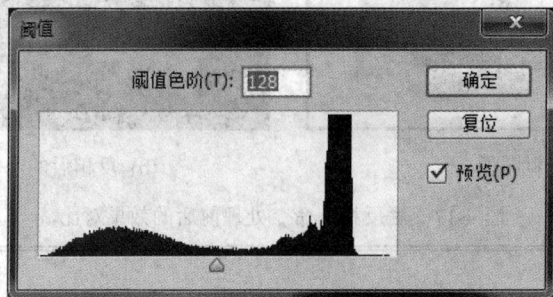

图 4-20　"阈值"对话框

在"阈值色阶"文本框中可以定义 0～255 之间的任意亮度值或拖动滑块来取值。取值后图像中所有亮度值比该值小的像素都会变成黑色，比该值大的像素都会变成白色，如图 4-21 所示。

(a) 素材图像　　　　　　　　　　　(b) 阈值命令处理后效果

图 4-21　"阈值"命令处理前后的效果对比

4.2.10　渐变映射

"渐变映射"可以把 Photoshop 中某种预设的渐变色，或用户自定义的一种渐变色加到图像中，形成一种混合效果。具体操作如下：

(1) 打开一幅图像文件，选择"图像→调整→渐变映射"命令，弹出"渐变映射"对话框，如图 4-22 所示。

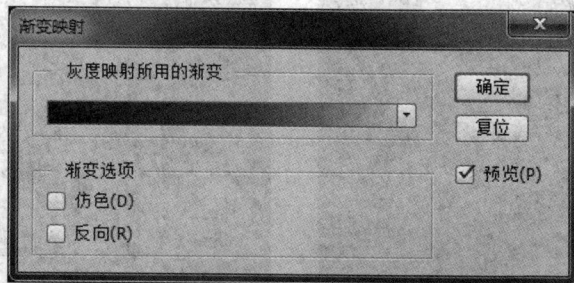

图 4-22　"渐变映射"对话框

"渐变映射"对话框中各选项含义如下。

① "灰度映射所用的渐变"选择器：单击中间的渐变颜色框，即可打开"渐变编辑器"对话框来编辑所需的颜色。

② "仿色"：选择该选项，图像将实现抖动渐变。

③ "反向"：选择该选项，图像将实现反转渐变。

(2) 在弹出的"渐变映射"对话框中单击对话框中的渐变条，弹出"渐变编辑器"对话框，如图 4-23 所示。在该对话框中可以调整预设的渐变样式或自定义渐变色。

(3) 编辑到效果满意后，单击"确定"按钮，返回"渐变映射"对话框。勾选对话框下方的"仿色"或"反向"复选框，应用仿色效果或者实现反转渐变。渐变映射效果如图 4-24 所示。

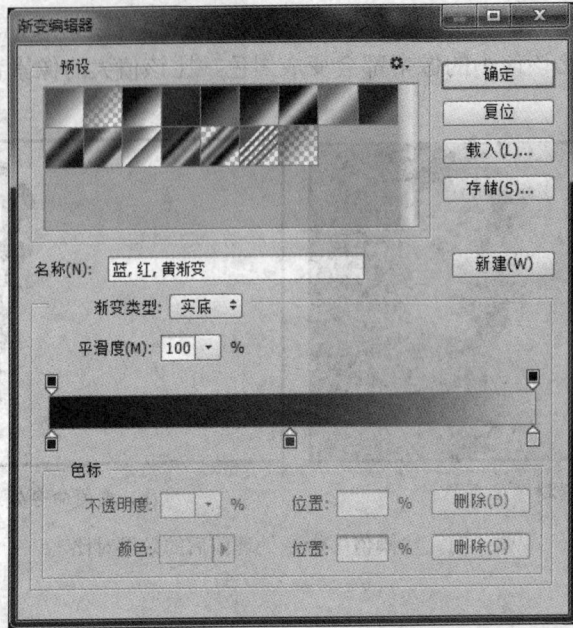

图 4-23 "渐变编辑器"对话框

(a) 素材图像   (b) 渐变映射后的效果

图 4-24 "渐变映射"命令处理前后的效果对比

4.2.11 可选颜色

使用"可选颜色"命令可以对图像的某种颜色进行调整，通过增加和减少与其他印刷油墨相关的油墨的数量，有选择的修改任何原色中印刷色的数量，但不影响其他原色。

具体操作如下。

(1) 打开一幅图像文件，选择"图像→调整→可选颜色"命令，弹出"可选颜色"对话框，如图 4-25 所示。

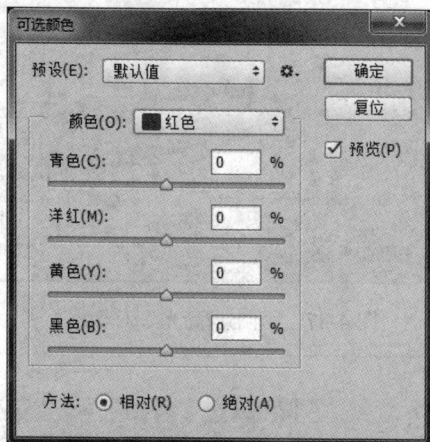

图 4-25　"可选颜色"对话框

"可选颜色"对话框中各选项含义如下。

① "颜色"下拉列表框：用于选择要调整的颜色。

② "方法"栏：选中"相对"表示按 CMYK 四色总数量的百分比来调整现有的青色、洋红、黄色与黑色量；选中"绝对"表示按绝对值来调整颜色。

(2) 在对话框中拖动滑块，增加或减少所选颜色中的成分后，单击"确定"按钮，如图 4-26 所示。

　　　　(a) 素材图像　　　　　　　　　　　　　　(b) 可选颜色处理后的效果

图 4-26　"可选颜色"命令处理前后的效果对比

4.2.12　阴影/高光

使用"阴影/高光"命令可以改善图像曝光过度或曝光不足区域的对比度。它不是单纯地使图像变暗或变亮，而是准确地调整图像中阴影和高光的分布。逆光拍摄的照片多可使用"阴影/高光"命令进行调整。

打开一幅图像文件，选择"图像→调整→阴影/高光"命令，弹出"阴影/高光"对话框，如图 4-27 所示。选择"显示更多选项"复选框可以显示更多调节选项，如图 4-28 所示。

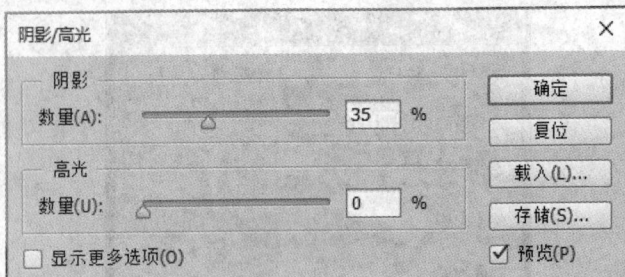

图 4-27　"阴影/高光"对话框

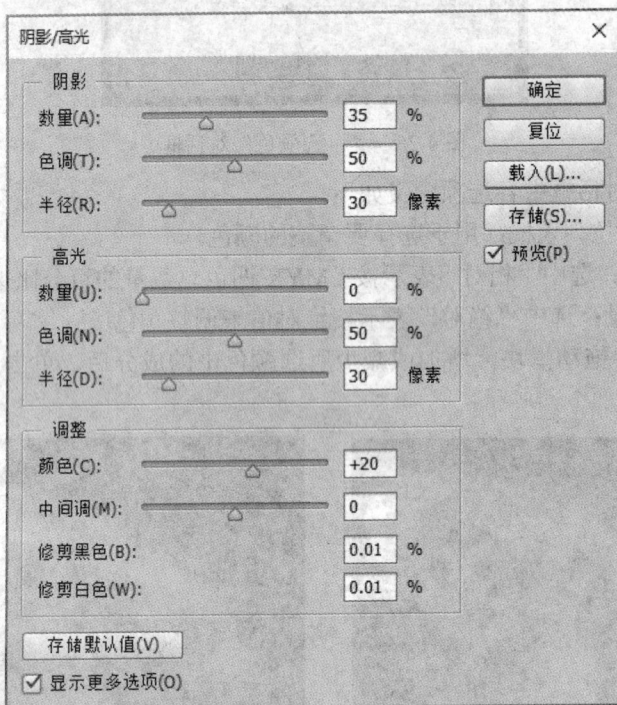

图 4-28　"显示更多选项"

经过"阴影/高光"命令处理后的图像效果如图 4-29 所示。

(a) 素材图像　　　　　　　(b) "阴影/高光"处理后的效果

图 4-29　"阴影/高光"命令处理前后的效果对比

4.2.13　去色

使用"去色"命令可以去掉图像的颜色，只显示具有明暗度的灰度颜色。选择"图像→调整→去色"命令，即可将图像中所有颜色的饱和度都变为 0，从而将图像变为彩色模式下 的灰色图像，如图 4-30 所示。

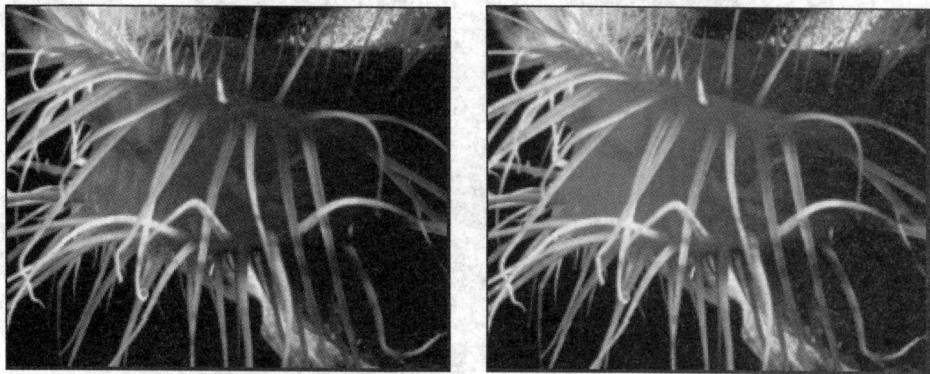

(a) 素材图像　　　　　　　　　　(b) 去色后的效果

图 4-30　"去色"命令处理前后的效果对比

提示：

"去色"命令后只是将原有图像的色彩信息去掉，并没有将图像的颜色模式转换为灰度模式。

4.2.14　匹配颜色

"匹配颜色"命令可以使另一幅图像的颜色与当前图像中的颜色进行混合，即可以将两幅色调不同的图像自动调整为一种统一的色调。

(1) 打开两幅图像文件，如图 4-31 和图 4-32 所示。

图 4-31　风景图像　　　　　　　　　　图 4-32　人物图像

(2) 选择"风景"图像为当前图像，选择"图像→调整→匹配颜色"命令，弹出"匹配颜色"对话框，如图 4-33 所示。

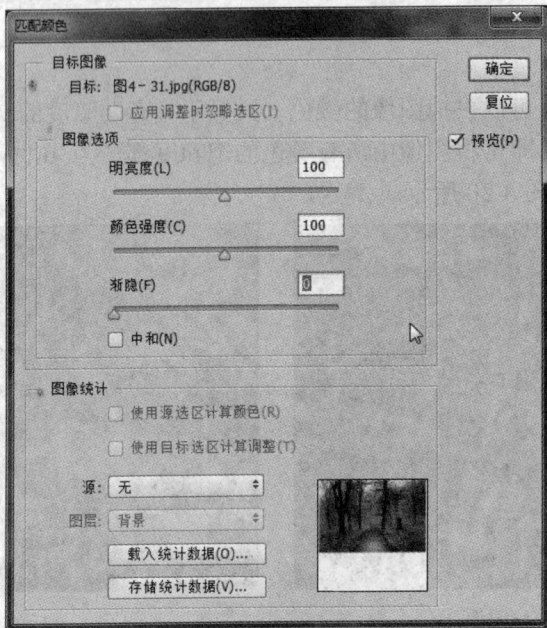

图 4-33 "匹配颜色"对话框

"匹配颜色"对话框中各选项含义如下。

① "目标图像"栏：用来显示当前图像的文件名。

② "图像选项"栏：用于调整匹配颜色时的明亮度、颜色强度和渐隐效果，其中"中和"复选框用于选择是否将两幅图像的中性色进行色调的中和。

③ "图像统计"栏：用于选择匹配颜色时图像的来源或所在的图层。

(3) 在"图像统计"栏的"源"下拉列表框中选择"人物"图像，这时原本偏红色调的风景图像立即笼罩在浅灰色调下，如图 4-34 所示。

图 4-34　选择匹配的图像

　　(4) 如果灰色调太过明显，可以拖动"渐隐"滑块，使灰色效果略微浅淡一些。拖动"颜色强度"滑块，使风景图像原本所带的红色调更明显一些。如有必要还可以调整一下图像的整体明亮度。调整好后勾选"预览"复选框，比较一下调整前后的效果，如图 4-35 所示。最后单击"确定"按钮，可得到如图 4-36 所示的匹配颜色效果。

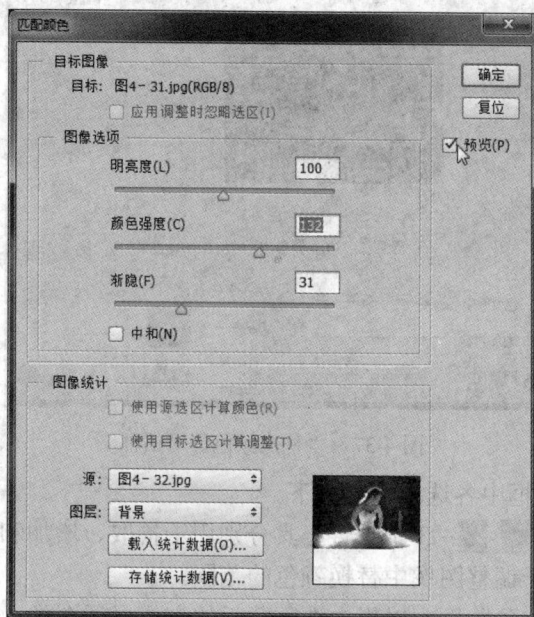

图 4-35　"匹配颜色"对话框

图 4-36　匹配颜色效果

4.2.15　替换颜色

　　"替换颜色"命令用于在图像中基于特定颜色创建一个临时蒙版，从而调整特定颜色区域的色相、饱和度和明度值，将指定的颜色换掉。

　　(1) 打开一幅图像文件，选择"图像→调整→替换颜色"命令，弹出"替换颜色"对话框，如图 4-37 所示。第一次使用该对话框时，选区中不存在色彩选取范围，系统会为图像创建一个蒙版，所以显示的黑色区域就是蒙版区。

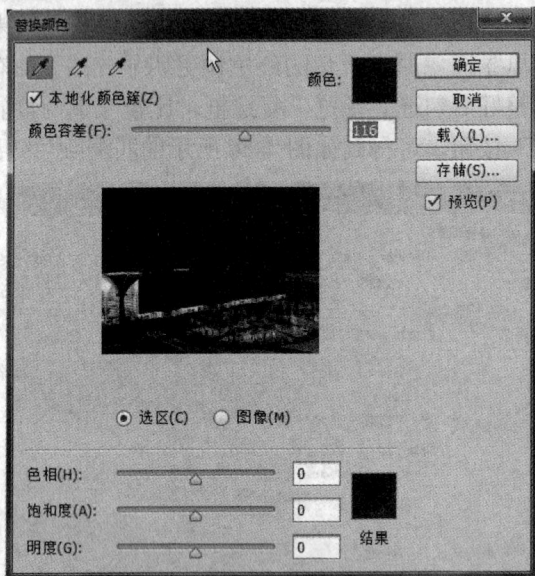

图 4-37　"替换颜色"对话框

"替换颜色"对话框中各选项含义如下。

① 吸管工具组 　 　 ：3 个吸管工具分别用于拾取、增加和减少颜色。

② 颜色容差：用于调整图像中替换颜色的范围。

③ "选区"按钮：预览框中以黑白选区蒙版的方式显示图像。

④ "图像"按钮：预览框中以原图的方式显示图像。

⑤ "替换"栏：通过拖动滑块或输入数值来调整所替换颜色的色相、饱和度与明度。

(2) 使用"吸管"工具在图像上单击取样。此时在选取显示范围内会出现图像形状，白色部分表示已经创建的色彩选区。"颜色"右侧的颜色方块中显示取样的颜色，即将被替换的颜色。如有必要，还可使用加号吸管或减号吸管以增加或减少色彩选区。

(3) 拖动"颜色容差"滑块来调节模糊度，从而控制色彩选区相邻的颜色包含色彩选区的程度。模糊度数值越大，则色彩选区越大，否则色彩选区减小。

(4) 适当调节色相、饱和度与明度的滑块后，单击"确定"按钮，可得到如图 4-38 所示的替换颜色效果。

(a) 素材图像　　　　　　　　　　(b) 替换颜色后的效果

图 4-38　"替换颜色"命令处理前后的效果对比

> **技巧:**
> 　　在图像或预览框中确定调整颜色的范围时,按住 Shift 键点击某一位置,相当于使用带有 "+" 号的吸管效果;按住 Alt 键点击某一位置,相当于使用带有 "–" 号的吸管。

4.2.16　色调均化

　　使用 "色调均化" 命令可以重新分布图像中各像素的亮度值,以便它们更均匀地呈现所有亮度级别。使用此命令时,Photoshop 会查找图像中的最亮值和最暗值,以使最暗值表示为黑色(或尽可能相近的颜色),最亮值表示为白色,中间值则均匀地分布在整个图像灰度色调中。这样做的目的是让色彩分布更为均匀,从而提高图像的对比度和亮度。当扫描的图像显得比原稿暗时,使用此命令可以平衡各项数值以产生较亮的图像。

　　选择 "图像→调整→色调均化" 命令,效果如图 4-39 所示。

(a) 素材图像   (b) 色调均化后的效果

图 4-39　"色调均化" 命令处理前后的效果对比

4.3　色调调整

　　色调是指一幅图像的整体色彩感觉以及明暗程度。图像的色调调整主要是对图像的明暗度的调整,比如当一个图像显得比较暗淡时,可以将它变亮,或者是将一个颜色过亮的图像变暗。

　　需要注意的是经过色彩调整和色调调整的图像,由于这些命令的使用或多或少都要丢失一些原图的色彩,尽管在屏幕上不会直接反映出来,但事实上在转换调整的过程中就已经丢失了相应的数据。

4.3.1　自动色调

　　当图像有总体偏色或明显缺乏对比度时,"自动色调" 命令可以去除图像中不正常的高光区和暗色区,把最亮的像素变白,把最暗的像素变黑,并在黑白之间所有范围上扩展中间色调,从而使图像的亮度分布更加均匀,有较好的层次感。

　　打开一幅图像,选择 "图像→自动色调" 命令,效果如图 4-40 所示。

(a) 素材图像　　　　　　　　　　　　　(b) 自动色调处理后的效果

图 4-40　"自动色调"命令处理前后的效果对比

4.3.2　亮度/对比度

亮度是指色彩感觉的明亮程度或灰暗程度，对比度是指一幅图像中明暗区域最亮的白和最暗的黑之间不同亮度层级的测量，即指一幅图像灰度反差的大小。如果一幅图片太暗，或者有点模糊，可以对其使用"亮度/对比度"命令进行调整。这个命令特别适合对各色调区亮度与对比度差异不太大的图像进行调整。

打开一幅图像，选择"图像→调整→亮度/对比度"命令，弹出"亮度/对比度"对话框，如图 4-41 所示。

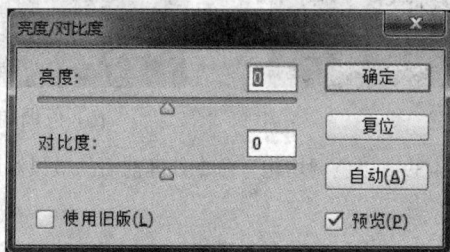

图 4-41　"亮度/对比度"对话框

可以通过拖动滑块或在文本框中输入数值来调整图像的亮度与对比度，如图 4-42 所示。

(a) 素材图像　　　　　　　　　　　　　(b) 亮度/对比度处理后的效果

图 4-42　"亮度/对比度"命令处理前后的效果对比

4.3.3　色阶

"色阶"命令主要用来调整图像中颜色的明暗度。它通过调整图像的暗调、中间调和高光，来校正图像的色调范围和色彩平衡，常用于修改曝光不足或曝光过度的照片。该命令可以一次性调节图像的整体亮度，还可以对图像的某一个颜色通道进行调整。

打开一幅图像，选择"图像→调整→色阶"命令，弹出"色阶"对话框，如图 4-43 所示。

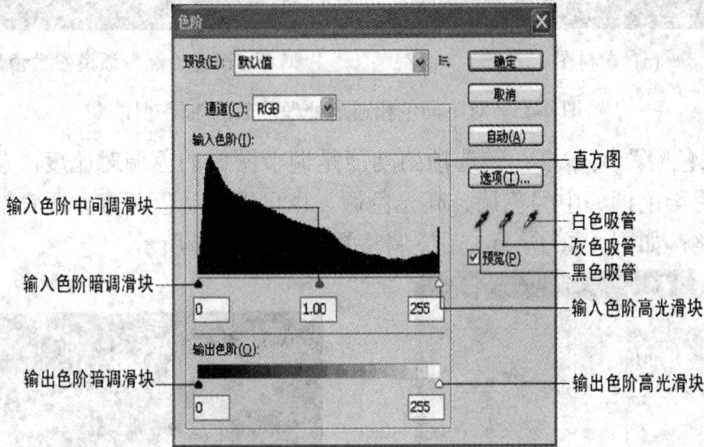

图 4-43　"色阶"对话框

"色阶"对话框中各选项含义如下。

(1)"通道"下拉列表框：用于选择需要调整的颜色通道，系统默认为复合颜色通道。在调整复合通道时，各颜色通道中的相应像素会按比例自动调整以避免改变色彩平衡。也可以分别选择色相通道，对选中通道的色调对比度和明暗度进行调节。

将"通道"设置为"红"，调节色阶，以增强红色，如图 4-44 所示。调整后的图像如图 4-45 所示。

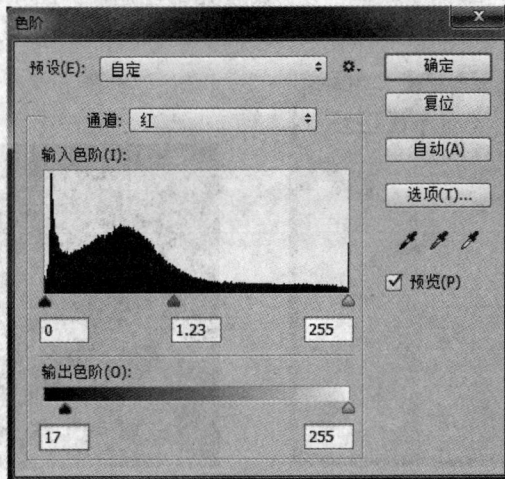

图 4-44　将"通道"选择为"红"

(a) 素材图　　　　　　　　　　　(b) 设置"红"通道参数值后的效果

图 4-45　对不同色相通道处理前后的效果对比

　　(2) "输入色阶"文本框：该选项的功能是调节图像的色调对比度，从左至右分别用
于设置图像的阴影色调、中间色调、高光色调。也可以拖动色调直方图底部滑条上的 3 个
滑块来进行调整，如图 4-46 所示。图像调整效果如图 4-47 所示。

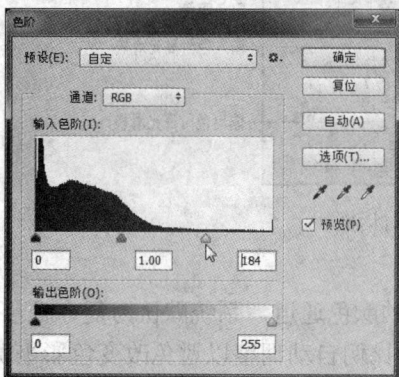

图 4-46　输入色阶参数设置　　　　　　　图 4-47　高光色调调节后效果

　　(3) "输出色阶"文本框：用于调节图像的亮度和对比度，范围为 0～255，左边的文
本框用于调整暗部色调，右边的文本框用于调整亮部色调，如图 4-48 所示。图像调整前后
效果如图 4-49 所示。

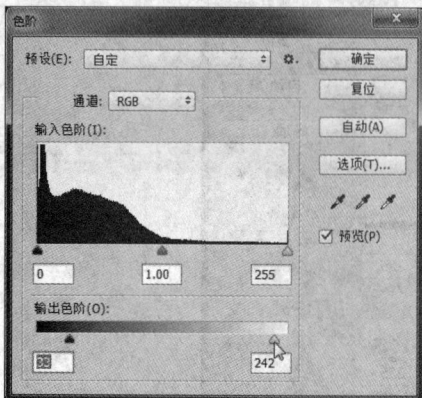

图 4-48　输出色阶参数设置　　　　　　　图 4-49　输出色阶参数调节后效果

(4) 吸管工具组：使用黑色吸管在图像中单击，可使图像变暗；使用灰色吸管可将选定色调暗的颜色全部处理为黑色；使用白色吸管在图像中单击，图像中所有像素的亮度值将加上吸管单击处像素的亮度值，使图像变亮。如图 4-50、图 4-51 和图 4-52 所示。

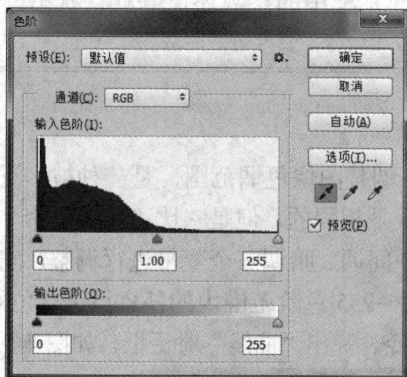

图 4-50 选择黑色吸管单击图像效果

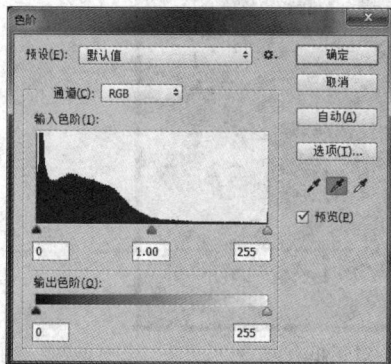

图 4-51 选择灰色吸管单击图像效果

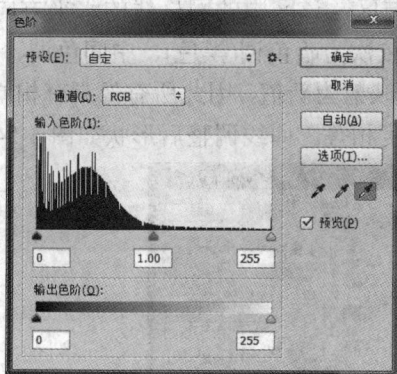

图 4-52 选择白色吸管单击图像效果

(5) "自动"按钮：单击该按钮，Photoshop 将自动调整图像的整体色调。

(6) "预设"选项按钮(🔅)：如果需要将对话框中的参数设置保存为一个设置文件，方便以后再次使用，可以单击"预设"选项按钮，在弹出的菜单中选择"存储预设"命令，在弹出的对话框中输入文件名，然后单击"保存"按钮。

> **技巧：**
> 　　如果在"色阶"对话框中设置参数错误后，按住 Alt 键不放，此时"取消"按钮将变成"复位"按钮，这时单击"复位"按钮，可使对话框中的参数还原到默认状态。这个功能可以适用于所有对话框。

4.3.4　曲线

　　"曲线"命令与"色阶"命令相似，都可用来调整图像色调范围，是一种被广泛使用的色调调整命令。"曲线"命令的原理与"色阶"命令是相同的，但是它比"色阶"命令可作更多、更精密的设定。"曲线"命令不是使用高光、中间调、暗调三个变量进行调整，它是通过对图像的红色、绿色、蓝色、RGB 这 4 个通道中 0～255 色阶范围内的任意点进行色彩调节。

　　打开一幅图像，选择"图像→调整→曲线"命令，弹出"曲线"对话框，如图 4-53 所示。

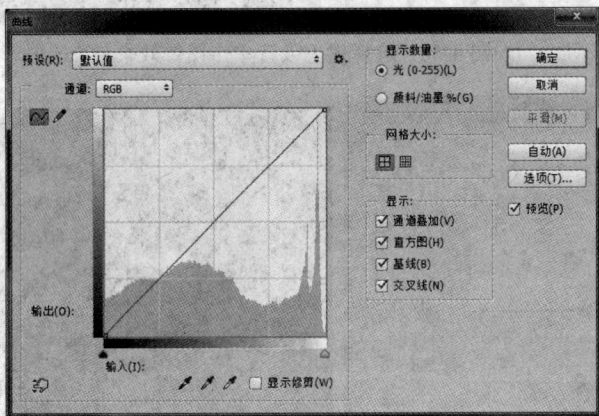

图 4-53　"曲线"对话框

　　"曲线"对话框中各选项含义如下。

　　(1) 在"曲线"对话框的中，中间区域是调节区。该区中的网格线的水平方向，表示图像中像素的亮度分布，即输入色阶，从左向右依次为暗色调(黑色)、中间色调、亮度(白色)。默认曲线是一条 45°的对角线，没有像素被映射为新值，因此所有像素有相同的"输入"和"输出"值，即表示此时输入与输出的亮度相等。曲线调整后形状如图 4-54 所示。

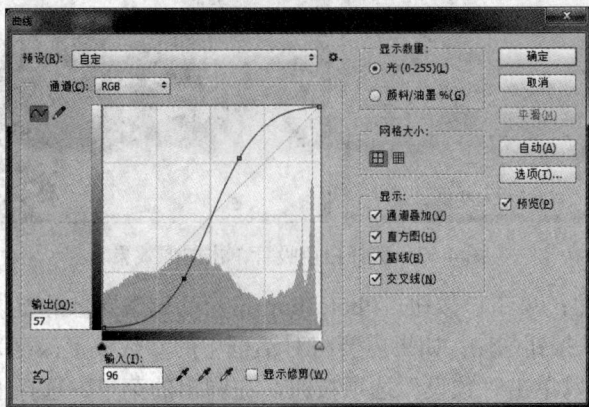

图 4-54　调整曲线的形状

(2) "通道"下拉列表框：选择需要调整的颜色通道，系统默认为复合颜色通道，也可以分别选择单色通道。使用调整曲线调整色调，不会影响到其他颜色通道的色彩分布。

(3) "曲线"工具(〰)：是系统默认的调整工具，用来在曲线上添加控制点以改变曲线的形状。将光标移动到网格中，当光标为十字形时单击曲线就可以产生一个控制节点，此时，该点的"输入/输出"值将显示在对话框左下角的"输入"与"输出"文本框中，也可以在文本框中直接输入数值。拖动曲线时控制点不会跟着移动。单击控制点，将其拖动到网格外即可删除控制点。

(4) "铅笔"工具(✐)：用来在网格内随意绘制色调曲线。使用铅笔工具绘制曲线时通常会出现很多不平滑的折点，此时可以使用"平滑"按钮，使曲线变得平滑。"平滑"按钮可以多次使用，直到得到满意的平滑曲线为止。

(5) "吸管"工具(✒)：使用吸管工具可以直接在图像中选取某一像素的亮度，以确定暗调、中间区及高亮区。

(6) "显示"：控制是否显示直方图、基线等信息。

"曲线"命令调整后的图像效果如图 4-55 所示。

(a) 素材图像　　　　　　　　　　　　　　(b) 调整后的图像

图 4-55　"曲线"命令前后的处理效果对比

4.3.5　曝光度

使用"曝光度"命令可以调整 HDR 图像、8 位和 16 位图像的色调。"曝光度"是通过在线性颜色空间(灰度系数 1.0)而不是当前颜色空间执行计算而得出的。曝光有问题的照片可使用"曝光度"命令进行调整。

打开一幅图像，选择"图像→调整→曝光度"命令，弹出"曝光度"对话框，如图 4-56 所示。

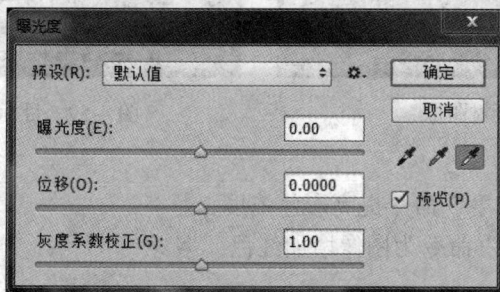

图 4-56　"曝光度"对话框

"曝光度"对话框中各选项含义如下。

(1) "预设"下拉列表：该下拉列表中有 Photoshop 默认的几种设置，用户可以进行简单的图像调整。

(2) "曝光度"栏：用于调整色调范围的高光端，对极限阴影的影响很轻微。

(3) "位移"栏：用于调整阴影和中间调变暗，对高光的影响很轻微。

(4) "灰度系数校正"栏：使用简单的乘方函数调整图像灰度系数。

"曝光度"命令调整后的图像效果如图 4-57 所示。

(a) 素材图像　　　　　　　　　　　(b) 调整后的图像

图 4-57　"曝光度"命令处理前后的效果对比

4.4　综合实训——制作暖色家居照

本实训主要是对一幅冷色调的图像进行色调处理，通过应用"曲线""色彩平衡"等相关命令调整图像色彩，使家居图片展现出暖融融的感觉。素材图像如图 4-58 所示，目标效果如图 4-59 所示。

图 4-58　素材图像　　　　　　　　　图 4-59　目标图像效果

技能点提示：

(1) 通过"色相/饱和度"命令提高彩色浓度。

(2) 应用"色彩平衡"命令为图像增加红色元素。

操作步骤：

(1) 打开一幅素材图像，如图 4-58 所示。

(2) 选择"图像→调整→色相/饱和度"命令,在"色相/饱和度"对话框中设置图像的饱和度为 60,如图 4-60 所示。

(3) 设置好图像饱和度后,单击"确定"按钮,调整后的图像效果如图 4-61 所示。

图 4-60　"色相/饱和度"对话框　　　　　　图 4-61　调整饱和度后效果

(4) 选择"图像→调整→色彩平衡"命令,在"色彩平衡"对话框中增加图像的红色,设置色阶左侧第一个文本框数值为 30,如图 4-62 所示。

(5) 设置好色彩平衡参数后,单击"确定"按钮,调整后的图像效果如图 4-63 所示。

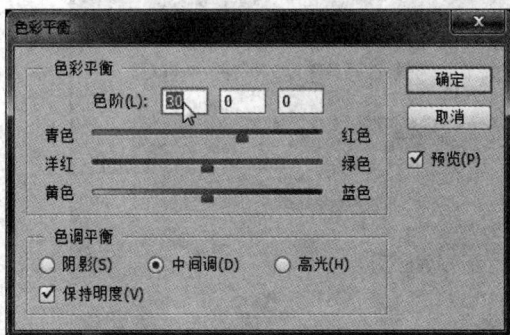

图 4-62　设置色阶对话框　　　　　　　　　图 4-63　调整色彩平衡后效果

(6) 选择"图像→调整→亮度/对比度"命令,在"亮度/对比度"对话框中设置图像的对比度为 12,如图 4-64 所示。

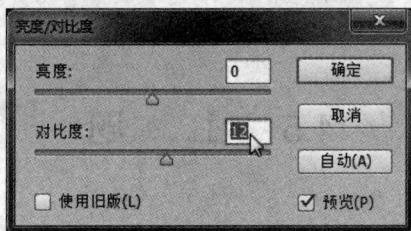

图 4-64　设置对比度对话框

(7) 选择"图像→调整→曲线"命令,在"曲线"对话框中设置曲线参数值"输出"为 160、"输入"为 130,如图 4-65 所示。最后单击"确定"按钮,完成实例制作,效果如图 4-66 所示。

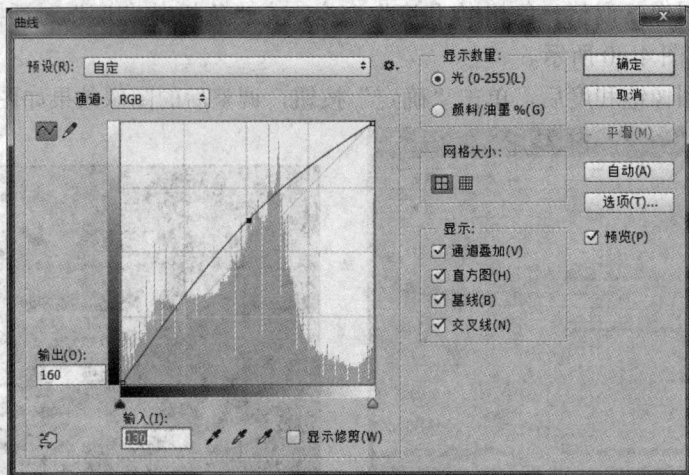

图 4-65　"曲线"对话框

图 4-66　调整后的效果图

4.5 习　　题

1. 填空题

(1) 灰度模式图像，每个像素都有_____位的最大亮度。

(2) _____图像是由 2 至 4 种自定义油墨创建的两种颜色、三种颜色和四种颜色组成的灰度图像。

(3) _____模式是一种标准的颜色模式，主要用于印刷业。

2. 判断题

(1) 使用"色阶"对话框中的"自动"按钮和使用"自动色阶"命令的作用是一样的。( )

(2) RGB、CMYK 和 Lab 模式的图像都是彩色图片。( )

(3) Photoshop 只提供了一种将彩色图片变换为黑白图片的方法。( )

(4) Photoshop 中的所有颜色模式都可以互相自由转换。( )

3. 选择题(每题可多选)

(1) RGB 模式是一种多通道模式,具有( )个颜色通道。

A. 1   B. 2   C. 3

(2) 下列选项中关于色阶的描述,正确的是( )。

A. "色阶"对话框中,使用黑色吸管在图像中单击,使图像变暗

B. "色阶"对话框中,使用灰色吸管在图像中单击,使图像变亮

C. "色阶"对话框中,使用白色吸管在图像中单击,使图像变亮

(3) 以下描述正确的是( )。

A. 色相、饱和度和亮度是颜色的三种属性

B. 亮度的取值范围为 $-150\sim150$

C. 色相的取值范围为 $-180\sim180$

(4) 可以用来调整图片明亮程度的命令有( )。

A. 色相/饱和度   B. 亮度/对比度   C. 曲线

4. 实训题

(1) 打开一幅灰度模式的黑白素材图像,选择适当的图像调整命令为其简单着色。

(2) 为一幅曝光不足或曝光过度的图片调整曝光度。

第 5 章　图层的基本应用

图层是 Photoshop 的核心功能之一，是构成图像的主要元素。自从引入图层的概念之后，图像的设计与制作越来越多地基于图层，这使得很多复杂的操作变得简单直观。借助图层的功能，设计人员可以对图像进行随心所欲的编辑与修饰，创作出非常优秀的作品。

☞ **知识与技能目标：**

(1) 理解图层的基本概念。

(2) 熟悉图层面板结构。

(3) 熟练掌握图层的基本操作。

(4) 掌握图像色调的调整操作。

5.1　图层基础知识

通过图层操作，可以让一幅图像具有一个或多个图层，使得在不影响整个图像中大部分元素的情况下处理其中一个元素。用户还可以通过改变图层的顺序和属性来改变图像的设计与制作效果。

5.1.1　图层的概念

图层用来装载各种各样的图像，它是图像的载体。将所有图层按"图层"面板中的排列次序自上而下进行叠加，最上层的图像会遮住下层同一位置的图像，而在其透明区域可以看到下层的图像，最终通过叠加得到完整的图像。可以说，如果没有图层就没有图像的存在。图层的叠加效果如图 5-1 所示。

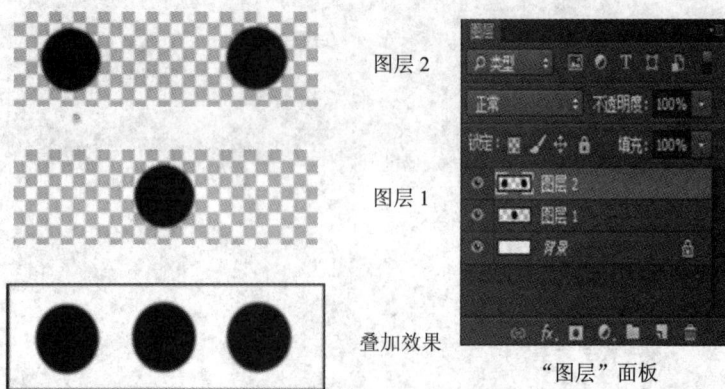

图 5-1　图层的叠加效果

5.1.2　“图层”面板

在学习图层的基本操作之前，先认识一下“图层”面板。在“图层”面板中可以实现对图层的管理和编辑。打开一幅 PSD 格式的 Photoshop 合成图像文件，在其工作界面的右侧可以看到“图层”面板，如图 5-2 所示。

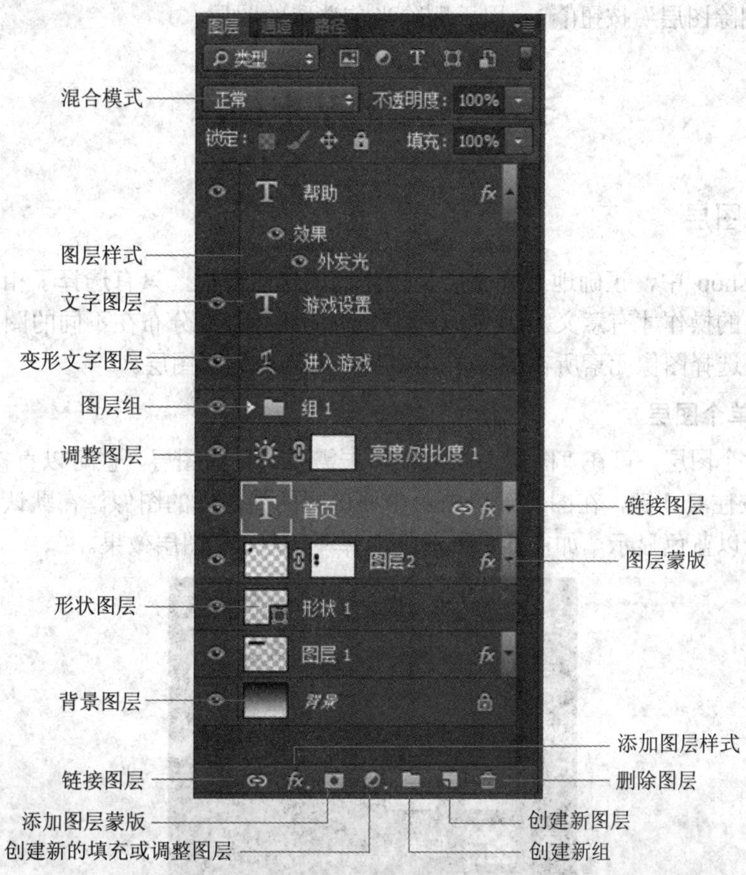

图 5-2　“图层”面板

“图层”面板中的各项含义如下：

(1) “混合模式”(正常)：在此下拉列表中可选择图像的混合模式。

(2) “不透明度”：在此输入数值，可以设置图层的不透明度。

(3) “锁定”：用于设置锁定不同的图层属性，其中有“锁定透明像素”按钮( )、“锁定图像像素”按钮( )、“锁定位置”按钮( )、“锁定全部”按钮( )。

(4) “填充”：用于设置图层填充的透明度。

(5) “指示图层可见性”按钮( )：用于设定当前图层是否处于显示状态。

(6) “链接图层”按钮( )：在选中多个图层的情况下，单击此按钮，可以将选中的图层链接起来，同时进行各种变换操作。

(7) “添加图层样式”按钮( )：在弹出的样式菜单中选择相应命令来设置图层样式。

(8) “添加图层蒙版”按钮( )：单击该按钮，可以为当前选择的图层添加蒙版。

(9) "创建新的填充或调整图层"按钮(⬤)：在弹出的菜单中选择创建新的填充和调整图层，可以调整当前图层下所有图层的色调效果。

(10) "创建新组"按钮(▣)：单击该按钮，可以创建新的图层组。可以将多个图层放在一起，方便查找与编辑。

(11) "创建新图层"按钮(▤)：单击该按钮，可以创建一个新的空白图层。

(12) "删除图层"按钮(🗑)：用于删除当前选取的图层。

5.2　图层的基本操作

5.2.1　选择图层

在 Photoshop 中，正确地选择图层是操作该图层的前提，只有选择了相应的图层，所有基于此图层的操作才有意义。因为构成图像的全部元素都分布在不同的图层中，要编辑图像就必须先选择图像元素所在的图层，使其成为当前编辑图层。

1. 选择单个图层

要选择单个图层，可在"图层"面板中单击需要选择的图层，也可以直接选取"移动"工具(➤⊕)再按住 Ctrl 键，在图像窗口中单击要选择的图层中的图像。在默认状态下，被选择的图层背景以蓝色显示。如图 5-3 所示是选择"图层 1"图层效果。

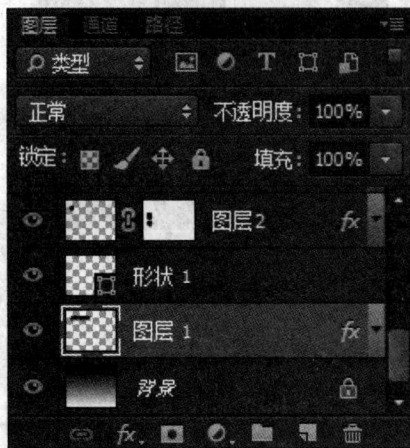

图 5-3　选择一个图层

2. 选择连续的多个图层

选择一个图层后，按住 Shift 键的同时在"图层"面板中单击另一个图层，可以选择这两个图层及其之间的所有图层，如图 5-4 所示。

3. 选择不连续的多个图层

选择一个图层后，按住 Ctrl 键的同时在"图层"面板中单击其他要选择的图层，即可选择不连续的多个图层，如图 5-5 所示。

图 5-4 选择连续的多个图层　　　　图 5-5 选择不连续的多个图层

5.2.2 创建新图层

创建新图层是指在"图层"面板中创建一个新的空白图层，并且新创建的图层位于所选择图层的上方。创建图层之前，首先要新建或打开一个图像文件，然后通过"图层"面板或菜单命令来创建。

创建新图层的方法如下：

(1) 单击"图层"面板底部的"创建新图层"按钮(　)，在图层面板中就会得到一个新图层并自动命名，如图 5-6 所示。

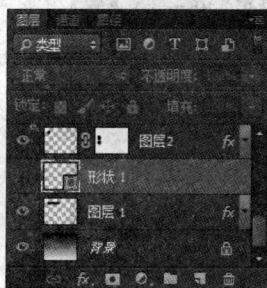 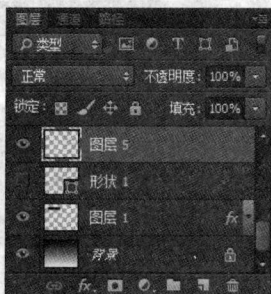

(a) 创建图层前　　　　　　　　　(b) 新建图层 5

图 5-6 单击"创建新图层"按钮创建一个新图层

(2) 通过菜单命令创建图层。选择"图层→新建→图层"命令，或者按下"Ctrl+Shift+N"组合键，打开"新建图层"对话框，单击"确定"按钮，新建一个图层，如图 5-7 所示。

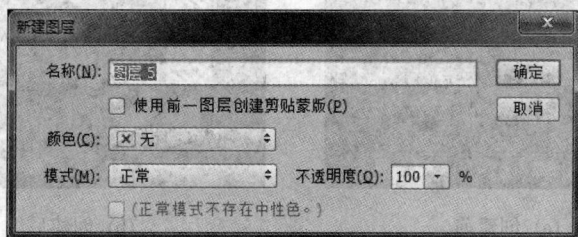

图 5-7 "新建图层"对话框

"新建图层"对话框中各选项的含义如下：

(1) "名称"：在此文本框中输入新图层的名称。

(2) "使用前一图层创建剪贴蒙版"：选择该选项，可以将新建图层与前一图层进行编组，创建剪贴蒙版。

(3) "颜色"：用于设置新建图层在"图层"面板中的显示颜色。

(4) "模式"：用于设置新建图层的混合模式。

(5) "不透明度"：用于设置新建图层的不透明度。

技巧：

按住 Alt 键并单击图层面板底部的"创建新图层"按钮(📄)，会弹出 "新建图层"对话框。将某个图层从一个图像窗口拖放到另一个图像窗口，Photoshop 会自动创建图层。在图像中先创建一个选区，然后选择"图层→新建→通过拷贝的图层"命令，或选择"图层→新建→通过剪贴的图层"命令，都可以新建一个含有选区内容的图层。

5.2.3　复制图层

复制图层就是为一个已存在的图层创建副本，从而得到一个相同的图像，用户可以对图像副本进行相关操作。

1. 在同一图像内复制图层

在"图层"面板中选择需要复制的图层，再选择"图层→复制图层"命令，弹出"复制图层"对话框，如图 5-8 所示；单击"确定"按钮，创建新的图层，如图 5-9 所示。

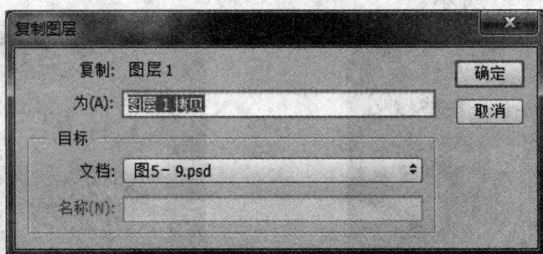

图 5-8　"复制图层"对话框

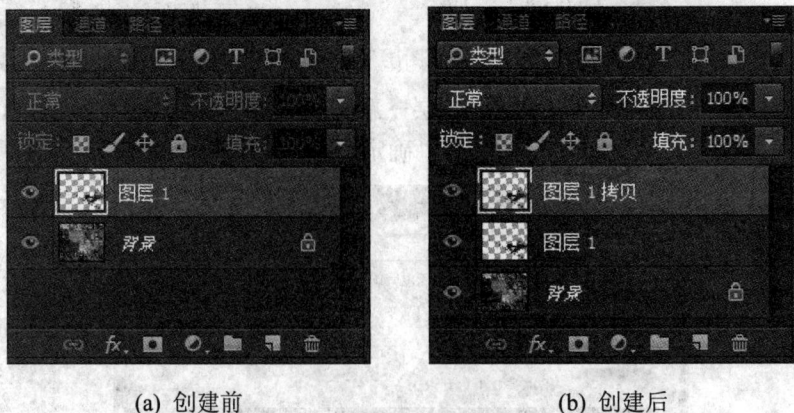

(a) 创建前　　　　　　　　(b) 创建后

图 5-9　创建"图层 1"图层副本

技巧:

将需要复制的图层拖动到"创建新图层"按钮(▣)上，也可生成新图层。

2. 在两个图像文件间复制图层

在两个图像文件间复制图层的具体操作如下:

(1) 打开两幅图像文件，如图 5-10 和图 5-11 所示。

图 5-10　鸟(PNG 格式)

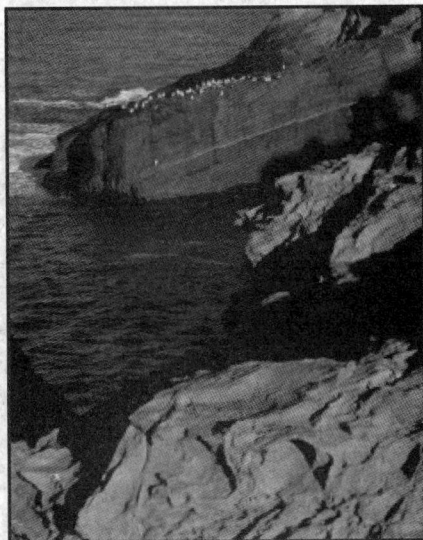

图 5-11　岩石(JPEG 格式)

(2) 选择"鸟"图像为当前选取图像，执行"选择→全部"命令("Ctrl+A"组合键)，然后选择"编辑→拷贝"命令("Ctrl+C"组合键)，复制鸟图像。

(3) 选择"岩石"图像为当前图像，执行"编辑→粘贴"命令("Ctrl+V"组合键)，将"鸟"图像粘贴至"岩石"图像中，然后在工具箱中选择"移动"工具(▣)调整图像位置，效果如图 5-12 所示。

(a) "图层"面板

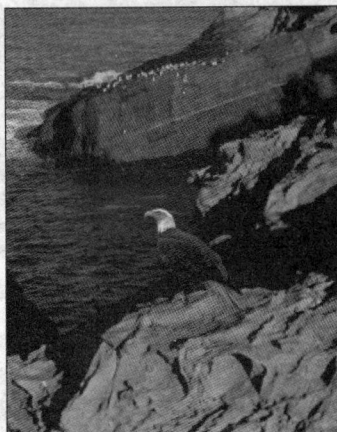

(b) 图像合成效果

图 5-12　图像间复制图层效果

5.2.4　隐藏与显示图层

当一幅图像有较多的图层时，可以随时通过隐藏或显示图层对图像效果进行调整。对于不需要的图层可以将其删除，如果某些图层仍然具有暂时存在的必要，就可以将其隐藏起来。

在"图层"面板中，单击如同眼睛一样的"指示图层可见性"图标()，可以隐藏图层，再次单击该图标可重新显示本图层，如图 5-13 和图 5-14 所示。

(a) "图层"面板状态　　　　　　　　(b) 图像效果

图 5-13　显示图层

(a) "图层"面板状态　　　　　　　　(b) 图像效果

图 5-14　隐藏图层

技巧：

按住 Alt 键，单击某一图层前面的"指示图层可见性"图标(👁)，可以隐藏除该图层以外的其他所有图层。

5.2.5　删除图层

对于不需要的图层可以通过菜单命令删除或通过"图层"面板来删除。删除图层有以下两种方法。

(1) 在"图层"面板中选择需要删除的一个或多个图层，然后单击"图层"面板底部的"删除图层"按钮(🗑)，即可删除选择的图层。

(2) 在"图层"面板中选择需要删除的一个或多个图层，然后选择"图层→删除→图层"命令，即可删除选择的图层。

5.2.6　重命名图层

在新建图层时，Photoshop 默认以"图层 1""图层 2"……命名图层。用户可以根据需要，自定义图层的名称，以利于设计过程中操作的方便。

若要重命名图层，可以在"图层"面板中双击需要更改的图层名称，然后在出现的文本框中直接输入新的名称即可；或者选择"图层→重命名图层"命令，然后在可编辑的图层名文本框中输入名称即可。

5.2.7　背景图层转换

在默认情况下，新建的 Photoshop 文件都具有一个"背景"图层，且该图层处于锁定状态，不能进行移动、变换，无法设置混合模式等，这样会对图像处理操作带来不便，这时用户可以根据需要将背景图层转换为普通图层。

选择"背景"图层为当前图层，如图 5-15 所示；执行"图层→新建→背景图层"命令，即可打开"新建图层"对话框，如图 5-16 所示；单击"确定"按钮，"背景"图层即被转换为普通图层，使其具有与普通图层相同的属性，如图 5-17 所示。

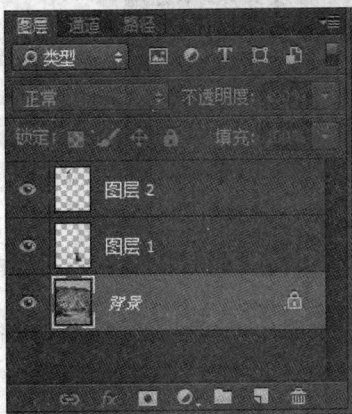

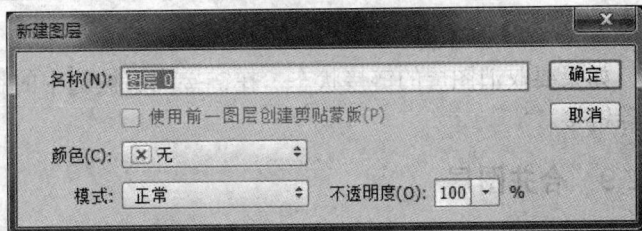

图 5-15　背景图层　　　　　　　　　图 5-16　"新建图层"对话框

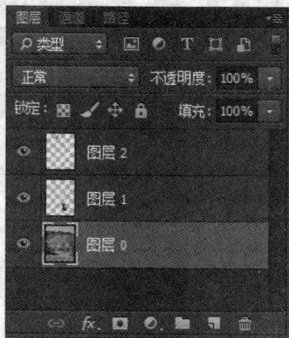

图 5-17　转换后的图层

　　反之，若要将一个普通图层转换为"背景"图层，只需要选择该图层，然后执行"图层→新建→背景图层"命令即可。

5.2.8　链接图层

　　图层的链接是指将多个图层链接成一组。当需要同时改变若干个图层中图像的大小或需要对这些图像进行移动等操作时，就需要将这些图层链接起来，以保证它们同时发生变化。

　　按住 Ctrl 键单击需要链接的若干图层的名称选择图层，如图 5-18 所示；在"图层"面板的底部单击"链接图层"按钮(📎)，即可将选择的图层链接在一起，在链接图层的右侧会出现链接图标，如图 5-19 所示。

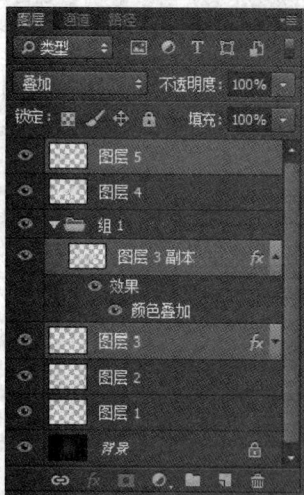

图 5-18　选择多个图层

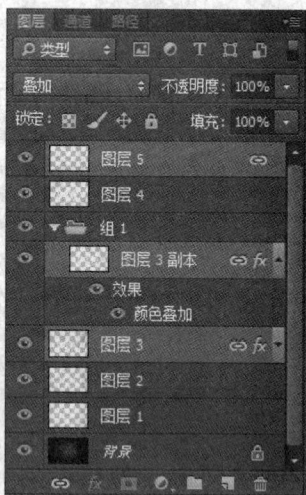

图 5-19　链接图层

　　如果要取消图层的链接状态，在链接图层被选中的状态下单击"链接图层"按钮即可解除链接。

5.2.9　合并图层

　　合并图层是指将几个图层合并成一个图层，以减小图像文件的大小，同时也方便了用户对合并后的图层进行编辑。

1．向下合并图层

要合并上下相邻的两个图层，可以采取向下合并图层的方法，前提是要确保两个图层都可见。在"图层"面板中选择处于上方的图层，选择"图层→向下合并"命令，即可完成向下合并图层的操作，如图 5-20 所示。

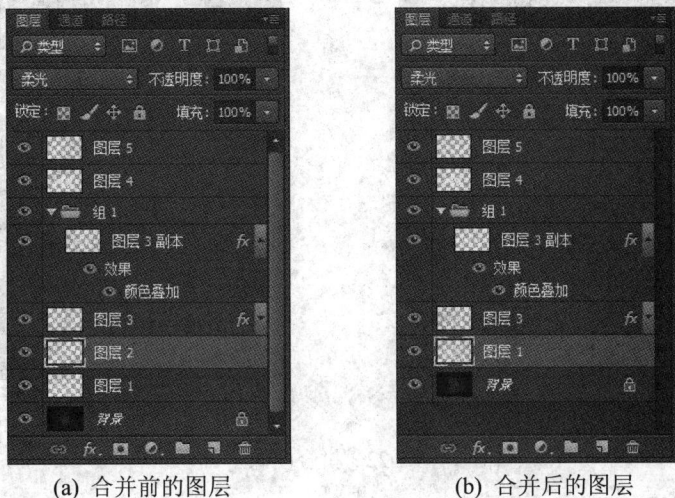

(a) 合并前的图层　　　　　　　(b) 合并后的图层

图 5-20　向下合并图层

2．合并可见图层

合并可见图层就是将当前所有可见图层合并成一个图层。选择"图层→合并可见图层"命令或按下"Shift+Ctrl+E"组合键即可合并可见图层，如图 5-21 所示。

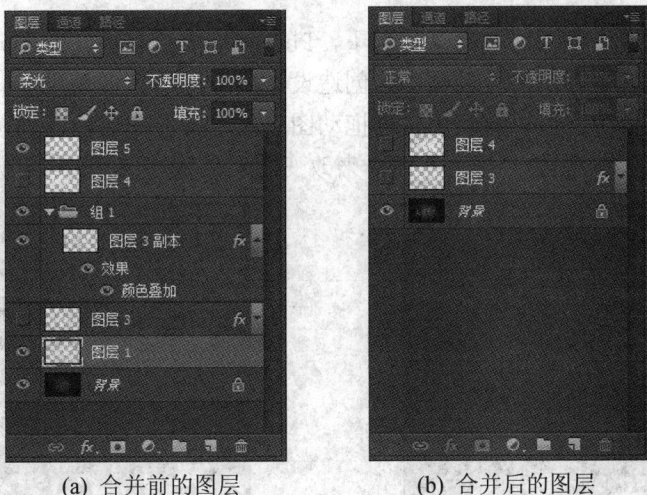

(a) 合并前的图层　　　　　　　(b) 合并后的图层

图 5-21　合并可见图层

3．合并多个图层

要合并任意多个图层，可以按住 Ctrl 键或 Shift 键选择多个相邻或不相邻的图层，然后选择"图层→合并图层"命令或按"Ctrl+E"组合键。

4．拼合图像

拼合图像就是将所有可见图层进行合并，而隐藏的图层将被丢弃。选择"图层→拼合图像"命令即可拼合图像,如图 5-22 所示。

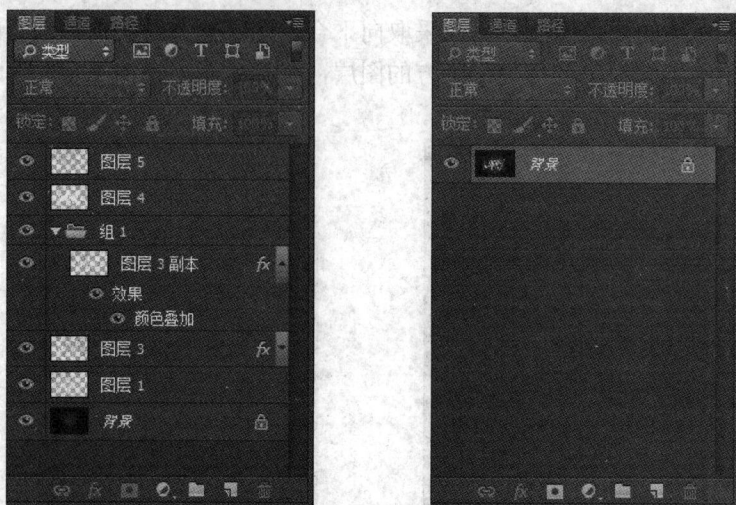

(a) 拼合前的图像   (b) 拼合后的图像

图 5-22　拼合图像

5. 合并图层组

位于同一个图层组中的图层可以被全部合并于一个图层中。在"图层"面板中选中要合并的图层组,然后选择"图层→合并组"命令,即可合并图层组。

5.2.10　改变图层的顺序

当图像中包含多个图层时,默认情况下,Phototshop 会按照一定的先后顺序来排列图层,用户可以通过调整图层的排列顺序,创造设计出不同的图像效果。

在"图层"面板中,可以直接用鼠标拖动图层来改变各图层的排列顺序(如图 5-23 所示),也可以通过选择"图层→排列"命令来改变图层的顺序(如图 5-24 所示)。

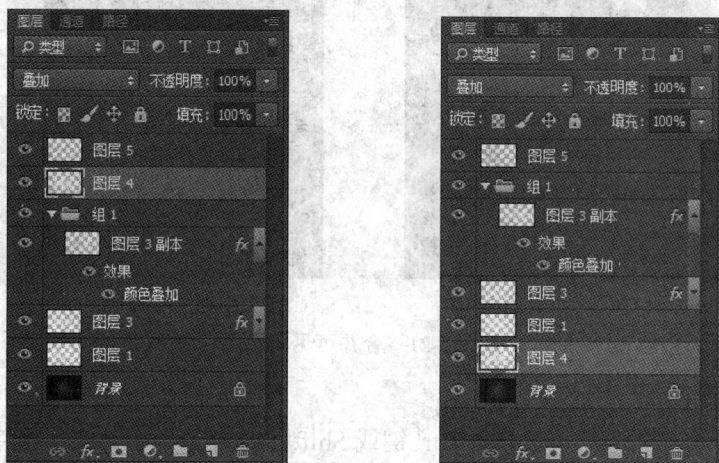

(a) 图层排列顺序调整前   (b) 图层排列顺序调整后

图 5-23　改变图层的排列顺序

图 5-24 "排列"命令

5.2.11 对齐与分布图层

1. 对齐图层

对齐图层是指将选择或链接后的多个图层按一定的规律进行对齐。首先，选择要进行对齐的各个图层，如图 5-25 所示；然后，选择"图层→对齐→左边"命令，如图 5-26 所示，即可将所选择图层中的图像进行左对齐，完成效果如图 5-27 所示。

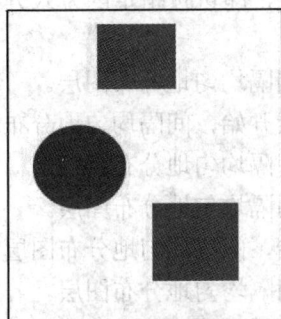

(a) 原图像

(b) 选择图层

图 5-25 选择要对齐的图层

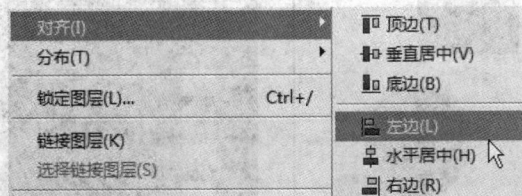

图 5-26 "对齐"级联菜单命令

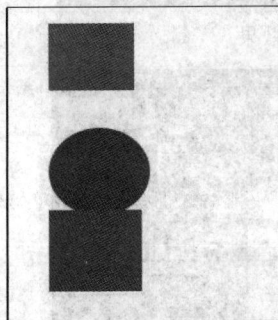

(a) 左边对齐图像

(b) 左边对齐图层

图 5-27 左边对齐图层

"对齐"级联菜单中各命令的含义如下：

(1) "左边"：将选中图层中的最左端像素与当前图层中的最左端像素对齐。

(2) "顶边"：将选中图层中的最顶端像素与当前图层中的最顶端像素对齐。

(3) "垂直居中"：将选中图层中的垂直方向的中心像素与当前图层中垂直方向的中心像素对齐。

(4) "底边"：将选中图层中的最底端像素与当前图层中的最底端像素对齐。

(5) "水平居中"：将选中图层中的水平方向的中心像素与当前图层中水平方向的中心像素对齐。

(6) "右边"：将选中图层中的最右端像素与当前图层中的最右端像素对齐。

2. 分布图层

分布图层是指将三个以上的链接图层按一定规律在图像窗口中进行分布。选择"图层→分布"命令，再在其子菜单中选择所需的子命令，即可按指定的方式分布选择的图层。其中各命令的含义如下：

(1) "顶边"：从每个图层的顶端像素开始，间隔均匀地分布图层。

(2) "垂直居中"：从每个图层的垂直中心像素开始，间隔均匀地分布图层。

(3) "底边"：从每个图层的底端像素开始，间隔均匀地分布图层。

(4) "左边"：从每个图层的左端像素开始，间隔均匀地分布图层。

(5) "水平居中"：从每个图层的水平中心开始，间隔均匀地分布图层。

(6) "右边"：从每个图层的右端像素开始，间隔均匀地分布图层。

例如：对如图 5-28 所示的三个图层进行垂直居中分布，效果如图 5-29 所示。

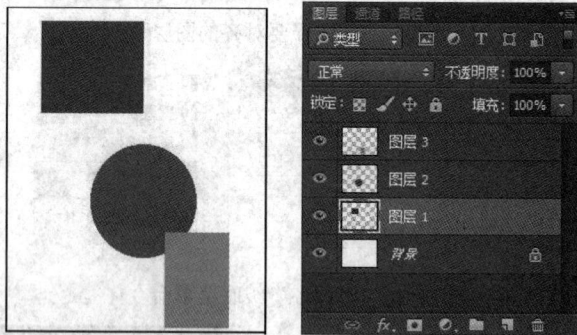

图 5-28　原图层效果

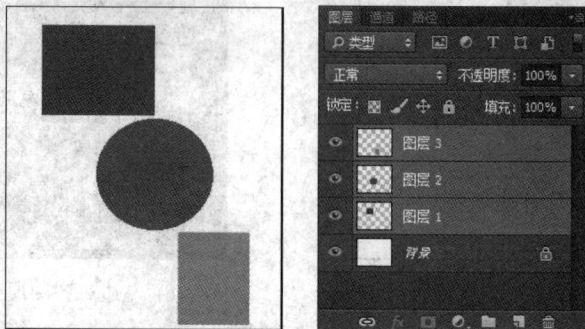

图 5-29　图层垂直居中分布效果

5.2.12　图层组

图层组用于管理和编辑图层，使不同的图层分门别类地归纳到相应组中，无论图层是否在图层组中，对图层所做的编辑都不会受到影响。

1．创建图层组

使用图层组除了方便管理归类外，用户还可以选择、移动或删除该图层组中的所有图层。创建图层组的主要方法如下：

(1) 选择"图层→新建→图层组"命令。

(2) 单击"图层"面板右上角的 ▉ 按钮，在弹出的快捷菜单中选择"新建组"命令。

(3) 按住 Alt 键的同时使用鼠标左键单击"图层"面板底部的"创建新组"按钮(▢)。

使用上面三种方法创建图层组时，将打开如图 5-30 所示的"新建组"对话框，在其中设置相应的名称、颜色、模式和不透明度后单击"确定"按钮，即可创建图层组，如图 5-31所示。

图 5-30　"新建组"对话框

(4) 直接单击"图层"面板底部的"创建新组"按钮(▢)。

如果直接单击"图层"面板底部的"创建新组"按钮(▢)，则在创建图层组时不会打开"新建组"对话框，创建的图层组将保持系统的默认设置，创建的图层组名称依次为组1、组 2 等。图层组创建好以后，就可以将不同的图层拖动到同一个图层组中，如图 5-32所示。

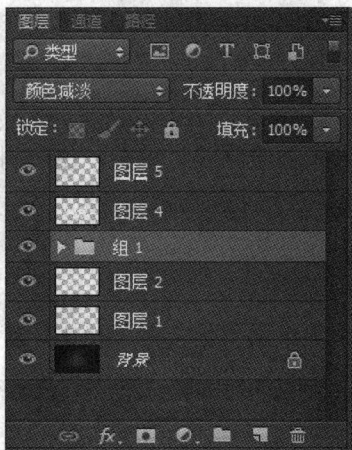

图 5-31　新建"组 1"　　　　　　图 5-32　拖动图层到"组 2"

2．编辑图层组

(1) 增加或移除组内图层。在"图层"面板中选择要添加到图层组中的某个图层，按住鼠标左键将其拖到图层组上，当图层组周围出现灰白色实线框时释放鼠标左键，即可完成向组内添加图层的操作。如果想要移除组内的某个图层，只需按住鼠标左键将该图层拖动到图层组外，然后释放鼠标左键，即可完成移除操作。

(2) 删除图层组。删除图层组时需在"图层"面板中拖动要删除的图层组到"删除图层"按钮(🗑)上，如图 5-33 所示，或单击"删除图层"按钮(🗑)，然后在打开的提示对话框中单击相应的按钮，如图 5-34 所示。

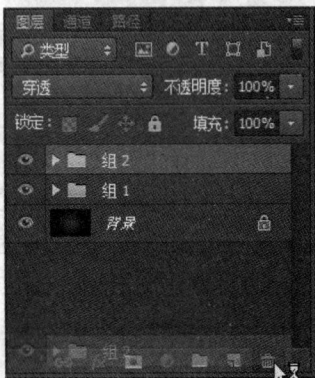

图 5-33　拖动图层组到"删除图层"按钮上	图 5-34　删除图层组提示对话框

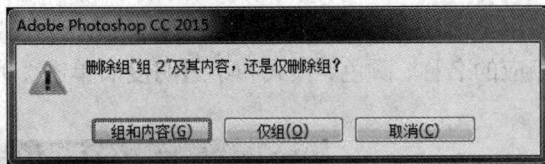

如果在提示对话框中单击的是"仅组"按钮，则只删除图层组，并不删除组内的图层；如果单击的是"组和内容"按钮，则不但会删除图层组，而且会删除组内所有图层。

> **技巧：**
> 在 Photoshop 中打开一幅素材图像时，其背景层都是锁住不能删除的，此时可通过用鼠标双击背景层，把它变成普通图层，这样即可对它进行移动、删除等操作。

5.2.13　锁定图层属性

图层的属性包括透明区域的可编辑性、整体图像的可编辑性等，这些属性可以通过单击"图层"面板中的 锁定：🔲 🖊 ➕ 🔒 按钮被全部或部分锁定。

1．锁定透明像素

通过锁定图层中的透明区域，可以保护该区域不被绘制或者填充，使绘制与填充操作只在不透明区域进行。要锁定图层的透明区域，可在"图层"面板中单击"锁定透明像素"按钮(🔲)。

2．锁定图像像素

要使图像像素不被编辑，可以在"图层"面板中单击"锁定图像像素"按钮(🖊)。锁定图像像素后，无论是透明区域还是不透明区域均不能对其实施各种编辑操作。

3．锁定位置

通过锁定图层的位置，可以避免图层中的图层位置被移动，仅可以编辑图层中图像的像素。在"图层"面板中通过单击"锁定图层位置"按钮(➕)，可以使该图层的位置不被移动。

4．锁定全部

要锁定图层的全部属性，可以在"图层"面板中单击"锁定全部"按钮(🔒)。

5.3　图层的不透明度与混合设置

图层的不透明度和混合模式在图像处理过程中起着非常重要的作用。在编辑图像时通过改变图层的不透明度和混合模式可以创建各种特殊效果，从而生成新的图像效果。

5.3.1　设置图层的不透明度

图层的最基本特性是透明，即透过上方图层中的透明像素可以查看其下方图层中的图像，上方图层中不透明的像素将遮盖住下方图层中的图像，因此如果为上方图像设置不同的不透明度，就能得到不同的遮盖效果。

1．设置方法

设置图层不透明度的具体操作如下：

(1) 打开一幅 PSD 格式的图像文件，如图 5-35 所示。

图 5-35　素材图像

(2) 选择"文字"图层，对"不透明度"进行设置，分别得到图 5-36、图 5-37 和图 5-38 所示的效果。

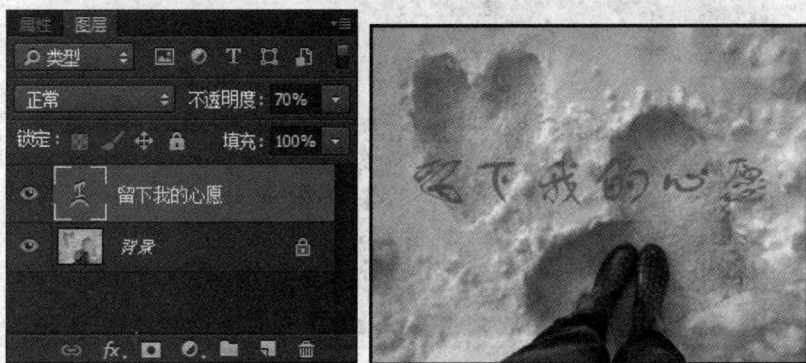

图 5-36　"不透明度"为 70%的效果

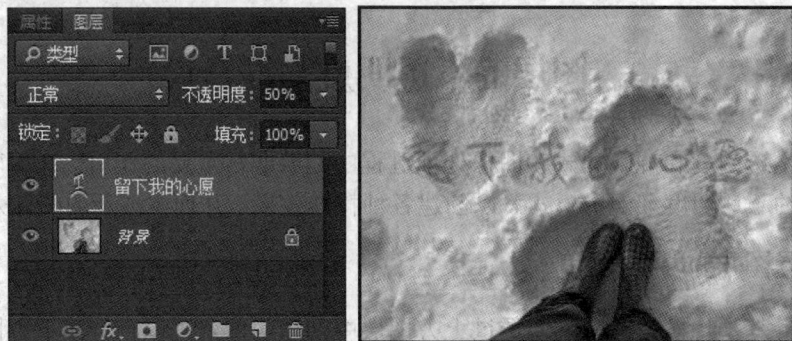

图 5-37　"不透明度"为 50%的效果

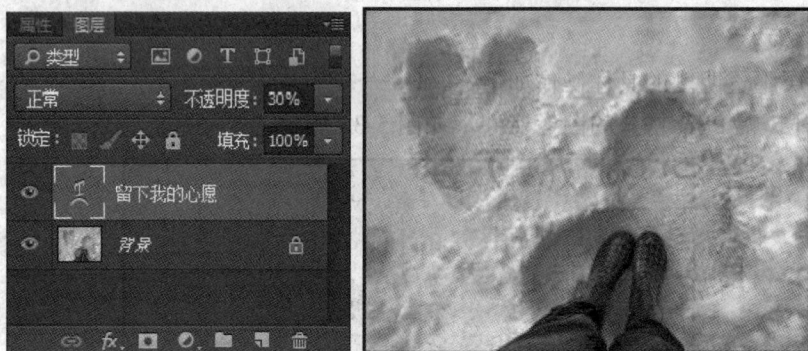

图 5-38　"不透明度"为 30%的效果

2. 应用实例

本实例将制作奔跑效果，即运用两个素材图像，将动物图像与背景图像融合在一起，通过选区的创建、图层的复制及图像旋转等操作，得到动物奔跑的效果。实例最终效果如图 5-39 所示。

图 5-39　实例最终效果

具体操作如下：

(1) 打开如图 5-40 所示的田野图像和如图 5-41 所示的动物图像。

图 5-40　田野图像

图 5-41　动物图像

(2) 选择动物图像文件，使用工具箱中的"快速选择"工具( )在图像窗口中创建动物选区，如图 5-42 所示。

(3) 使用"移动"工具( )将选区中的动物图像直接拖动到田野图像中，然后按下"Ctrl+T"组合键进行自由变换，改变其大小，变换后的效果如图 5-43 所示。

图 5-42　创建图像选区

图 5-43　拖动并自由变换图像

(4) 这时"图层"面板中将自动创建"图层 1"，设置图层的"不透明度"参数为 30%，得到透明图像效果，如图 5-44 所示。

图 5-44　设置图层的不透明度

(5) 在"图层"面板中将"图层 1"直接拖动到图层面板下方的"创建新图层"按钮(⊡)中，得到"图层 1"的副本，设置图层 1 副本的"不透明度"参数为 50%，如图 5-45 所示。

(6) 按下"Ctrl+T"组合键，适当旋转复制的动物图像并调整其位置，如图 5-46 所示。

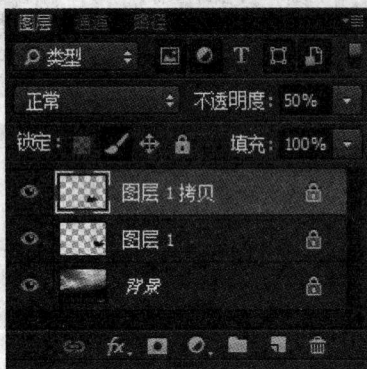

图 5-45　复制图层

图 5-46　旋转图像

(7) 再次复制"图层 1"，设置图层副本的"不透明度"参数为 100%，如图 5-47 所示。同样，对图像做旋转并调整位置，最终效果如图 5-39 所示。

图 5-47　再次复制图层

5.3.2　设置图层的混合模式

Photoshop CC 2015 中提供了 27 种图层的混合模式，主要用来设置图层中的图像与下面图层中的图像像素进行色彩混合的方式。通过自动混合图层，可以产生不同的合成效果。

在图层面板上有两个图层选项——混合模式和不透明度。图层的混合模式包含在"图层"面板的 正常 下拉列表中，如图 5-48 所示。除了在"背景"图层中不能设置这两个选项外，在其他图层中都能对它们进行调整，以产生不同的效果。

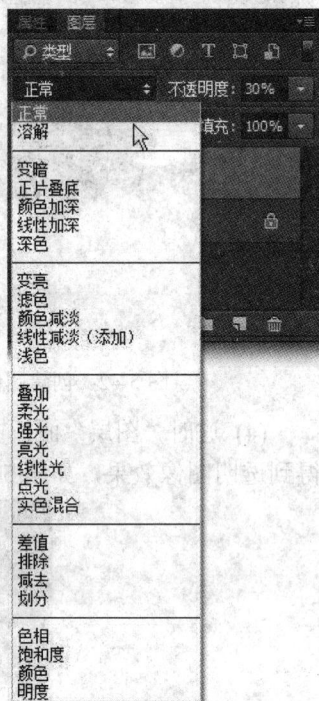

图 5-48　图层的混合模式

1."正常"模式

"正常"模式是系统默认的模式，也就是图像的原始状态。在该模式下，上一图层完全覆盖下一图层，只有通过降低上一图层的不透明度的值，才可以使下一图层的内容得到不同程度的显示。具体操作如下：

(1) 打开如图 5-49 所示的具有两个图层的图像文件，背景图层为亮丽的都市，其上为汽车图层。后面的其他模式也将以该图像中的图层进行讲解。

(2) 选择汽车图层，设置汽车图层的"不透明度"为 50%，得到如图 5-50 所示的效果。

图 5-49　"正常"模式　　　　　　　图 5-50　汽车图层的"不透明度"为 50%时的效果图

2."溶解"模式

"溶解"模式是根据每个像素点所在位置的透明度的不同随机以当前图层的颜色取代下一图层。"不透明度"的值越大，溶解的效果就越明显。例如，设置汽车图层的"不透明度"为 70%的效果如图 5-51 所示。

3."变暗"模式

"变暗"模式是比较两个图像的颜色，以更暗的颜色作为最终结果进行显示。它并不是混合颜色，而是将两种颜色中更暗的一种颜色原原本本地显示出来，较亮的色彩变得透明，如图 5-52 所示。

图 5-51　"溶解"模式　　　　　　　图 5-52　"变暗"模式

4."正片叠底"模式

"正片叠底"模式可以产生比当前图层和底层颜色都暗的颜色。任何颜色与黑色混合将产生黑色，与白色混合将保持不变，当用户使用黑色或白色以外的颜色绘画时，绘图工具绘制的连续描边将产生逐渐变暗的颜色，如图 5-53 所示。

5. "颜色加深"模式

"颜色加深"模式是将两个图像的颜色混合得暗一些，混合后的颜色对比变强，导致图像整体变得鲜亮，如图 5-54 所示。

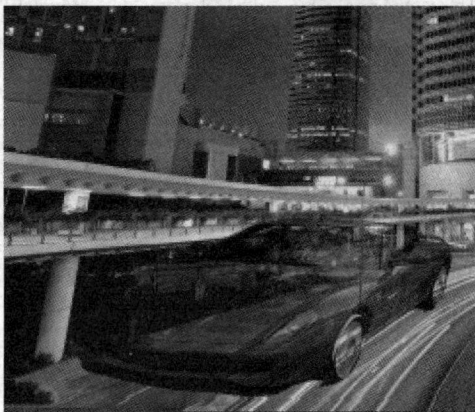

图 5-53　"正片叠底"模式　　　　　图 5-54　"颜色加深"模式

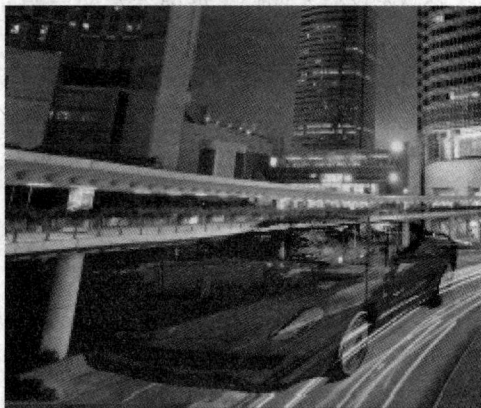

6. "线性加深"模式

"线性加深"模式可以查看每个通道中的颜色信息，并通过减小亮度使基色变暗以反映混合色。但在该模式下，与白色混合后不产生变化，如图 5-55 所示。

7. "深色"模式

"深色"模式将当前层和底层颜色做比较，并将两个图层中相对较暗的像素创建为结果色，如图 5-56 所示。

图 5-55　"线性加深"模式　　　　　图 5-56　"深色"模式

8. "变亮"模式

"变亮"模式通过对两个图像的色调进行比较，主要表现比较亮的色调，而不是混合两种色调，如图 5-57 所示。

9. "滤色"模式

"滤色"模式和"正片叠底"模式正好相反，结果色总是较亮的颜色，并具有漂白的效果，如图 5-58 所示。

図 5-57　"变亮"模式　　　　　　　　　　　図 5-58　"滤色"模式

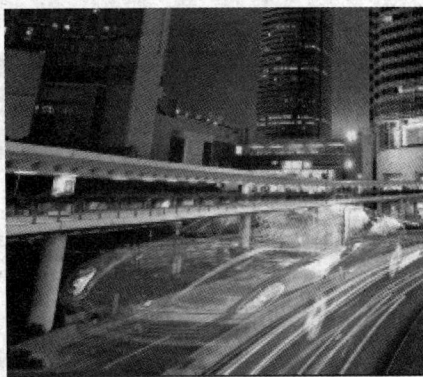

10．"颜色减淡"模式

"颜色减淡"模式是将两个图像的色调混合得亮一些，但实际不是变亮，而是颜色变深，如图 5-59 所示。

11．"线性减淡"模式

"线性减淡"模式是加亮所有通道的基色，并通过降低其他颜色的亮度来反映混合颜色，但此模式对黑色无效，如图 5-60 所示。

図 5-59　"颜色减淡"模式　　　　　　　　　図 5-60　"线性减淡"模式

12．"浅色"模式

"浅色"模式是通过对两个图像的颜色进行比较，表现比较亮的颜色，如图 5-61 所示。

13．"叠加"模式

"叠加"模式是将图像色调中的高亮部分表现得更亮，暗调部分表现得更暗，如图 5-62 所示。

14．"柔光"模式

"柔光"模式可产生一种柔和光线照射的效果，使高亮度的区域更亮，暗调区域更暗，增大反差，如图 5-63 所示。

15．"强光"模式

"强光"模式可产生一种强烈光线照射的效果，它是根据当前图层的颜色使底层的颜色更为浓重或更为浅淡，这取决于当前图层上颜色的亮度，如图 5-64 所示。

图 5-61　"浅色"模式

图 5-62　"叠加"模式

图 5-63　"柔光"模式

图 5-64　"强光"模式

16."亮光"模式

"亮光"模式是将混合图层的色调与 50%的灰阶进行比较，明亮的部分用"颜色减淡"模式进行混合，图像表现为明亮、色彩浓重；较黑暗的部分用"颜色加深"模式混合，图像表现出黑暗，如图 5-65 所示。

17."线性光"模式

"线性光"模式是将混合图层图像的色调与 50%的灰阶进行比较，明度的部分图像表现得更亮，黑暗的部分图像表现得更暗，如图 5-66 所示。

图 5-65　"亮光"模式

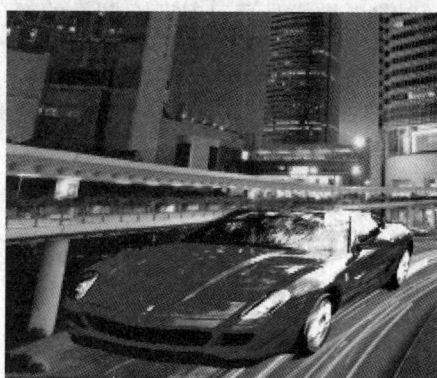

图 5-66　"线性光"模式

18．"点光"模式

"点光"模式是根据当前图层与下一图层的混合色来替换部分较暗或较亮像素的颜色，如图 5-67 所示。

19．"实色混合"模式

"实色混合"模式可以创建一种具有硬边缘的图像效果，类似于多块实色混合，如图 5-68 所示。

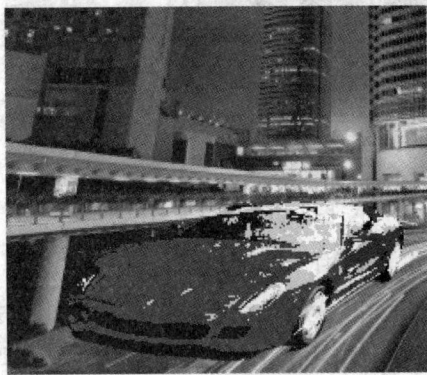

图 5-67　"点光"模式　　　　　　　图 5-68　"实色混合"模式

20．"差值"模式

"差值"模式是从下层图像的色调中除去混合图层图像的色调，来表现两种色调的补色，混合图层图像的色调越亮，效果表现得越强烈，如图 5-69 所示。

21．"排除"模式

"排除"模式运用与"差值"模式相同的方法，表现两种色调的互补色，但是其应用范围越小，背景图像的色调表现得越强烈，如图 5-70 所示。

图 5-69　"差值"模式　　　　　　　图 5-70　"排除"模式

22．"减去"模式

"减去"模式从基色中减去混合色，在 8 位和 16 位图像中，任何生成的负片值都会剪切为零，如图 5-71 所示。

23. "划分"模式

"划分"模式通过分析每个通道中的颜色信息，从基色中分割出混合色，如图 5-72 所示。

图 5-71   "减去"模式   图 5-72   "划分"模式

24. "色相"模式

"色相"模式是用当前图层的色相值去替换下一图层的色相值，而饱和度与亮度不变。在"色相"模式中，决定生成颜色的参数包括：底层颜色的明度与饱和度，上层颜色的色调。使用"色相"模式的效果如图 5-73 所示。

25. "饱和度"模式

"饱和度"模式是用当前图层的饱和度去替换下一图层的饱和度，而色相值与亮度不变。在"饱和度"模式中，决定生成颜色的参数包括：底层颜色的明度与色调，上层颜色的饱和度。使用"饱和度"模式的效果如图 5-74 所示。

图 5-73   "色相"模式   图 5-74   "饱和度"模式

26. "颜色"模式

"颜色"模式是用基色的亮度以及混合色的色相和饱和度创建结果色，这样可以保留图像中的灰阶，并且对给单色图像上色和给彩色图像着色都非常有用，如图 5-75 所示。

27. "明度"模式

"明度"模式是用基色的色相和饱和度以及混合色的亮度创建结果色。此模式与"颜色"模式效果相反，这种模式可将图像的亮度信息应用到下面图像的颜色上，它不能改变颜色，也不能改变颜色的饱和度，而只能改变下面图像的亮度，如图 5-76 所示。

图 5-75 "颜色"模式

图 5-76 "明度"模式

5.3.3 自动混合图层

在 Photoshop 中可以通过"自动混合图层"命令自动对比图层，将不需要的部分抹掉，并且可以自动将混合的部分进行平滑处理，而不需要用户再对其进行复杂的选取和处理。具体操作如下：

(1) 打开任意两幅图像文件，如图 5-77 和图 5-78 所示，然后使用"移动"工具()将其中一个图像文件直接拖动到另一个图像文件中，如图 5-79 所示。

图 5-77 素材 1

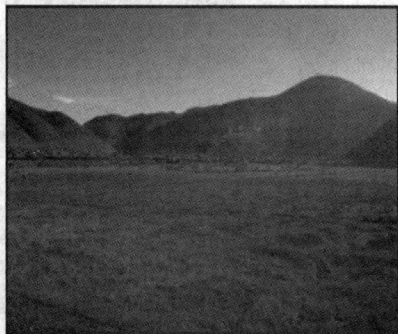

图 5-78 素材 2

(2) 选择"编辑→自由变换"命令，调整图像大小及位置，然后按 Enter 键，如图 5-80 所示。

图 5-79 拖动后的效果图

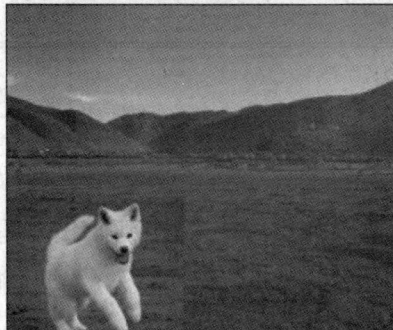

图 5-80 调整大小及位置后的效果图

(3) 选择文件中的两个图层，如图 5-81 所示，然后选择"编辑→自动混合图层"命令，打开"自动混合图层"对话框，如图 5-82 所示。

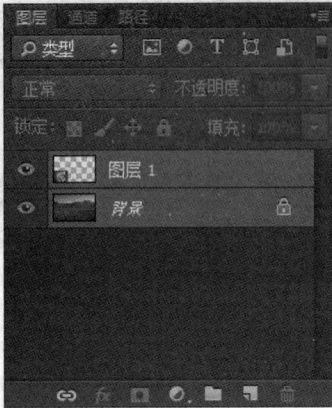

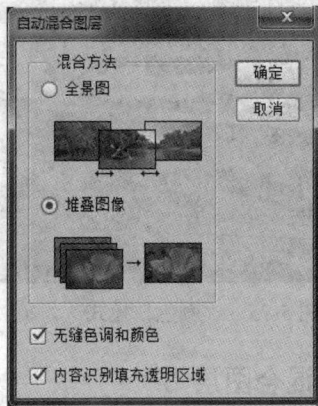

图 5-81　选择图层　　　　　　　图 5-82　"自动混合图层"对话框

(4) 选择"堆叠图像"选项，然后单击"确定"按钮，即可得到自动混合的图像效果，如图 5-83 所示。

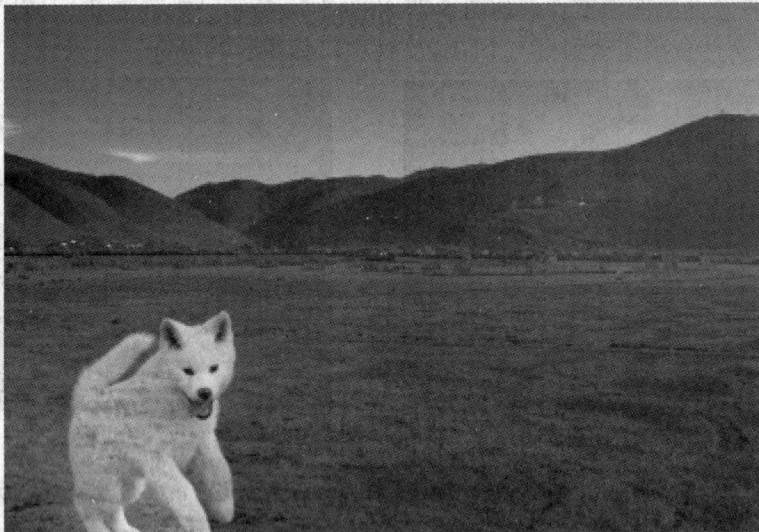

图 5-83　混合图层效果

技巧：

　　使用自动混合图层还可以自动拼合全景图。通过几张图像的自动蒙版重叠效果，可以隐藏部分图像，得到全景图。

5.3.4　学以致用——制作旋转的风车

　　本实例将制作一个旋转的风车效果，即应用图像的复制与粘贴技术，结合新建图层与颜色填充方法，应用线性加深、正片叠底及滤色等图层混合模式进行混合处理。通过实例让大家掌握图层与图层之间的关系及混合处理技术。实例最终效果如图 5-84 所示。

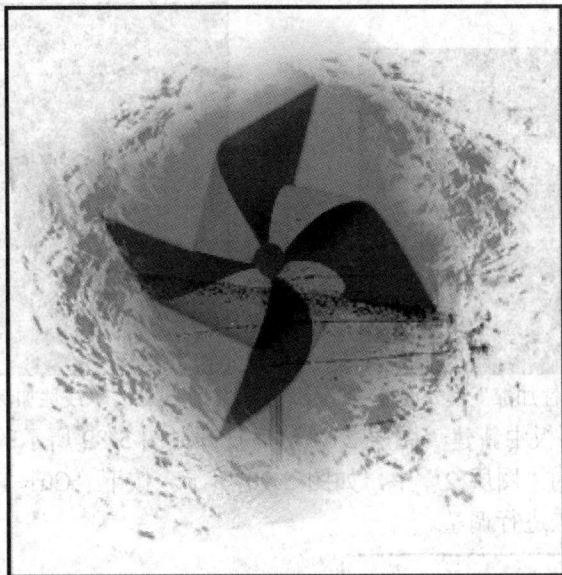

图 5-84 旋转的风车

具体操作如下：

(1) 按下 "Ctrl+N" 组合键新建一个 11 厘米×11 厘米大小、分辨率为 130 像素/英尺、背景内容为白色、颜色模式为 RGB 的图像文件，并在 "图层" 面板底部单击 "创建新图层" 按钮(🔲)，创建 "图层 1"。

(2) 打开如图 5-85 所示的 "图像 1" 文件，将其复制并粘贴到新建的图像文件的 "图层 1" 中，粘贴后按下 "Ctrl+T" 组合键进行自由变换并通过四边的控制点进行调整。此时的 "图层" 面板如图 5-86 所示。

图 5-85 图像 1

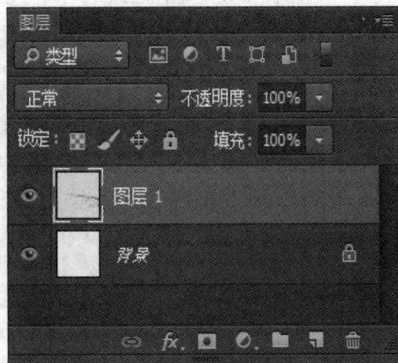

图 5-86 粘贴后的 "图层" 面板

(3) 关闭 "图像 1" 文件，单击工具箱中的 "设置前景色" 按钮(▇)，在打开的 "拾色器" 面板中设置前景色的 R、G、B 值分别为 "227"、"135"、"5"。

(4) 在 "图层" 面板中选择 "背景" 图层，然后用工具箱中的 "油漆桶工具" (🪣)填充 "背景" 图层。接下来选择 "图层 1" 并设置图层混合模式为 "线性加深"，如图 5-87 所示。图像效果如图 5-88 所示。

图 5-87　"线性加深"模式面板

图 5-88　"线性加深"图像效果

(5) 在"图层"面板中新建"图层 2"，然后打开如图 5-89 所示的"图像 2"文件，将其复制并粘贴到新建的"图层 2"中，如图 5-90 所示。按下"Ctrl+T"组合键进行自由变换并通过四边的控制点进行调整。

图 5-89　图像 2

图 5-90　粘贴后的"图层"面板

(6) 关闭"图像 2"文件，设置"图层 2"的混合模式为"正片叠底"，其图像效果如图 5-91 所示。

(7) 在图层面板中新建"图层 3"，然后打开如图 5-92 所示的"图像 3"文件，将其复制并粘贴到新建的"图层 3"中，如图 5-93 所示。按下"Ctrl+T"组合键对其进行自由变换，通过四边的控制点进行调整。

图 5-91　"正片叠底"图像效果

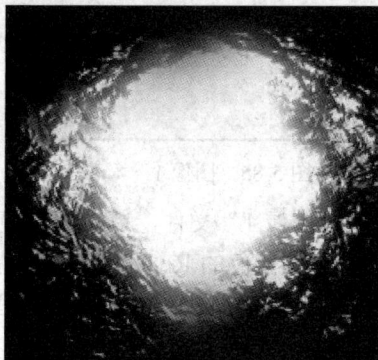

图 5-92　图像 3

(8) 关闭"图像 3"文件，按下"Ctrl+I"组合键对"图层 3"上的图像进行"反相"操作，使其转换为中间黑色四周白色，如图 5-94 所示。

图 5-93　粘贴后的"图层"面板

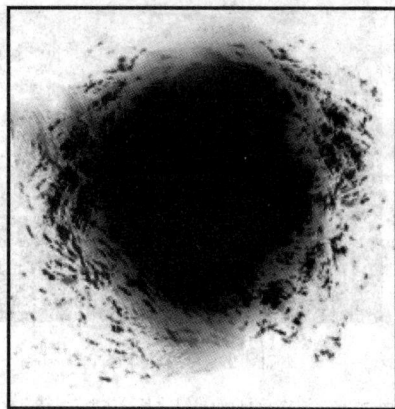

图 5-94　反相效果

(9) 把"图层 3"的混合模式设置为"滤色"，得到如图 5-84 所示的效果。

5.4　蒙版的应用

蒙版是一种专用的选区处理技术，用户通过蒙版可选择也可隔离图像。蒙版实际是一种屏蔽，在图像处理时使用蒙版可屏蔽和保护一些重要的图像区域不受编辑工具和加工的影响，而当对图像的其余区域进行颜色变化、滤镜效果和其他效果处理时，被蒙版蒙住的区域不会发生改变。此外，蒙版还可以将选区存储为 Alpha 通道。

Photoshop CC 2015 中有 3 种蒙版形式，分别是快速蒙版、图层蒙版和矢量蒙版。

5.4.1　添加快速蒙版

快速蒙版是一种临时蒙版。使用快速蒙版，只会建立图像的选区，而不会对图像进行修改，但需要通过其他工具来绘制选区，然后进行编辑。添加快速蒙版的具体操作如下：

(1) 打开一幅图像文件，如图 5-95 所示。把"背景"图层改变为普通图层，然后单击工具箱底部的"以快速蒙版编辑模式"按钮(▣)进入快速蒙版编辑模式，在"通道"面板中即可看到新建的快速蒙版，如图 5-96 所示。

图 5-95　素材图像

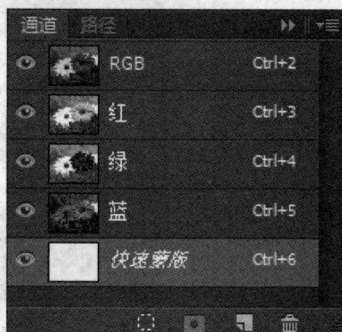

图 5-96　创建快速蒙版

(2) 选择工具箱中的"画笔"工具(✏️)涂抹画面中右侧的花朵,这时涂抹出来的颜色为透明的红色,如图 5-97 所示。同时,在"通道"面板中显示出涂抹的状态,如图 5-98 所示。

图 5-97　涂抹图像

图 5-98　快速蒙版状态

(3) 单击工具箱中的"以标准模式编辑"按钮(🔘),回到标准模式中,得到图像选区,如图 5-99 所示。

(4) 选择"图像→调整→色相/饱和度"命令,打开"色相/饱和度"对话框调整图像色相,设置色相参数为"−100",如图 5-100 所示。

图 5-99　获取选区

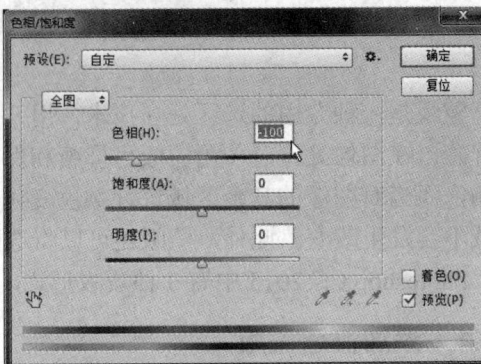

图 5-100　调整色相

(5) 单击"确定"按钮回到画面中,按下"Ctrl+D"组合键取消选区,得到花瓣的色相调整效果,调整的图像周围具有羽状效果,能与周围的图像进行自然过渡,如图 5-101 所示。

图 5-101　调整的颜色

5.4.2 添加图层蒙版

图层蒙版的原理是使用一张具有 256 级色阶的灰度图(即蒙版)来屏蔽图像,灰度图中的黑色区域将隐藏其对应的本层图像,从而达到显示下层图像的目的,而灰度图中的白色区域能显示本层图像且隐藏下层图像。图层蒙版中的灰色部分可以使图像在此区域具有若隐若现的效果。

蒙版实质是一张灰度图,用户可以采用任何作图或编辑方法来调整蒙版,从而得到所需要的效果。所有显示、隐藏图层的效果操作均需要在蒙版中进行,以便保护图像的像素不被编辑。因此,蒙版是制作图像混合效果时最常用的技术方法之一。添加图层蒙版的具体操作如下:

(1) 打开一幅 PSD 格式的组合图,如图 5-102 所示。在"图层"面板中可以看到有背景图层和汽车图层,如图 5-103 所示。

图 5-102 素材图像

图 5-103 "图层"面板

(2) 选择"图层 1",单击"图层"面板底部的"添加图层蒙版"按钮( ),即可添加一个图层蒙版,如图 5-104 所示。

(3) 确认前景色为黑色,背景色为白色,然后选择画笔工具,在属性栏中选择"柔角右手姿势"画笔样式,接着使用画笔涂抹汽车背景图像,涂抹之处将被隐藏,如图 5-105 所示。

图 5-104 添加图层蒙版

图 5-105 图像效果

(4) 在图层蒙版中涂抹图像后，涂抹后的状态会在"图层"面板中显示出来，如图 5-106 所示。

添加图层蒙版结束后，可以在"图层"面板中对图层蒙版进行编辑。将鼠标光标放到"图层"面板中的蒙版图标上，单击鼠标右键，在弹出的菜单中可以选择所需的编辑命令，如图 5-107 所示。

图 5-106　蒙版状态　　　　图 5-107　弹出快捷菜单

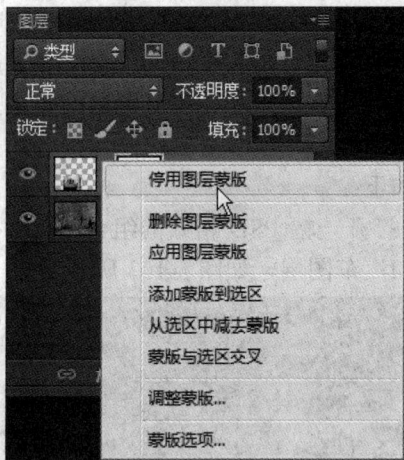

菜单中各命令的含义如下：

① "停用图层蒙版"：选择该命令可以暂时不显示图像中添加的蒙版效果。

② "删除图层蒙版"：选择该命令可以彻底删除图层蒙版效果，使图像回到原始状态。

③ "应用图层蒙版"：选择该命令可将蒙版图层变成普通图层，将不能对蒙版状态进行编辑。

提示：

通过工具箱中的横排文字蒙版工具和直排文字蒙版工具，可以创建文字蒙版，即文字选区。

5.4.3　添加矢量蒙版

矢量蒙版是通过钢笔或形状工具创建的蒙版。矢量蒙版可以在图层上创建形状边缘既清晰又分明的锐边形状。添加矢量蒙版的具体操作如下：

(1) 选择工具箱中的"自定义形状"工具( )，在属性栏中单击"形状"右侧的三角形按钮( )，即可弹出一个面板，选择其中的"边框 7"图形，如图 5-108 所示。

(2) 在属性栏左侧选择"形状"命令，同时设置"填充"颜色为"白色"，在图像窗口中绘制一个边框图形，如图 5-109 所示。

(3) 绘制图形后，可以在"图层"面板中看到添加的矢量蒙版，如图 5-110 所示。使用"直接选择"工具( )可以编辑画面中的矢量图形，如图 5-111 所示。

图 5-108　选择图形

图 5-109　绘制边框图形

图 5-110　矢量蒙版

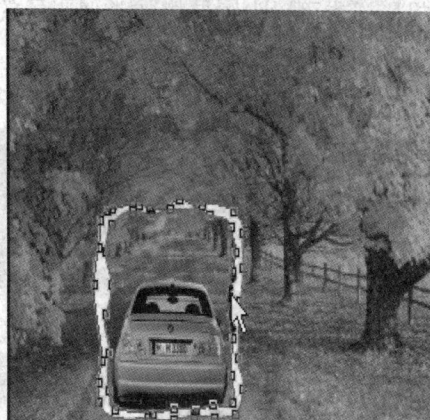

图 5-111　编辑图形

(4) 选择"图层→栅格化→形状"命令，这时形状图层转换为普通图层，不能再对图形进行形状属性的编辑，如图 5-112 所示。最终效果图如图 5-113 所示。

图 5-112　转换蒙版

图 5-113　最终效果图

技巧：

　　将矢量蒙版转换为图层蒙版还可以通过菜单命令来操作，即选择"图层→矢量蒙版"命令。

5.5　图　层　样　式

图层样式定义了许多种特殊的视觉效果，对某个图层应用图层样式后，样式中定义的各种图层效果会应用到该图层的图像中，使图像产生层次感、透明感及立体感。同时，也可以随时对任一种图层效果的细节进行调整，从而得到不同的视觉效果。

5.5.1　图层样式类型

1. 投影样式

应用投影样式可以为图层增加类似影子的效果。下面以在文字中添加投影为例，介绍其具体操作。

(1) 打开一幅素材图像，设置前景色为白色，然后输入一行文字，如图 5-114 所示。

图 5-114　输入文字

(2) 选择"图层→图层样式→投影"命令或单击"图层"面板中的"添加图层样式"按钮(fx)，即可打开"图层样式"对话框，选择"投影"选项，如图 5-115 所示。在"图层样式"对话框中进行适当设置即可得到所需要的投影效果。

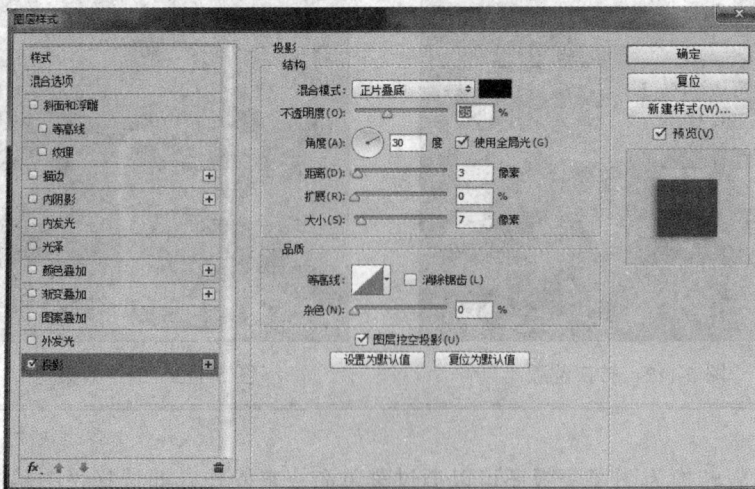

图 5-115　投影图层样式

对话框中各选项的含义如下：

① "混合模式"：在此下拉列表框中可以为投影选择不同的混合模式，通常默认模式产生的效果最理想。其右侧的颜色块用来控制投影的颜色。在弹出的"投影颜色"对话框中可为投影设置颜色。

② "不透明度"：用于设置投影的不透明度。拖动滑块或直接输入数值即可进行设置。

③ "角度"：用于设置光照的方向。如果选择"使用全局光"复选框，则图像中所有图层效果使用相同光线照入角度。

④ "距离"：用于设置投影与原图像间的距离。其值越大，距离越远。

⑤ "扩展"：用于设置投影的投射强度。其值越大，投影的强度越大。

⑥ "大小"：用于控制投影的柔化程度。其值越大，投影的柔化效果越明显；反之，越清晰。

⑦ "等高线"：用于定义图层样式效果的外观。单击"⊢"按钮，将弹出如图 5-116 所示的"等高线编辑器"面板，在此面板中可以选择数种 Photoshop 默认的等高线类型。

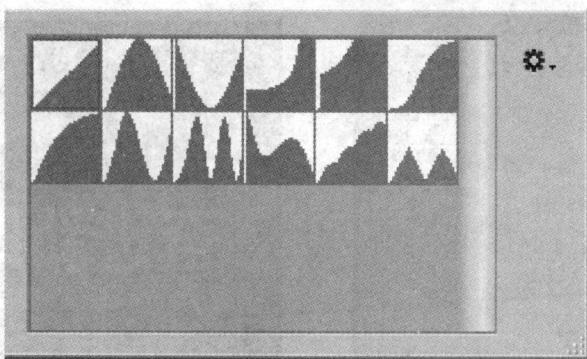

图 5-116　"等高线编辑器"面板

⑧ "消除锯齿"：用于消除投影边缘的锯齿。

⑨ "杂色"：用于为投影增加杂色。

(3) 设置投影颜色为默认的黑色，"不透明度"为 100%，其他设置如图 5-117 所示，得到的文字投影效果如图 5-118 所示。

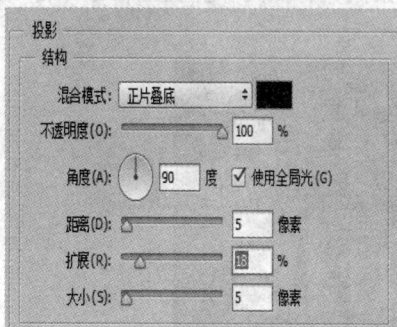

图 5-117　设置投影参数

图 5-118　文字投影效果 1

(4) 单击"等高线"右侧的三角按钮，在弹出的面板中选择"环形"等高线，如图 5-119 所示，得到的图像效果如图 5-120 所示。

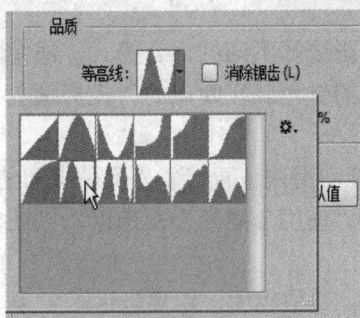

图 5-119　选择等高线类型

图 5-120　"环形"等高线效果

(5) 用户还可以自行设置等高线的样式。单击"等高线"缩览图，打开"等高线编辑器"对话框，使用鼠标按住控制点进行拖动，对投影图像进行调整，如图 5-121 所示。

(6) 单击"确定"按钮，回到"图层样式"对话框，编辑好的"自定"等高线会作用于图像，投影效果如图 5-122 所示。

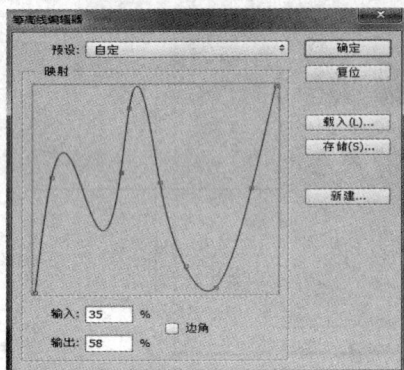

图 5-121　编辑等高线样式

图 5-122　文字投影效果 2

2. 内阴影样式

使用内阴影图层样式，可以为图像添加内阴影效果，使图像具有一定的立体感和凹陷的效果。

内阴影样式的设置方法和选项与投影样式的相同，添加了内阴影样式后的效果如图 5-123 所示，其参数为系统默认值。

图 5-123　内阴影图像效果

3. 外发光样式

使用外发光样式，可以为图像边缘的外部添加发光效果。为图像设置外发光效果的操作如下：

(1) 打开一幅素材图像，新建一个新图层，在图像中绘制一个椭圆形选区，填充为白色，如图 5-124 所示。

(2) 选择"图层→图层样式→混合选项"命令，打开"图层样式"对话框，设置"填充不透明度"为 0%，选择"外发光"选项，进行外发光选项参数的设置，如图 5-125 所示。

图 5-124　绘制椭圆形

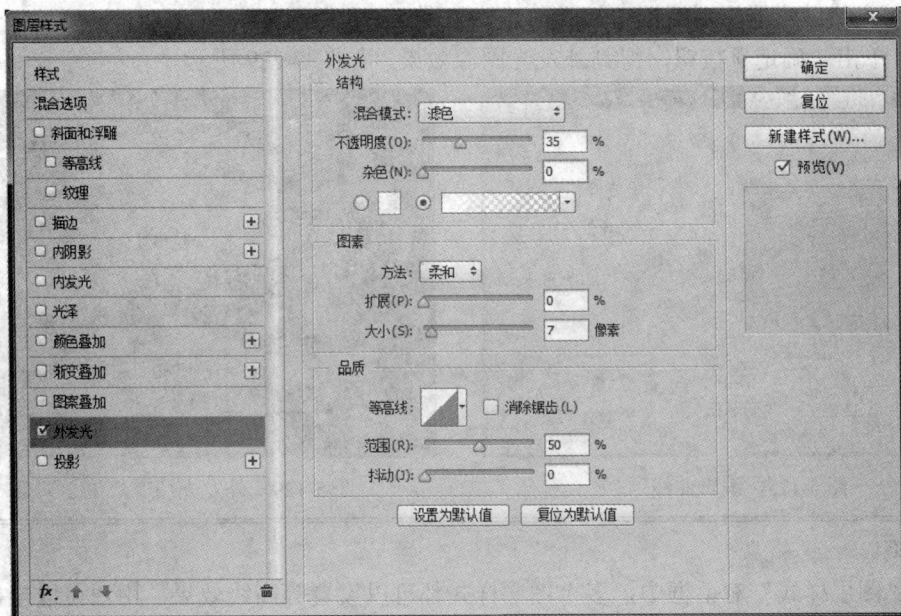

图 5-125　外发光图层样式

对话框中各选项的含义如下：

① "⊙ □"：选中该单选按钮，单击颜色图标，将打开"拾色器"对话框，可在其中选择一种颜色。

② "⊙ ▭"：在此下拉列表中可以设置两种不同的发光方式，一种

为纯色光，另一种为渐变色光。在默认情况下，发光效果为渐变色光。单击渐变条，可以在打开的对话框中自定义渐变色或在下拉列表中选择一种渐变色为发光色。

③ "方法"：在该下拉列表中可以设置发光的方法。选择"柔和"选项，所发出的光线边缘柔和；选择"精确"选项，光线会按实际大小及扩展度来表现。

④ "范围"：用于设置图像外发光的轮廓范围。

(3) 单击 ⊙ □ 色块，设置外发光颜色为浅蓝色(#54bdee)，其余参数设置如图 5-126 所示，图像效果如图 5-127 所示。

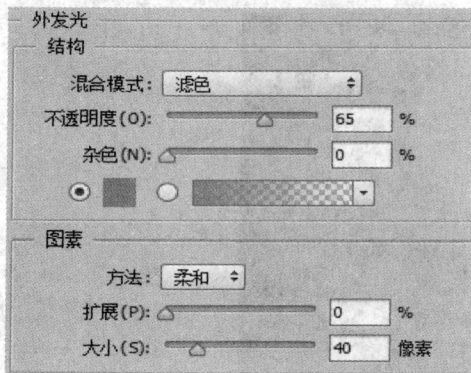

图 5-126　外发光参数设置

图 5-127　外发光图像效果 1

(4) 在"外发光"样式中同样可设置"等高线"参数。单击"等高线"缩览图，在打开的"等高线编辑器"对话框中编辑曲线，如图 5-128 所示。

(5) 单击"确定"按钮，得到外发光图像效果，如图 5-129 所示。

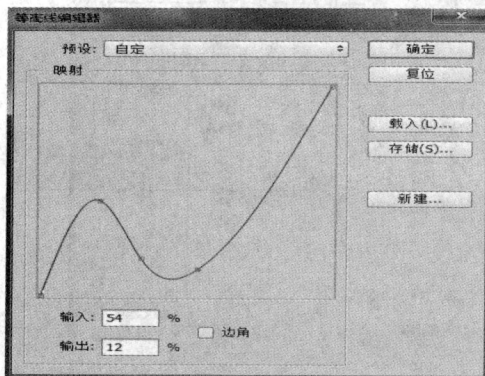

图 5-128　编辑曲线

图 5-129　外发光图像效果 2

提示：

在"图层样式"对话框中，多个图层样式都可以设置等高线效果，用户可以根据所需编辑曲线，从而得到各种特殊图像效果。

4. 内发光样式

使用内发光样式可以为图层增加内发光效果。我们可以将内发光想象为一个内侧边缘安装有照明设备的隧道的截面。内发光样式的设置方法和选项与外发光样式的相同。设置了内发光的图像效果如图 5-130 所示。

图 5-130　内发光图像效果

5. 斜面和浮雕样式

使用斜面和浮雕样式可在图像上产生立体的倾斜效果，使整个图像出现浮雕般的效果。应用斜面和浮雕样式的具体操作如下：

(1) 打开一幅素材图像，在工具箱中选择"横排文字"工具输入文字并填充为黄色(#f0c810)，然后在其属性栏上按下"创建文字变形"按钮(图)，在弹出的"文字变形"对话框中选择"样式"为"下弧"，如图 5-131 所示。

(2) 选择"图层→斜面和浮雕"命令，打开"图层样式"对话框，选择"斜面和浮雕"样式，其选项参数设置如图 5-132 所示。

图 5-131　输入文字

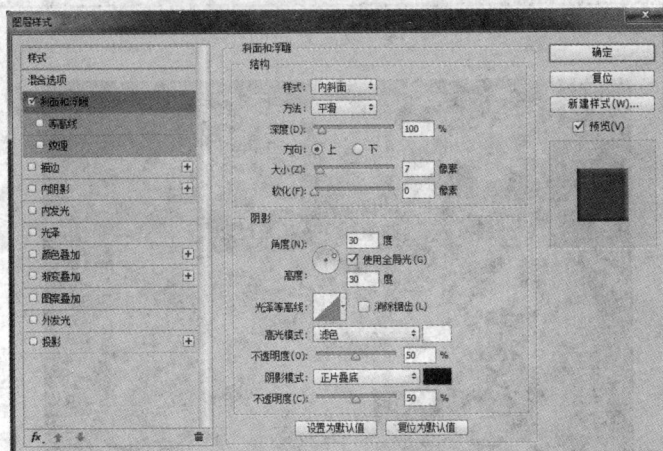

图 5-132　斜面和浮雕图层样式

对话框中各选项的含义如下：

① "样式"：选择此下拉列表中的各选项，可以设置不同的效果，包括"外斜面""内斜面""浮雕效果""枕状效果"和"描边效果"等。

② "方法"：用于设置不同的倒角效果，包括"平滑"、"雕刻清晰"和"雕刻柔和"等。

③ "深度"：用于控制斜面和浮雕的效果深浅程度。其值越大，浮雕效果越明显。

④ "方向"：选中◉上单选按钮，表示高光区在上，阴影区在下；选中◉下单选按钮，表示高光区在下，阴影区在上。

⑤ "高度"：用于设置光源的高度。

⑥ "高光模式""阴影模式"：用于设置高光区域或阴影区域的混合模式，分别单击右侧的色块，在弹出的对话框中为亮部与暗部区域选择不同的颜色。因为亮部区域并非完全白色，有时会呈现某种色调，暗部区域也并非完全为黑色。

(3) 单击"样式"选项右侧的三角形按钮(✦)，选择"外斜面"样式，然后设置其参数，如图 5-133 所示，图像效果如图 5-134 所示。

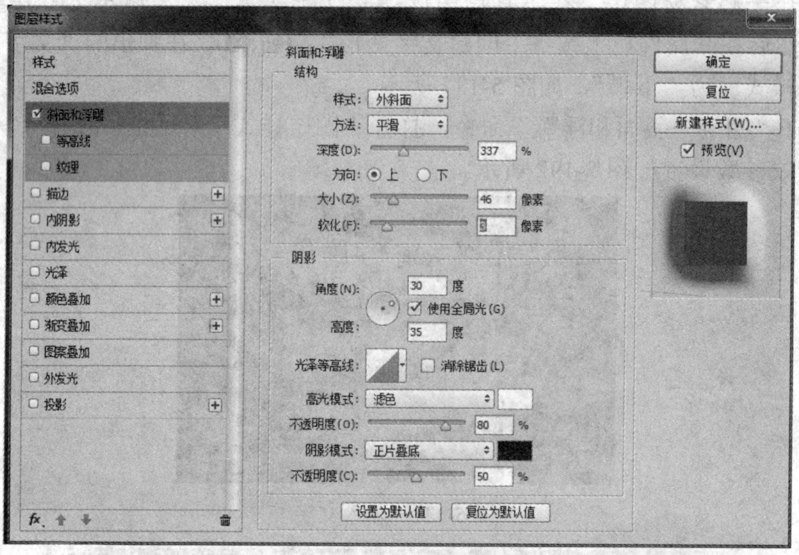

图 5-133　设置外斜面样式

图 5-134　"外斜面"图像效果

(4) 选择"内斜面"样式的图像效果如图 5-135 所示，选择"浮雕效果"样式的图像效果如图 5-136 所示。

图 5-135　"内斜面"图像效果

图 5-136　"浮雕效果"图像效果

6. 光泽样式

通过为图层添加光泽样式，可以在图像内部根据图像的形状应用投影，通常用于创建光滑的研磨抛光及金属效果。应用光泽样式的具体操作如下：

(1) 打开一幅素材图像并输入文字，文字颜色为白色，如图 5-137 所示。

(2) 选择"图层→图层样式→光泽"命令，在打开的"图层样式"对话框中设置"效果颜色"为橙色(R：250，G：160，B：10)，其余参数设置如图 5-138 所示。

图 5-137　输入文字

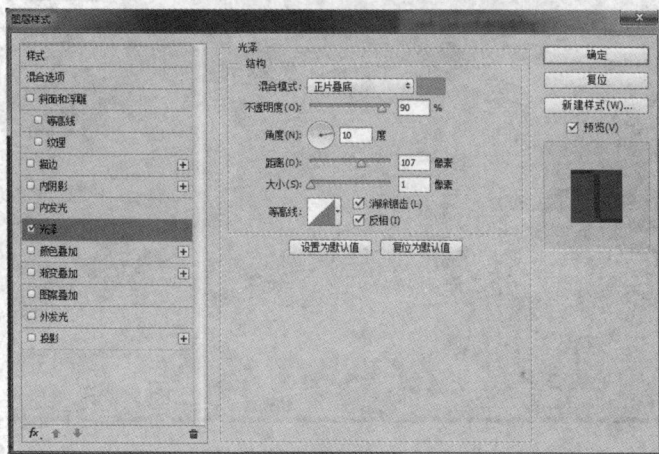

图 5-138　设置光泽样式参数

(3) 单击"确定"按钮，得到光泽文字图像效果，如图 5-139 所示。

图 5-139　光泽文字图像效果

7. 颜色叠加样式

颜色叠加样式就是为图像叠加某种颜色。这是一个很简单的样式，其作用相当于为某一图层着色，也可以认为这个样式在图层的上方加了一个混合模式为"普通""不透明度"为 100% 的"虚拟"层。

打开一幅素材图像并输入文字，如图 5-140 所示。设置"颜色叠加"样式，在参数设置界面中进行相关设置，颜色数值为"R：250，G：240，B：0"，如图 5-141 所示。

图 5-140　输入文字

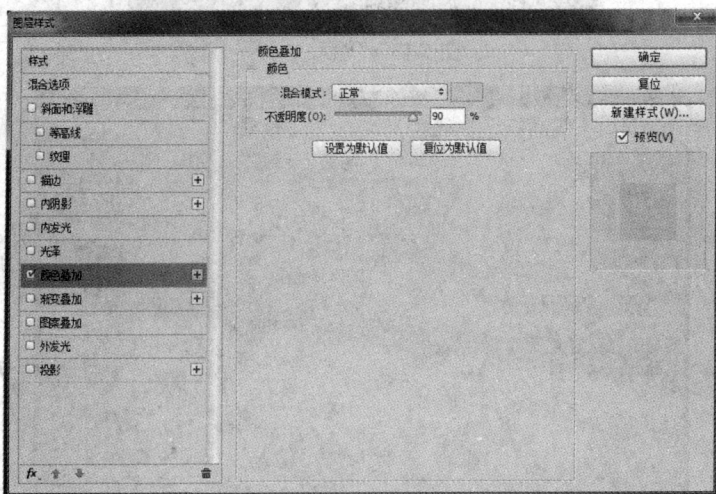

图 5-141　颜色叠加图层样式

颜色叠加样式效果如图 5-142 所示。

图 5-142　颜色叠加样式效果

8. 渐变叠加样式

渐变叠加样式就是使用一种渐变颜色覆盖在图像表面，其参数设置如图 5-143 所示。

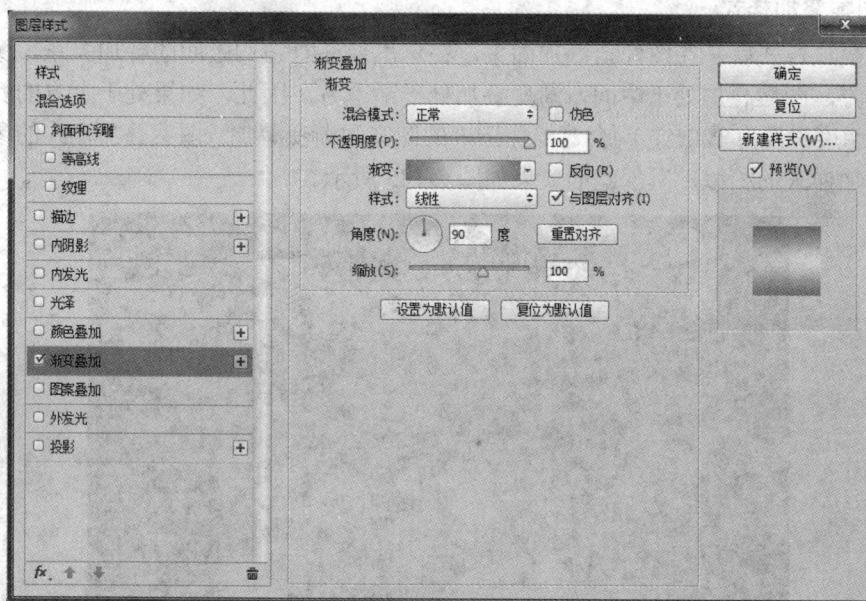

图 5-143　设置渐变叠加参数

对话框中各选项的含义如下：

（1）"样式"：在此下拉列表中可以选择渐变的样式，包括线性、径向、角度、对称和菱形 5 个选项。

（2）"缩放"：用于设置渐变色之间的融合程度。在文本框中输入的数值越小，融合度越低。

（3）"与图层对齐"：在选中此复选框的情况下，渐变由图层最左侧的像素应用至最右侧的像素。

选择一种渐变叠加样式，得到的叠加效果如图 5-144 所示。

图 5-144　渐变叠加效果

9. 图案叠加样式

图案叠加样式就是在图像上叠加图案。在这里要注意它们之间的叠加关系，颜色叠加处于最上方，图案叠加处于中间，渐变叠加处于最下方。因此，如果处于上方的颜色叠加的"不透明度"设为 100%，就会遮挡住下方的图案和渐变叠加。图案叠加样式的参数设置与颜色叠加样式的相似，所创建的效果如图 5-145 所示。

图 5-145　图案叠加效果

10. 描边样式

选择描边样式，可以用"颜色""渐变"或"图案"等 3 种方式为当前图像制作轮廓效果，其参数设置如图 5-146 所示。

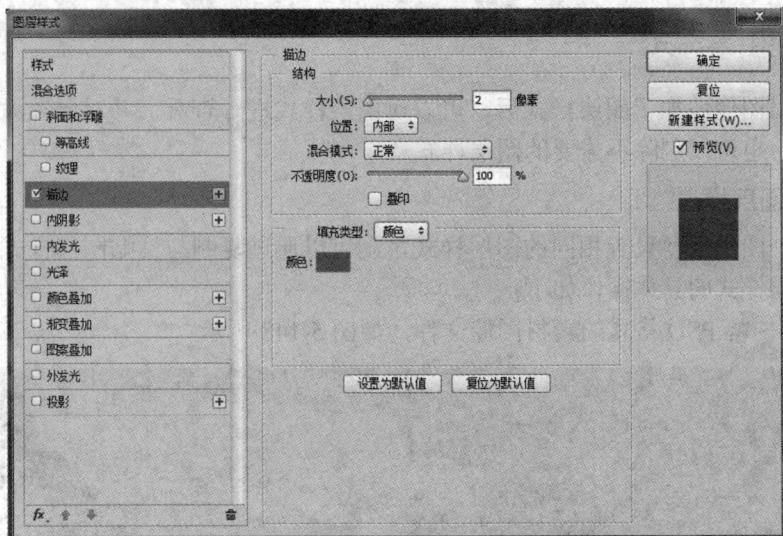

图 5-146　描边图层样式

对话框中各选项的含义如下：

(1) "大小"：用于设置描边的宽度。

(2) "位置"：用于设置描边的位置，可以选择"外部""内部"或"居中"3 个选项。

(3) "填充类型"：用于设置描边填充的内容类型，其中有"颜色""渐变"及"图案"3 个选项。如图 5-147 所示，分别为选择了"颜色""渐变"及"图案"选项后得到的描边效果。

(a) 颜色描边效果

(b) 渐变描边效果

(c) 图案描边效果

图 5-147　应用不同填充类型的描边效果

5.5.2 管理图层样式

当用户对图像添加了图层样式后，可以对图层样式进行查看，并对已经添加的图层样式进行复制，也可以删除不需要的图层样式。

1. 复制图层样式

如果两个图层需要设置相同的图层样式，则可以通过复制与粘贴图层样式的方法来实现。复制图层样式的具体操作如下：

(1) 打开一幅 PSD 格式的素材图像文件，如图 5-148 所示。

图 5-148　素材图像

(2) 在"图层"面板中选择"绿水青山"文字图层，用鼠标右键单击图层，在弹出的快捷菜单中选择"拷贝图层样式"命令，即可复制图层样式，如图 5-149 所示。

(3) 选择"就是金山银山"文字图层，单击鼠标右键，在弹出的快捷菜单中选择"粘贴图层样式"命令，即可将复制的图层样式粘贴到图层中，如图 5-150 所示。

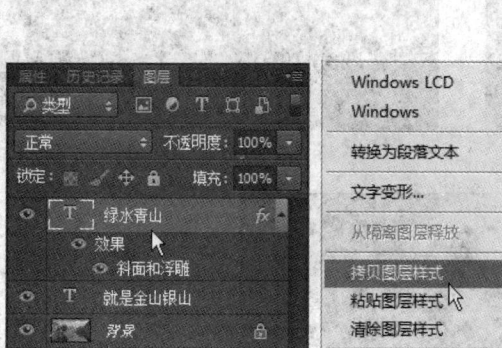

图 5-149　复制图层样式

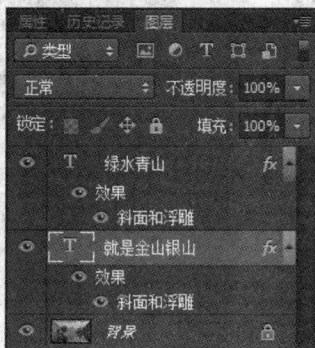

图 5-150　复制后的图层样式

还可以将鼠标光标放到"绿水青山"文字图层下方的"效果"上，在按下 Alt 键的同时按住鼠标左键将其直接拖动到"就是金山银山"文字图层中(如图 5-151 所示)，同样可以得到复制的图层样式(如图 5-152 所示)。

图 5-151　拖动复制图层样式

图 5-152　图像效果

2. 隐藏图层样式

通过隐藏图层样式，可以暂时隐藏应用于图层的图层样式效果。

若要隐藏某一个图层样式，只要在"图层"面板中单击该图层样式左侧的"■"图标，使其不再显示，如图 5-153 所示。

若要隐藏某一个图层的所有样式，只要单击"图层"面板中该图层下方"效果"栏左侧的"■"图标，使其不再显示，如图 5-154 所示。

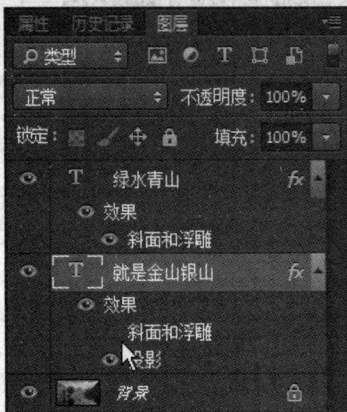

图 5-153　隐藏某一个图层样式

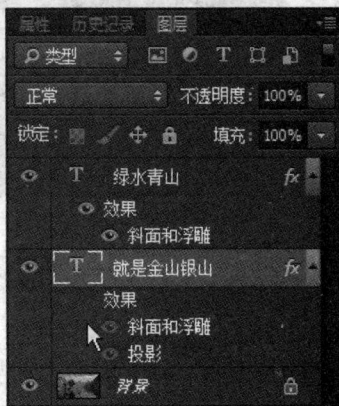

图 5-154　隐藏一个图层的所有图层样式

3. 删除图层样式

绘制图像通常需要经过反复的修改，在用户添加图层样式后，对于一些多余的样式，可以将其删除。

在"图层"面板中将要删除的图层样式选中，然后将其拖动到"删除图层"按钮(🗑)上，即可删除此图层样式，如图 5-155 所示。

(a) 删除前　　　　　　　　(b) 删除后

图 5-155　删除选中的图层样式

若要删除某个图层上的所有图层样式，可以在"图层"面板中选取该图层，然后选择"图层→图层样式→清除图层样式"命令，也可以在"图层"面板中选择该图层下方的"效果"栏，将其拖动到"删除图层"按钮(🗑)上，如图 5-156 所示。

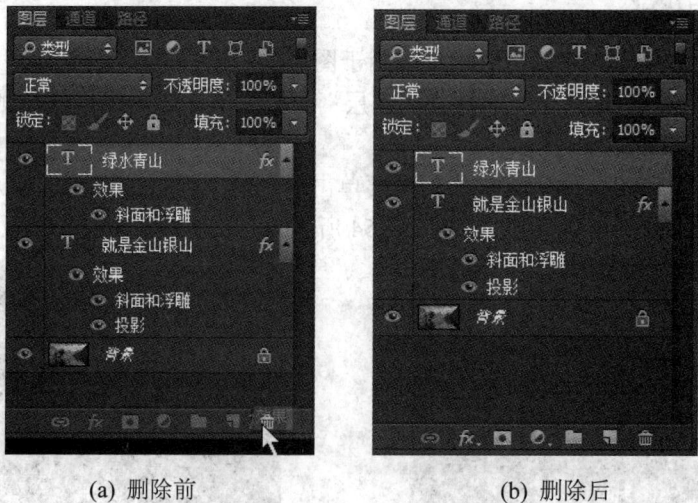

(a) 删除前　　　　　　　　(b) 删除后

图 5-156　删除一个图层的所有图层样式

5.6　调整图层的应用

调整图层是一个较为特殊的图层，在这些图层中可以包含一个图像的整个命令，进而可以使用该命令对图像进行调整。

5.6.1　认识调整图层

调整图层中包含的是调整图层命令的参数信息，类似于图层蒙版，它由调整缩略图和图层蒙版缩略图组成，如图 5-157 所示。

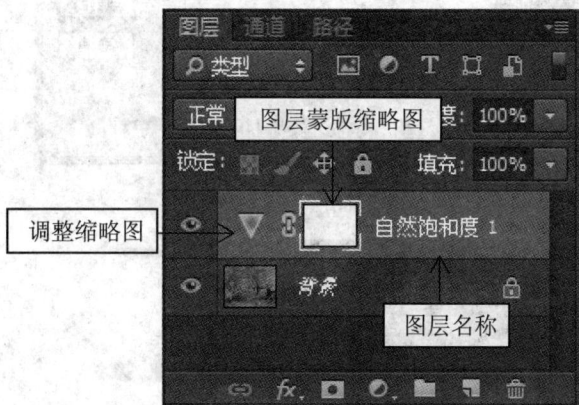

图 5-157　调整图层

调整缩略图的形状会因为创建调整图层时选择的色调、色彩等命令的不同而显示出不同的图像效果；图层蒙版缩略图随调整图层的创建而创建，默认情况下填充为白色，即表示调整图层对图像中的所有区域起作用；调整图层名称会随着创建调整图层时选择的调整命令来显示，如图 5-157 所示，我们在此创建的调整图层用来调整图像的自然饱和度，故名称为"自然饱和度 1"。

5.6.2　创建调整图层

调整图层中包含一个色彩调整命令，可以对其下图层的色调进行调整。调整图层的创建方法如下：

(1) 选择"图层→新建调整图层"命令，并在弹出的子菜单中选择一个调整命令，这里选择"自然饱和度"命令，如图 5-158 所示。

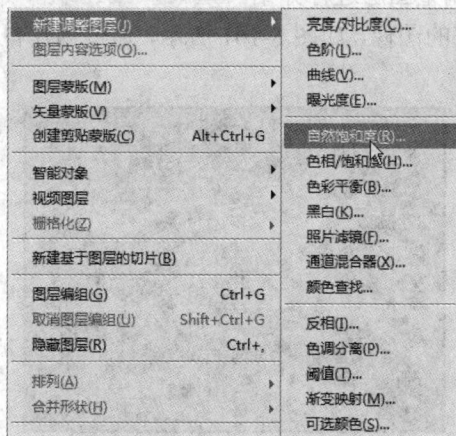

图 5-158　选择一个调整图层命令

(2) 在打开的"新建图层"对话框中单击"确定"按钮，如图 5-159 所示。然后在打开的"自然饱和度"对话框中进行参数调整，也可直接单击"确定"按钮完成调整图层的创建，如图 5-160 所示。

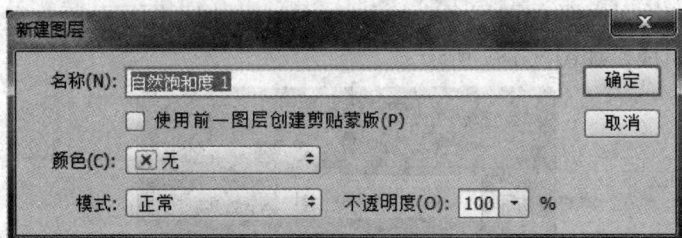

图 5-159　"新建图层"对话框

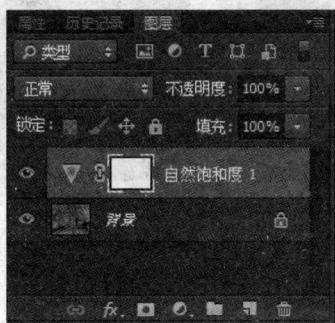

图 5-160　创建自然饱和度调整图层

提示:
　　由于调整图层会影响下方的所有可见图层，因此在创建调整图层时，图层位置的选择非常重要。默认情况下，调整图层创建于当前图层的上方。

5.6.3　编辑调整图层

创建调整图层后，如果用户觉得图像效果不理想，还可以通过调整图层继续调整图像。下面通过一个实例对编辑调整图层进行介绍。

(1) 打开一幅需要调整的图像，如图 5-161 所示，通过创建自然饱和度调整图层对图像进行调整。

图 5-161　打开图像

（2）选择"图层→新建调整图层→自然饱和度"命令，对图像做自然饱和度调整。

（3）选择其"属性"面板，用鼠标拖动"自然饱和度"和"饱和度"两项滑块，设置相应参数值以调整图像的饱和度，如图 5-162 所示。得到的图像效果如图 5-163 所示。

图 5-162　"属性"面板　　　　　　　　　　　　　图 5-163　调整后的图像效果 1

（4）选择"图层→新建调整图层→色彩平衡"命令，在"属性"面板中拖动滑块，降低红色调，增添黄色调，如图 5-164 所示。调整后的图像效果如图 5-165 所示。

图 5-164　调整色彩平衡　　　　　　　　　　　　图 5-165　调整后的图像效果 2

5.7　综合实训——制作黄金浮雕字

本实训主要通过在创建文字图层并设置相关字符参数后，再添加"斜面和浮雕"及"投影"等样式，来实现金黄颜色的浮雕字效果。目标图像效果如图 5-166 所示。

技能点提示：

（1）通过"字符"面板设置文字的相关参数。

（2）通过"样式"面板设置"斜面和浮雕"及"投影"等样式参数。

图 5-166　目标图像效果

操作步骤如下：

（1）按下"Ctrl+N"组合键，新建一个名称为"不忘初心"、大小为"640×480"像素、

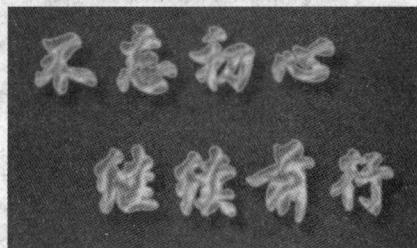

分辨率为"300"像素/英尺、背景内容为"透明"、颜色模式为"RGB"的图像文件，创建好后用"红色"填充背景图层。

(2) 在工具箱中用鼠标左键单击"横排文字工具"按钮(▣)，然后在文字工具的属性栏最右侧单击"切换字符和段落面板"按钮(▤)，打开"字符"面板，如图 5-167 所示。在打开的"字符"面板中设置字体为"隶书"，文字的大小为"30 点"，颜色为"金黄色"，RGB 值为(250，180，0)，在下方字型中选择"仿粗体"(▣)。

(3) 在图像窗口中输入文字"不忘初心"并将其调整到适当位置，如图 5-168 所示。

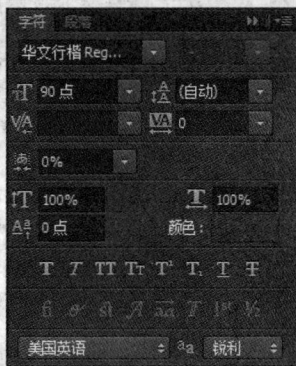

图 5-167　"字符"面板　　　　　　　　图 5-168　文字图像

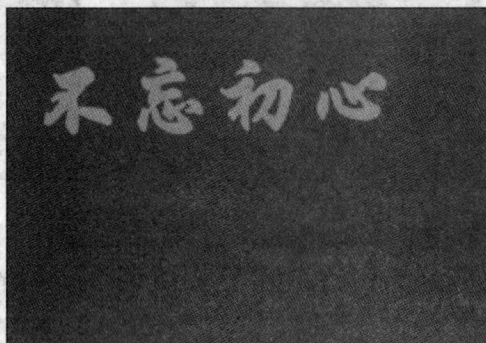

(4) 双击"不忘初心"文字图层的右侧空白处，打开"图层样式"面板，在其左侧选择"斜面和浮雕"样式，如图 5-169 所示。在"结构"部分中设置："样式"为"内斜面"，"方法"为"平滑"，"深度"为 150%，"方向"为"下"，"大小"为"20"像素，"软化"为"5"像素。在"阴影"部分中设置："角度"为"125"度，选择"使用全局光"，"高度"为"30"度，"光泽等高线"为"环形—双"，"高光模式"为"滤色"，"不透明度"为 86%，"阴影模式"为"正片叠底"、颜色填充的 RGB 值为(120，76，0)、"不透明度"为 50%。设置后的效果如图 5-170 所示。

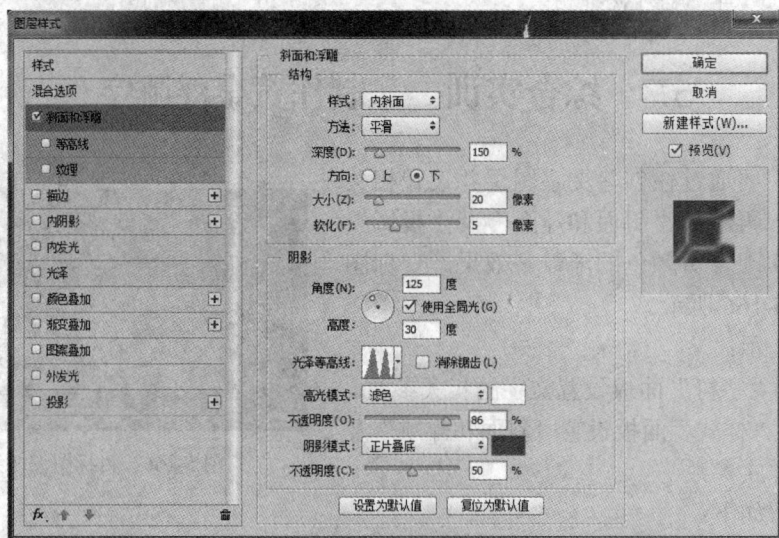

图 5-169　斜面和浮雕图层样式面板

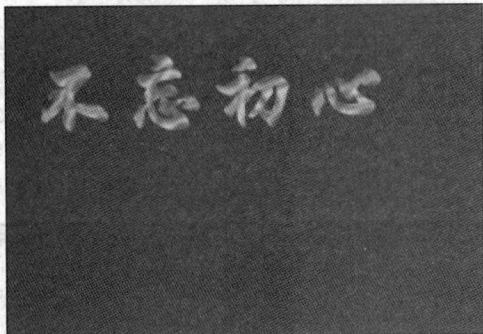

图 5-170　斜面和浮雕效果

(5) 在"图层样式"面板左侧选择"外发光"样式，如图 5-171 所示。在"结构"部分中设置："混合模式"为"滤色""不透明度"为 60%，"杂色"为 5%。在"图素"部分中设置："方法"为"柔和"，"扩展"为 10%，"大小"为"5"像素。在"品质"部分中设置："等高线"为"线性"，"范围"为 50%，"抖动"为 0%。图像效果如图 5-172 所示。

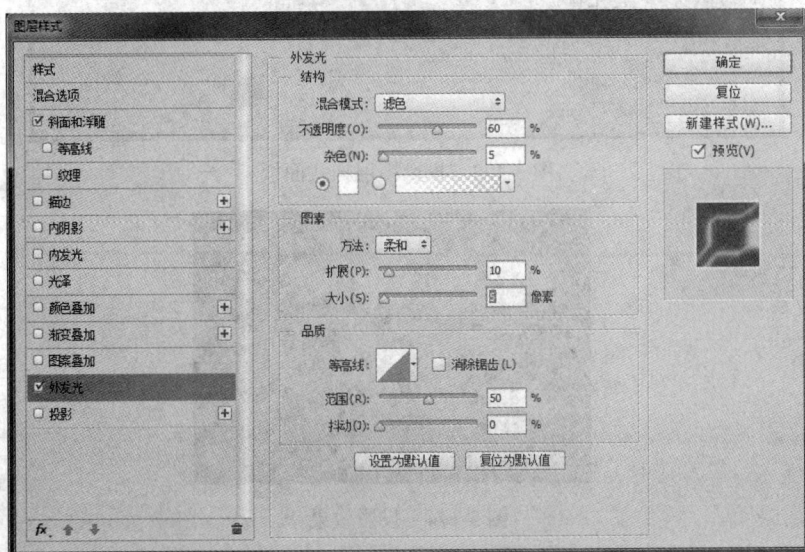

图 5-171　外发光图层样式面板

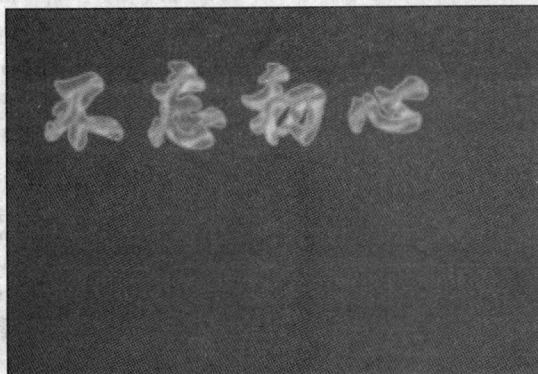

图 5-172　外发光效果

(6) 在"图层样式"面板左侧选择"投影"样式，如图 5-173 所示。在"结构"部分中设置："混合模式"为"正常"，颜色填充的 RGB 值为(27，5，4)，"不透明度"为 85%，"角度"为"125"度，选择"使用全局光"，"距离"为"22"像素，"扩展"为 35%，"大小"为"15"像素。在"品质"部分中设置："等高线"为"线性"，"杂色"为 0%。图像效果如图 5-174 所示。

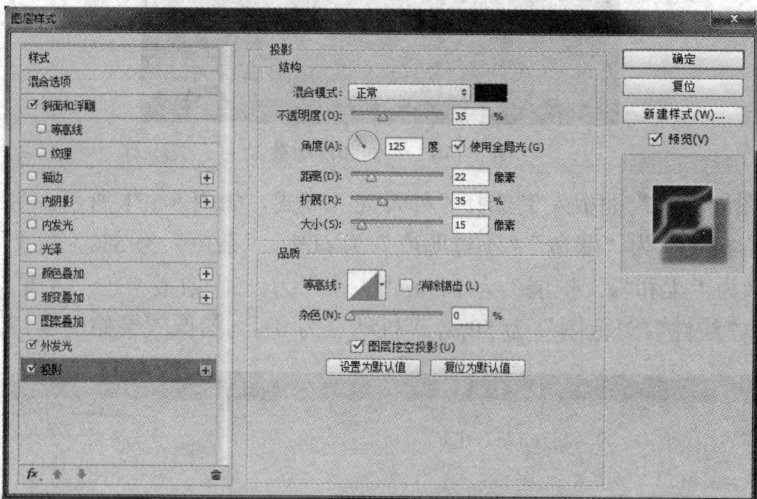

图 5-173　投影图层样式面板

图 5-174　投影效果

(7) 继续在工具箱中选择文字工具，在图像窗口中输入"继续前行"，适当调整位置，如图 5-175 所示。选择"不忘初心"图层，单击鼠标右键，在弹出的快捷菜单中选择"拷贝图层样式"命令，然后单击鼠标左键选择"继续前行"图层，在其图层上单击鼠标右键，在弹出的快捷菜单中选择"粘贴图层样式"命令。最后效果如图 5-176 所示。

图 5-175　窗口图像

图 5-176　黄金浮雕字

5.8 习　　题

1. 填空题

(1) 在图像设计与制作中，通过改变图层的＿＿＿和属性来改变图像的设计与制作效果。

(2) 使用文字工具可以在图像中任意放置文本，此时系统为这些文本创建一个单独的＿＿＿＿＿＿＿。

(3) 背景图层是一个＿＿＿＿＿的图层，它有一个以背景色为底色的颜色。

(4) 对于图层的顶边分布，从每个图层的＿＿＿＿＿开始，间隔均匀地分布图层。

(5) 图层混合模式是指一个图层与其＿＿＿＿＿＿图层的色彩叠加方式。

2. 判断题

(1) 多个图层合并起来作为一个图层，以减小图像文件的大小。(　　　)

(2) 如果图层样式需要复制到多个图层，可先将这些图层设置为链接图层。(　　　)

(3) 图层混合模式是指一个图层与其下面图层的色彩叠加方式。(　　　)

(4) 正片叠底模式中，任何颜色与黑色叠加都会变成黑色。(　　　)

(5) 普通图层可以通过混合模式来实现同其他图层的融合。(　　　)

3. 选择题(可多选)

(1) 关于背景图层的描述正确的是(　　　)。

A. 背景图层不可以执行滤镜效果

B. 在图层面板上背景图层是不能上下移动的，只能是最下面一层

C. 背景图层不能转换为其他类型的图层

(2) 关于图层的描述，不正确的是(　　　)。

A. 图层透明的部分是有像素的

B. 图层透明的部分是没有像素的

C. 背景图层可以转化为普通的图像图层

(3) 图层面板上有多个图层，执行"图像→调整→反相"命令，对(　　　)有效。

A. 当前图层　　　　　　B. 背景图层　　　　　　C. 所有图层

(4) 关于调整图层的描述不正确的是(　　　)。

A. 调整图层不是一个存放图像的图层

B. 调整图层主要用来控制色调和色彩的调整

C. 调整图层对所有图层起作用

4. 实训题

新建一个背景色为黑色、宽为 640 像素、高为 480 像素的 RGB 模式图像，使用文字工具输入"中国梦 我的梦"，应用"外发光""内发光"及"描边"样式处理文字。

第 6 章　绘图与修饰

　　在创作平面作品的过程中，经常会用到绘图与修图工具以实现手绘图形的操作，所以掌握手绘艺术技能是非常重要的。Photoshop 软件提供了很多绘图工具和修图工具，如画笔工具、钢笔工具、自定义形状工具等，使用这些工具可以实现绘制图像和对图像细节进行修复的操作。

☞ **知识与技能目标：**

(1) 熟悉颜色面板与色样设置。

(2) 理解画笔参数的意义与设置方法。

(3) 掌握绘图工具的参数设置与应用。

(4) 掌握修图工具的修饰特点与操作方法。

6.1　颜色的使用

　　对于设计要素而言，颜色是至关重要的。当用户在处理图像时，如果要对图像或图像区域进行填充色彩或描边等操作时，就需要对当前颜色进行设置。如何简单、明快地传递色彩信息是每个设计者都应该掌握的基本技能。

6.1.1　认识前景色与背景色

　　前景色用于显示当前绘图工具的颜色，背景色用于显示图像的背景颜色。前景色与背景色位于工具箱下方，如图 6-1 所示。

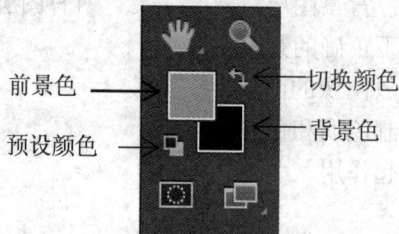

图 6-1　前景色与背景色

　　单击前景色与背景色工具右上角的█图标，可以进行前景色与背景色的切换。

　　单击左下角的█图标，可以将前景色与背景色设置成系统默认的黑色与白色。

　　Photoshop 使用绘图工具之前都需要设置前景色与背景色。单击工具箱下方的"前景色"色块，将打开"拾色器(前景色)"对话框，在该对话框中单击色域区或者输入颜色数值，即可设置前景色，如图 6-2 所示。同样，单击"背景色"色块，即可在打开的"拾色器(背景色)"对话框中设置背景色。

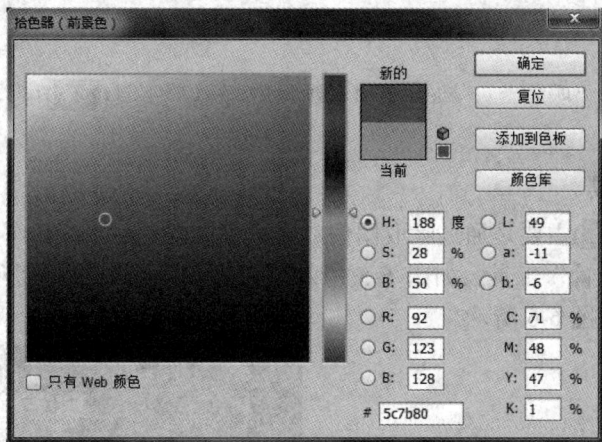

图 6-2 设置前景色

技巧：

在操作时，按 X 键可以反转前景色与背景色，按 D 键可以恢复前景色与背景色的默认设置。

6.1.2 颜色面板组

在 Photoshop CC 中用户可以通过多种方法来调配颜色，以提高编辑和操作的速度。颜色面板组中有"颜色"面板和"色板"面板，通过这两个面板用户可以轻松地设置前景色和背景色。

选择"窗口→颜色"命令打开"颜色"面板，如图 6-3 所示。"颜色"面板左上方的色块分别代表前景色与背景色，显示当前前景色和背景色的颜色值，默认显示为 RGB 色谱的十进制显示模式。选择其中一个色块，分别拖动 R、G、B 中的滑块即可调整颜色，调整后的颜色将分别应用到前景色框与背景色框中。用户也可以直接在颜色面板下方的颜色样本框中单击鼠标获取需要的颜色。

选择"窗口→色板"命令打开"色板"面板，如图 6-4 所示。"色板"面板由众多调制好的色块组成，可以通过单击某个色块来快速选择一种颜色，以取代当前的前景色或背景色，也可以在"色板"面板中存储经常使用的颜色、添加或删除颜色，同时也可以为不同的项目显示不同的颜色库。

图 6-3 颜色面板

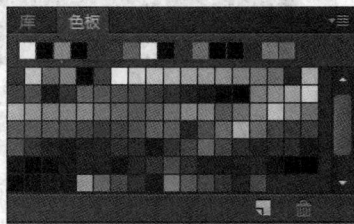

图 6-4 色板面板

要选取前景色，单击"色板"面板中的颜色。

要选取背景色，按住 Ctrl 键的同时使用鼠标单击"色板"面板中的颜色。

6.1.3　吸管工具组

使用工具箱中的"吸管"工具(🖊)和"颜色取样器"工具(🖊)可以吸取图像或面板中的颜色。

1. "吸管"工具

"吸管"工具(🖊)主要是通过吸取图像或面板中的颜色，并以其作为前景色或背景色。选择工具箱中的"吸管"工具，如图 6-5 所示。在"取样大小"下拉列表中可以更改吸管工具的取样大小，如图 6-6 所示。

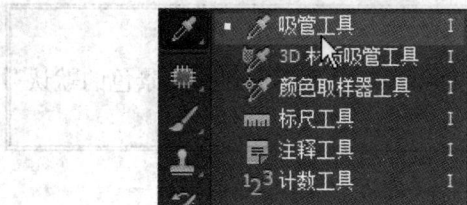

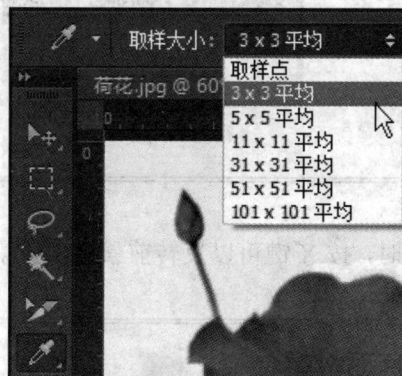

图 6-5　吸管工具　　　　　　图 6-6　取样大小设置

通过"吸管"工具，可以在"信息"面板中将鼠标指针经过的颜色点的信息显示出来，如图 6-7 所示。

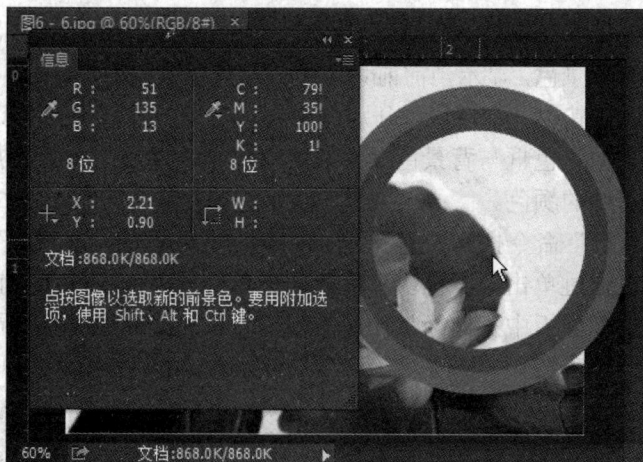

图 6-7　使用"吸管工具"时的"信息"面板

2. "颜色取样器"工具

"颜色取样器"工具(🖊)用于颜色的选取和采样，使用该工具不能直接选取颜色，只能通过在图像中单击得到"采样点"来获取颜色信息。选择工具箱中的"颜色取样器"工具，如图 6-8 所示。颜色取样器工具最多可取 10 处颜色信息，颜色信息将显示在"信息"面板中，如图 6-9 所示。

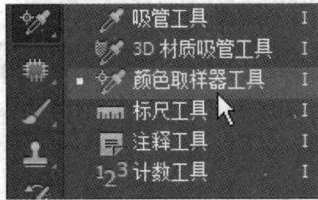

图 6-8　颜色取样器工具

图 6-9　使用"颜色取样器"工具定义色彩取样点

> **技巧：**
>
> 如果想重新设置采样点，单击属性栏中的"清除"按钮，即可重新设置图像中的采样点。

6.2　绘图工具的使用

工具箱中提供的绘图工具可以很真实地模仿出实际绘图中的笔触、效果和特性。画笔工具组中的工具是图像处理中使用最为频繁的绘制工具，常用来绘制边缘柔和的线条，也可以绘制具有特殊形状的线条效果。

6.2.1　画笔工具组

"画笔"工具和"铅笔"工具是 Photoshop 中最基本的绘图工具，画笔工具组如图 6-10 所示。

利用"画笔"工具( )和"铅笔"工具( )可在图

图 6-10　画笔工具组

像上绘制当前的前景色。"画笔"工具可以创建类似于毛笔效果的较柔和的笔触，也可以通过设置画笔的硬度创建坚硬的笔触。"铅笔"工具绘制出的线条效果比较生硬，主要用于直线和曲线的绘制。画笔工具属性栏如图 6-11 所示。

图 6-11　画笔工具属性栏

"画笔"工具属性栏中各选项含义如下：

(1) 画笔(　)：用于选择画笔样式并设置画笔的大小。

(2) 切换画笔面板(　)：单击该按钮，会弹出画笔面板。

(3) 模式：用于设置"画笔"工具对当前图像中像素的作用形式，即图像的混合模式。

(4) 不透明度：用于设置画笔颜色的不透明度，数值越大，不透明度就越高。

(5) 流量：用于设置"画笔"工具的压力大小，数值越大，则画笔笔触就越浓。

(6) 启用喷枪模式(　)：单击该按钮时，"画笔"工具会以喷枪的效果进行绘图。

使用"画笔"工具绘制图像的操作如下：

(1) 创建一个背景为淡绿色的图像文件。

(2) 将前景色设置深红色，然后选择"画笔"工具，单击属性栏中"画笔"右侧的三角形按钮，在弹出的"画笔预设"面板中设置画笔大小，然后选择笔尖形状为"散布枫叶"，如图 6-12 所示。面板中各项参数含义如下：

① 大小：用于设置画笔笔头大小。

② 硬度：用于设置画笔边缘的硬化程度，值越小硬化越明显。

③ "画笔样式"列表框：用于选择需要的画笔笔头样式。

(3) 按住鼠标左键在图像中拖动，即可使用"画笔"工具绘制图形，如图 6-13 所示。

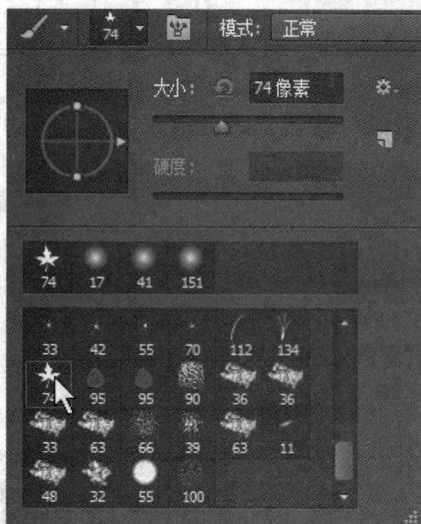

图 6-12　画笔预设选取器 　　　　　 图 6-13　绘制图形

1. 画笔面板及其选项

选择"窗口→画笔"命令，将弹出如图 6-14 所示的"画笔"面板。

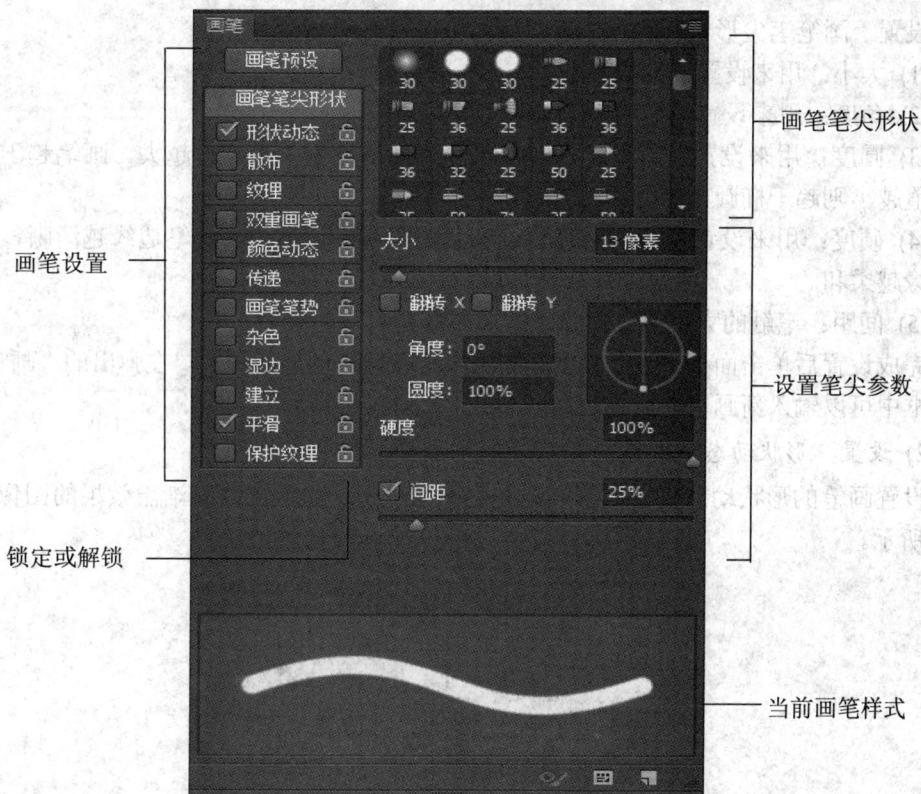

图 6-14　"画笔"面板

1) 设置"画笔笔尖形状"

打开"画笔"面板，选择"画笔笔尖形状"，调整其中参数即可对画笔的笔尖形态进行设置，同时在下方的预览窗口中还能预览设置后的效果，如图 6-15 所示。

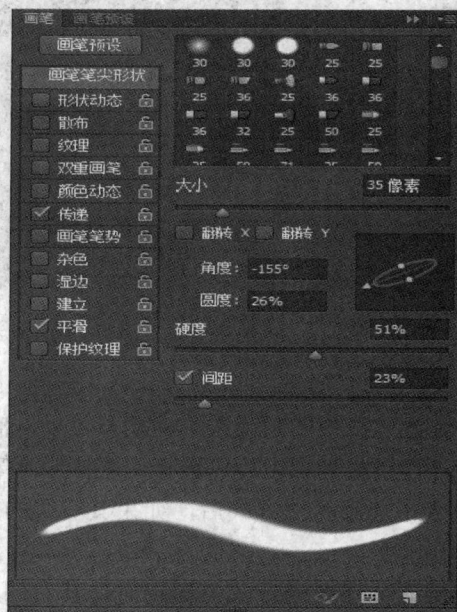

图 6-15　设置"画笔笔尖形状"

设置"画笔笔尖形状"的各选项含义如下：

(1) 大小：用来设置笔尖的大小。

(2) 角度：用来设置画笔的横(纵)轴与水平线偏角。

(3) 圆度：用来设置画笔垂直方向与水平方向的比例关系，值越大，画笔趋于正圆显示，值越小则趋于椭圆显示。

(4) 硬度：用来设置画笔绘图时的边缘羽化程度，值越大，画笔边缘越清晰，值越小则边缘越柔和。

(5) 间距：笔触的大小随着百分比的增加而变大。

完成设置后单击面板下方的"创建新画笔"按钮来创建新画笔。在弹出的"画笔名称"对话框中可以输入新画笔的名称。

2) 设置"形状动态"画笔

设置画笔的形状动态效果，可以定制笔刷的外形，绘制出具有渐隐效果的图像，如图6-16所示。

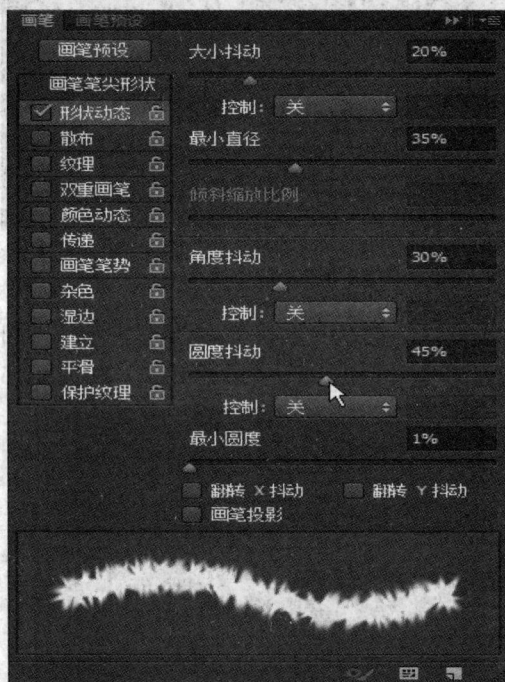

图 6-16 "形状动态"面板

"形状动态"面板中的各项含义如下：

(1) 大小抖动：用来控制画笔产生的画笔大小的动态效果，值越大抖动越明显。

(2) 抖动方式：在"控制"下拉列表中可以选择用来控制画笔抖动的方式。

(3) 控制：在其下拉列表中选择抖动方式后，如果其右侧的数值可用，表示当前设置抖动方式有效，否则该抖动无效。

(4) 大小抖动方式：当设置大小抖动方式为渐隐时，其右侧的数值框用来设置渐隐的步数，值越小，渐隐就越明显。

(5) 最小直径：用来指定当启用"大小抖动"时画笔笔迹可以缩放的最小百分比。

(6) 角度抖动：用来设置描边中画笔笔迹角度的改变方式。

(7) 圆度抖动：用来指定画笔笔迹的圆度在描边中的改变方式。

(8) 最小圆度：指定当"圆度抖动"启用时画笔笔迹的最小圆度，在其中可输入一个指明画笔长短轴之间的百分比值。

3) 设置"散布"画笔

设置画笔的"散布"选项，可以使绘制后的画笔图像在图像窗口中随机分布，如图 6-17 所示。

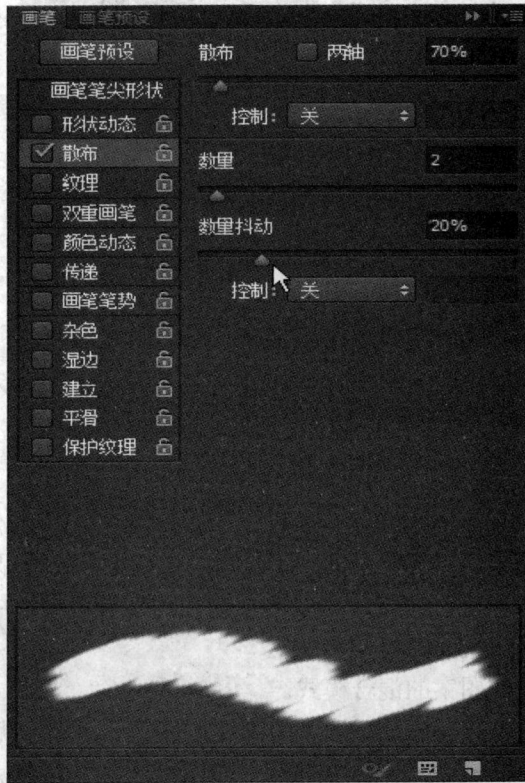

图 6-17　"散布"面板

"散布"面板中的各项含义如下：

(1) 散布：用来设置画笔散布的距离，值越大，散布范围越宽。当选择"两轴"复选框时，画笔笔迹按径向分布。当取消选择"两轴"复选框时，画笔笔迹垂直于描边路径分布。

(2) 数量：指定在每个间距间隔应用的画笔笔迹数量，值越大，数量越多。如果在不增大间距值或散布值的情况下增加数量，绘画性能可能会降低。

(2) 数量抖动：指定画笔笔迹的数量如何根据各种间距间隔而变化。

4) 设置"纹理"画笔

通过为画笔设置纹理可以定义材质，使绘制后的画笔图像在图像中产生纹理效果，如图 6-18 所示。

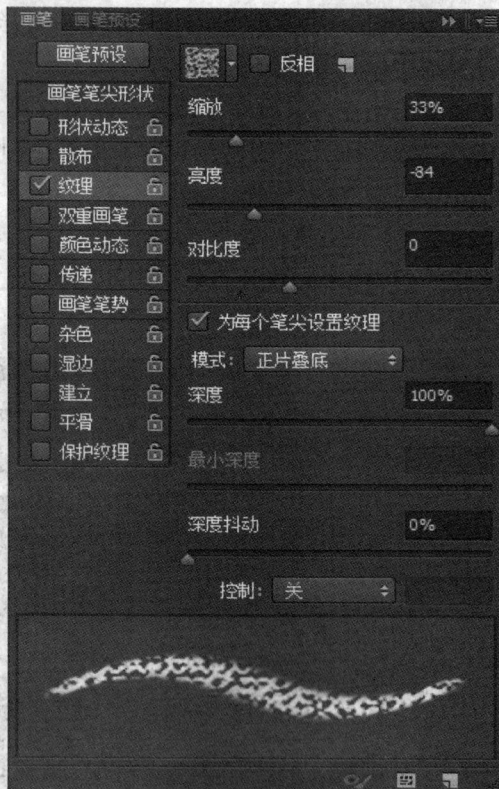

图 6-18　"纹理"面板

"纹理"面板中的各项含义如下：

(1) 缩放：用来设置纹理在画笔中的大小显示，值越大，纹理显示面积越大。

(2) 为每个笔尖设置纹理：将选定的纹理单独应用于画笔描边中的每个画笔笔迹，而不是作为整体应用于画笔描边。

(3) 模式：指定画笔和图案的混合模式。

(4) 深度：用来设置纹理在画笔中溶入的深度，值越小，显示就越不明显。

(5) 深度抖动：用来指定纹理融入到画笔中的变化方式，值越大，抖动越强，效果越明显。

5) 设置"双重画笔"

设置"双重画笔"是指在已经选择好的画笔上再增加一个不同样式的画笔，使绘制后的画笔图像中具有两种画笔样式的融入效果。具体操作如下：

(1) 先在"画笔"面板中的"画笔笔尖形状"预览框中选择一种画笔形状作为"双重画笔"中的第一种画笔样式，并设置相应参数，如图 6-19 所示。

(2) 选择"双重画笔"复选框，在面板中选择一种画笔样式作为"双重画笔"中的第二种画笔样式，如图 6-20 所示。

(3) 设置第二种画笔的样式的大小、间距、散布、数量，以及与第一种画笔样式的混合模式，即可绘制出具有两种画笔混合效果的图像。

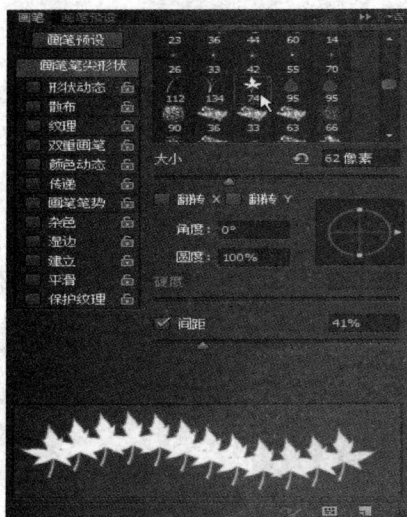

图 6-19　选择第一种画笔样式

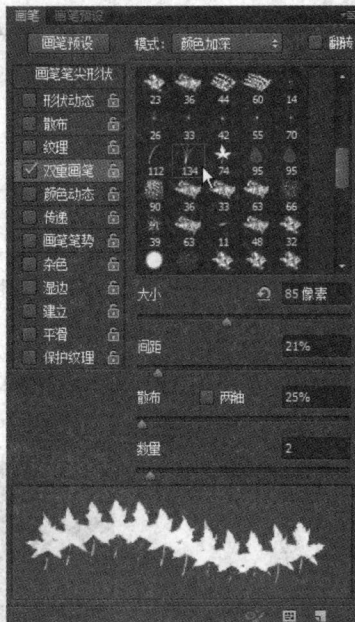

图 6-20　选择第二种画笔样式

6) 设置"颜色动态"

通过为画笔设置"颜色动态",可以使描边路线中的画笔图像在两种颜色之间产生渐变过渡。具体操作如下:

(1) 在工具箱中设置前景色为红色,背景为白色。选择"画笔"工具,并在"画笔"面板中选择画笔样式,如图 6-21 所示。

(2) 选择"颜色动态"复选框,并在面板中设置颜色的色相、饱和度、亮度与纯度产生渐隐效果,如图 6-22 所示。

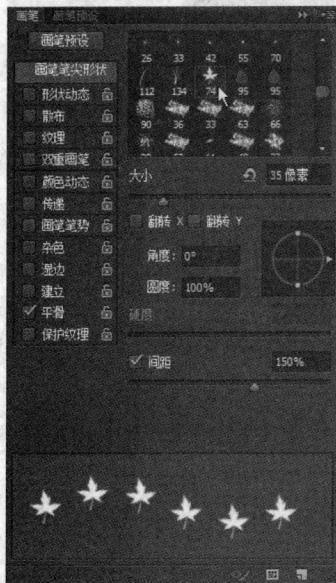

图 6-21　选择画笔样式

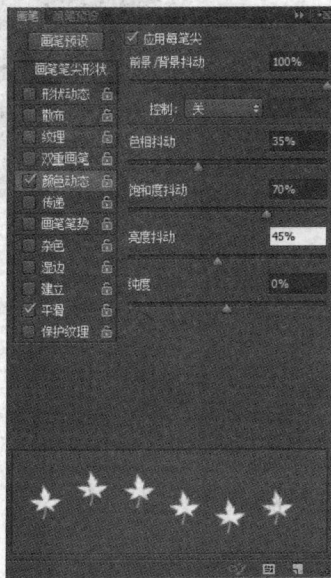

图 6-22　设置"颜色动态"

(3) 在图像窗口中拖动鼠标光标进行绘图，绘制的图像颜色会在前景色与背景色之间过渡，如图 6-23 所示。

图 6-23   颜色动态变化

7) 设置"传递"画笔

画笔的"传递"选项用于设置油彩在描边路线中的改变方式，其中"不透明度抖动"和"控制"选项用于设置画笔描边中油彩不透明度的变化情况。其设置面板如图 6-24 所示。

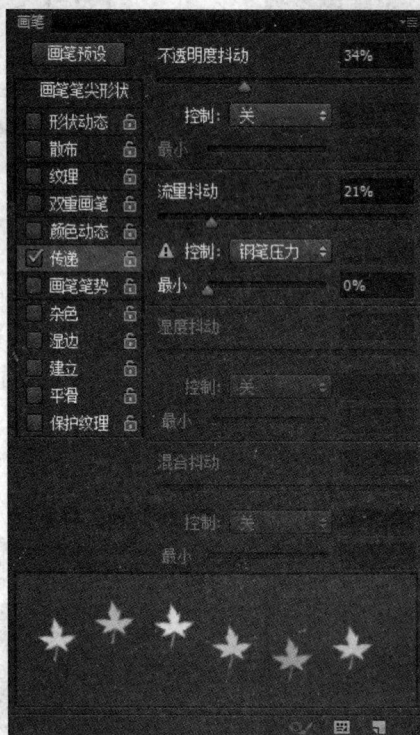

图 6-24   "传递"画笔面板

8) 设置其他画笔

其他画笔如"杂色""湿边""喷枪"等，只需选中对应的复选框即可，这些复选框都没有参数控制，只是在画笔中产生相应的效果而已。

(1) 杂色：为个别画笔笔尖增加额外的随机性，即为画笔透明的区域添加杂点。

(2) 湿边：沿画笔描边的边缘增大油彩量，从而得到油彩效果。

(3) 喷枪：将渐变色调用于图像，与属性栏中的"喷枪"选项使用方法相同。

(4) 平滑：可以在画笔描边中生成更加平滑的曲线。

(5) 保护纹理：可以对具有纹理的所有画笔预设，应用相同的图案和比例。

2. "历史记录画笔"工具

1) "历史记录画笔"工具的应用

选择工具箱中的"历史记录画笔"工具(),可以在图像编辑过程中对图像局部进行恢复,如图 6-25 所示。

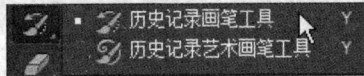

图 6-25 "历史记录画笔"工具

通过应用"历史记录画笔"工具可以在保留现有图像效果的前提下,去修改以前历史中所做过的操作,即对历史记录中的某一步进行抹除。

使用"历史记录画笔"工具需配合"历史记录"面板来使用。具体操作如下:

(1) 打开一幅图像文件,如图 6-26 所示。

(2) 选择"滤镜→风格化→风"命令,在弹出的"风"对话框中,单击"确定"按钮,如图 6-27 所示。

图 6-26 素材图像

图 6-27 "风"对话框

(3) 在"历史记录"面板中,刚才的操作已经被记录了下来,如图 6-28 所示。

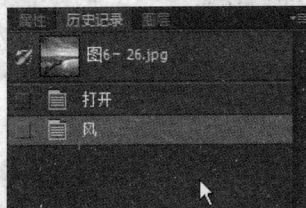

图 6-28 "历史记录"面板

(4) 选择"历史记录画笔"工具,并在选项栏的画笔预设中设置画笔大小,在需要还原的风景图像上进行涂抹,得到如图 6-29 所示的图像效果。

图 6-29　通过"历史记录画笔"工具调整后的图像效果

2) "历史记录艺术画笔"工具的应用

"历史记录艺术画笔"工具也是用指定的历史记录状态作为源数据，不同之处在于"历史记录画笔"工具通过重新创建指定的源数据来绘画，而"历史记录艺术画笔"工具在使用这些数据的同时，还使用了用户为创建不同的色彩和艺术风格而设置的选项参数。

使用"历史记录艺术画笔"工具的具体操作如下：

(1) 打开一幅图像文件，如图 6-30 所示。

图 6-30　原图像文件

(2) 新建图层并填充颜色为白色，如图 6-31 所示。

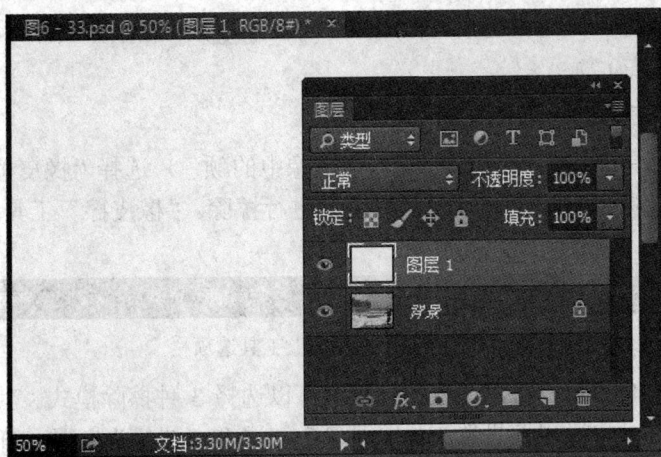

图 6-31　窗口中的"图像"与"图层"面板

(3) 选择"历史记录艺术画笔"工具(　)，设置画笔参数，如图 6-32 所示。

图 6-32　画笔参数设置

① 在"画笔预设"选取器中选取一种画笔，并设置画笔选项参数。
② 在"模式"列表框中选取正常模式。
③ 在"样式"列表框中选取选项值来控制绘画描边的形状。
④ 在"区域"中指定绘画描边所覆盖的区域大小。
⑤ 在"容差"中限定可应用绘画描边的区域。

画笔模式设置好后，可通过在白色图像中拖动鼠标光标进行绘图，得到如图 6-33 所示的图像效果。

图 6-33　编辑后的图像效果

6.2.2　橡皮擦工具组

使用橡皮擦工具组中的工具可以方便地擦除图像中多余或错误的部分，即擦除图像中的局部图像。橡皮擦工具组中包括"橡皮擦"工具(![橡皮擦图标])、"背景橡皮擦"工具(![背景橡皮擦图标])和"魔术橡皮擦"工具(![魔术橡皮擦图标])。

1. "橡皮擦"工具

"橡皮擦"工具(![橡皮擦图标])主要用来擦除当前图像中的颜色。选择"橡皮擦"工具后,可以在图像中通过拖动鼠标,根据画笔形状对图像进行擦除。"橡皮擦"工具选项栏如图 6-34 所示。

图 6-34   "橡皮擦"工具选项栏

单击模式右侧的三角按钮,在下拉列表中可以选择 3 种擦除模式。其中"画笔"模式和"铅笔"模式可以将橡皮擦设置为像"画笔"工具和"铅笔"工具一样工作,而"块"是指具有硬边缘和固定大小的方形,对于不透明度或流量选项不能更改。

设置完成后,即可直接使用"橡皮擦"工具涂抹不需要的区域,擦除效果如图 6-35 所示。

(a) 原图像   (b) 擦除图像后的效果

图 6-35   擦除前后的效果对比

2. "背景橡皮擦"工具

"背景橡皮擦"工具(![背景橡皮擦图标])可在拖动鼠标时将图层上的像素抹成透明,从而在抹除背景的同时在前景色中保留对象的边缘。在其选项栏中通过设置不同的取样和容差,可以控制透明度的范围和边界的锐化程度。

"背景橡皮擦"工具选项栏如图 6-36 所示。

图 6-36   "背景橡皮擦"工具选项栏

(1) 连续(![连续图标]):在擦除图像的过程中将连续地采集取样点。

(2) 一次(![一次图标]):将第一次单击鼠标位置的颜色作为取样点。

(3) 背景色板(![背景色板图标]):将当前背景色作为取样点。

(4) 限制:为"不连续"时,抹除出现在画笔下面任何位置的样本颜色;为"邻近"时,抹除包含样本颜色并且相互连接的区域;为"查找边缘"时,抹除包含样本颜色的连接区域,同时更好地保留形状边缘的锐化程度。

(5) 容差：用于调整与取样点颜色相近的需要擦除的颜色范围。

(6) 保护前景色：用于保护图像中与前景色匹配的区域不被擦除。

设置完成后，即可直接使用"背景橡皮擦"工具涂抹不需要的背景区域，图像效果如图 6-37 所示。

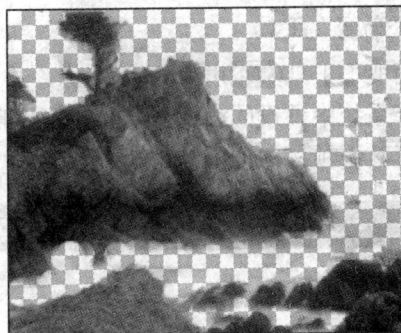

(a) 原图像　　　　　　　　　　　　　(b) 擦除图像后的效果

图 6-37　擦除前后的效果对比

3．"魔术橡皮擦"工具

"魔术橡皮擦"工具(　　)主要用来擦除图像中相似的像素。如果在图像的透明度被锁定后进行擦除时，这些像素将更改为背景色。"魔术橡皮擦"工具选项栏如图 6-38 所示。

图 6-38　"魔术橡皮擦"工具选项栏

(1) 消除锯齿：可使擦除区域的边缘更光滑。

(2) 连续：只擦除与单击像素连续的像素，否则会擦除图像中所有类似像素。

(3) 对所有图层取样：利用所有可见图层中的组合数据来采集色样。否则只采集当前色样。

设置完成后，即可直接使用"橡皮擦"工具涂抹不需要的区域，擦除后的图像将显示为透明效果，背景图层也将自动转换为普通图层。擦除效果如图 6-39 所示。

(a) 原图像　　　　　　　　　　　　　(b) 擦除图像后的效果

图 6-39　擦除前后的效果对比

6.2.3　填充工具组

绘制图像前首先需要设置好所需的颜色，然后再将颜色填充到图像文件中。填充工具组共有两种工具："渐变"工具与"油漆桶"工具。

1．"渐变"工具

"渐变"工具(▨)用于填充图像，并且可以创建多种颜色混合的渐变效果。用户可以直接选择系统中预设的渐变颜色，也可以自定义渐变颜色。在工具箱中选择"渐变"工具，然后设置其选项栏，如图 6-40 所示。

图 6-40　"渐变"工具选项栏

单击渐变样本旁边的下三角按钮，可以选择 Photoshop CC 中的预设渐变填充，如图 6-41 所示。

渐变填充共有 5 个模式，分别为：线性渐变、径向渐变、角度渐变、对称渐变及菱形渐变。

(1) 模式：可以更改渐变时图像的混合模式。

(2) 不透明度：设置渐变填充时颜色不透明度。

(3) 反向：反转渐变填充中的颜色顺序。

(4) 仿色：增加渐变色的中间色调，使渐变效果更加平滑。

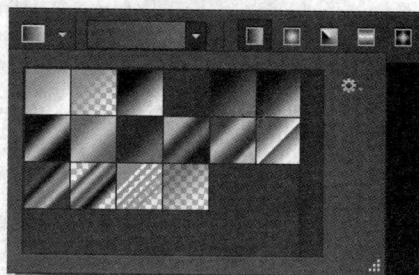

图 6-41　"渐变"工具填充选项

(5) 透明区域：可以对渐变填充使用透明蒙版。

使用渐变工具对图像进行填充的步骤如下：

(1) 选择"文件→新建"命令，新建一个图像文件，选择工具箱中的"渐变"工具(▨)，在选项栏中单击编辑渐变按钮(▨)，打开"渐变编辑器"对话框，如图 6-42 所示。

(2) 选择渐变效果编辑条左下边的色标，使用鼠标左键双击后即可弹出"拾色器(色标颜色)"对话框，在对话框中设置色标的颜色，如图 6-43 所示。

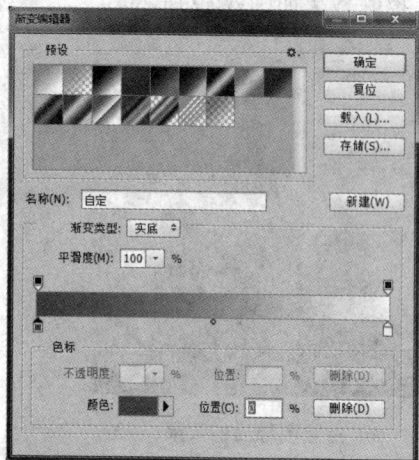

图 6-42　"渐变编辑器"对话框

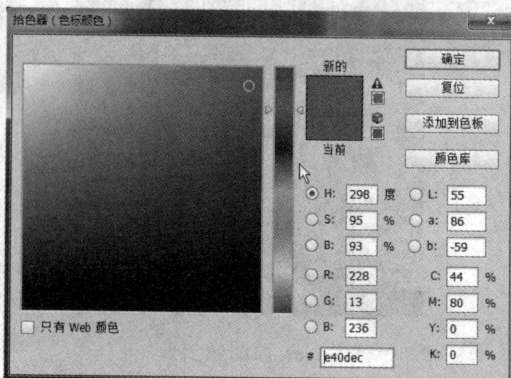

图 6-43　设置色标颜色

(3) 在渐变编辑条下边单击鼠标左键，添加一个色标并将色标颜色设置为白色，如图 6-44 所示。

(4) 在"位置"文本框中输入 60，即可设置新增色标在编辑条上的相应位置，如图 6-45 所示。

图 6-44 设置颜色

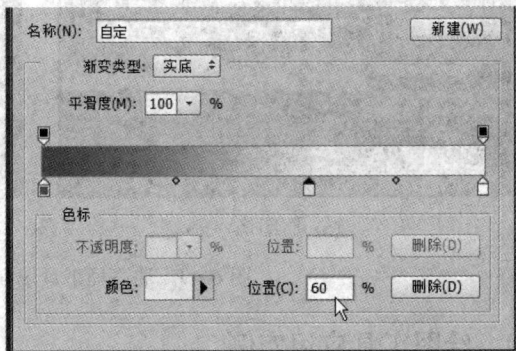

图 6-45 设置新增色标的位置

(5) 单击"确定"按钮后，在图像画面中按下鼠标左键并从左向右拖动鼠标光标，如图 6-46 所示，即可得到渐变颜色的填充效果，如图 6-47 所示。

图 6-46 填充渐变颜色

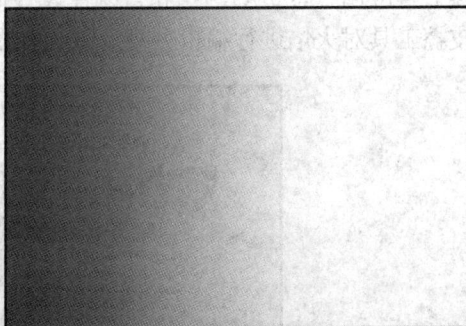

图 6-47 填充效果图

2. "油漆桶"工具

"油漆桶"工具(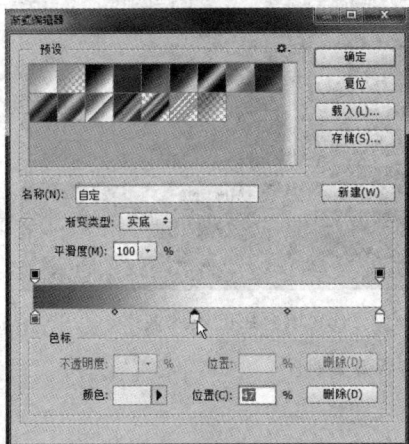)的使用方法与"渐变工具"相似，使用前需要对"油漆桶"工具选项栏进行设置，如图 6-48 所示。

图 6-48 "油漆桶"工具选项栏

(1) 模式：用来选取混合模式。

(2) 不透明度：用于设置油漆桶的不透明度。

(3) 容差：用于设置颜色的相似度，一个像素必须达到此颜色相似度才会被填充。

(4) 连续的：勾选此选项则仅填充与单击像素邻近的像素。

(5) 所有图层：合并所有可见图层中的颜色数据并进行填充。

设置完成后，即可使用油漆桶工具对图像进行填充，如图 6-49 所示。

(a) 原图像　　　　　　　　　　(b) 填充后的图像效果

图 6-49　油漆桶工具填充的前后效果对比

6.2.4　绘图工具应用实例

1. 制作火焰效果图

本实例将制作一个炉火效果，首先通过"画笔"工具与"涂抹"工具绘制出火焰的形状，然后再应用"索引颜色"和"颜色表"命令创建出火焰，并将火焰进行复制，最后应用橡皮擦工具对火焰进行编辑处理。效果如图 6-50 所示。

图 6-50　火焰效果图

操作步骤如下：

(1) 新建一幅图像文件，设置前景色为黑色，选择工具箱中的油漆桶工具(⬛)将背景图层填充为黑色，然后设置前景色为灰色(R:180，G:180，B:180)，选择"柔边圆"画笔工具并设置好画笔大小，绘制一条线段，如图 6-51 所示。

(2) 选择工具箱中的"涂抹"工具(⬛)在灰度图像上进行涂抹，绘制出如图 6-52 所示的效果图。

图 6-51 绘制线段

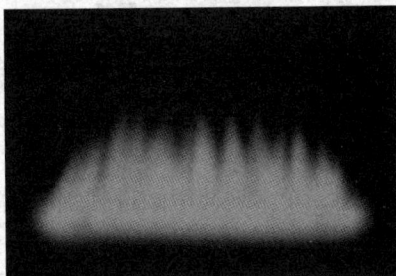

图 6-52 涂抹图像

(3) 选择"图像→模式→索引颜色"命令，弹出"索引颜色"对话框，如图 6-53 所示，单击"确定"按钮。

(4) 选择"图像→模式→颜色表"命令，在弹出的"颜色表"对话框中选择颜色表为"黑体"，并设置第 1 行第 3 颜色格的颜色为红色，如图 6-54 所示。单击"确定"按钮，生成火焰效果。

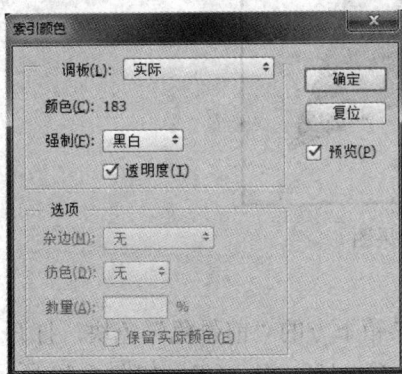

图 6-53 "索引颜色"对话框

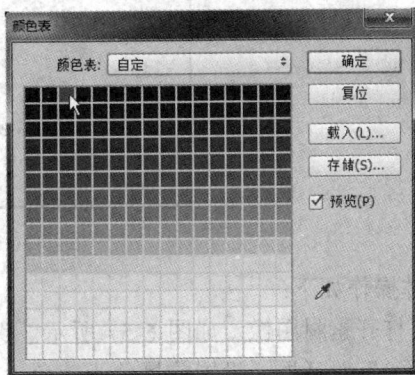

图 6-54 "颜色表"对话框

(5) 选择工具箱中的魔棒工具(🖌)，在图像的黑色区中单击鼠标左键，选取黑色区域，并选择"选择→反选"命令进行反向选择，如图 6-55 所示。然后再次选择"编辑→拷贝"命令，复制火焰选区。

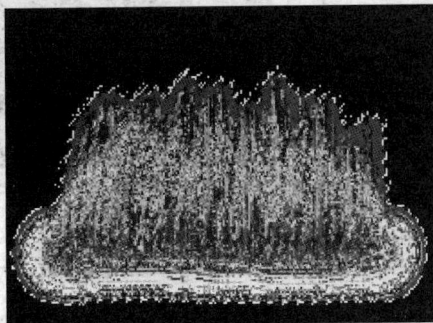

图 6-55 反选图像

(6) 打开火炉图像文件，选择"编辑→粘贴"命令，将火焰粘贴到火炉图像中，然后选择"编辑→自由变换"命令对火焰进行缩放操作，调整其位置与大小。

(7) 再使用"涂抹"工具(▧)在火焰上进行涂抹,以改变火焰的形状,最后使用"橡皮擦"工具(▧)对火焰多余部分进行擦除,同时设置火焰所在图层的不透明度为 70%,最终效果如图 6-50 所示。

2. 制作彩色简笔画

本例将对一个卡通简笔画进行颜色填充,通过应用"油漆桶"工具和"填充"命令填充卡通鹰,在实例制作过程中还将学习前景色的设置方法。实例效果如图 6-56 所示。

图 6-56   实例效果图

具体操作如下:

(1) 打开素材图像,如图 6-57 所示。选择工具箱下方的"前景色"色块,打开"拾色器(前景色)"对话框,设置前景色为黄色(R:245,G:150,B:60),如图 6-58 所示。

图 6-57   素材图像

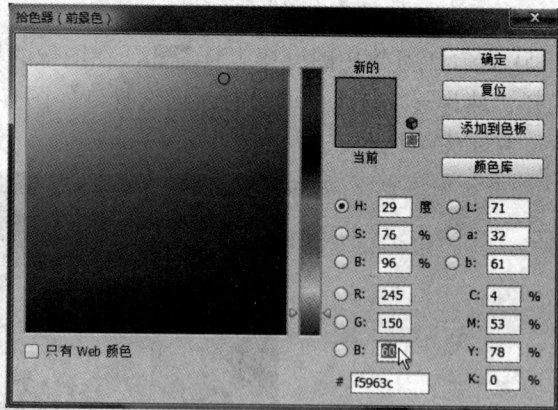

图 6-58   设置前景色

(2) 在工具箱中选择"油漆桶"工具(▧),在图像的嘴部及腿部单击鼠标左键,即可填充黄色,如图 6-59 所示。

(3) 在工具箱中选择"魔棒"工具(▧),然后在图像的下部白色区域单击鼠标左键,对本区域进行选择,如图 6-60 所示。

图 6-59 填充黄色

图 6-60 创建选区

技巧：

在使用"油漆桶"工具填充颜色时，容易填充到所需区域之外，此时可以选择"编辑
→后退一步"命令撤销错误操作。

(4) 选择"编辑→填充"命令，打开"填充"对话框，然后在"内容"下拉列表框中
选择"颜色…"选项，如图 6-61 所示。

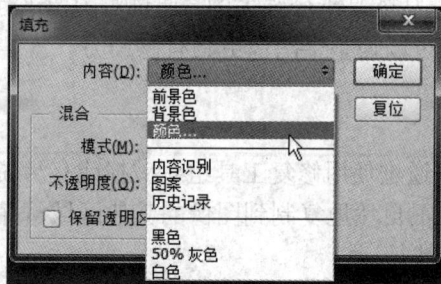

图 6-61 选择"颜色…"选项

(5) 在打开的拾色器对话框中设置颜色为浅灰色(R: 60，G: 60，B: 60)，如图 6-62 所示。

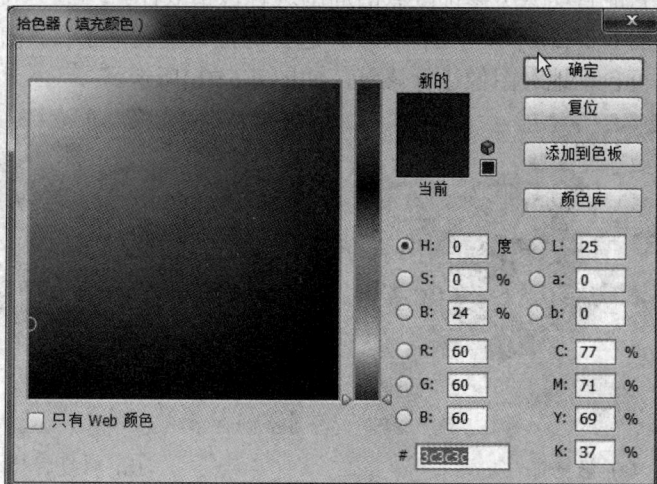

图 6-62 设置颜色

（6）返回"填充"对话框进行确定，填充图像效果如图 6-63 所示，然后按下"Ctrl+D"组合键取消选区，完成的实例制作效果如图 6-64 所示。

图 6-63　填充选区颜色　　　　　　　　　　　　图 6-64　取消选区

6.3　修饰和编辑图像

Photoshop 中的图像处理功能是十分强大的，通过对图像进行修饰与修复，可以使用户创作出更加精美的图像，也可以使整个图像更具有感染力。

6.3.1　修复图像

在 Photoshop 中，可以通过使用修复工具组对破损或有污渍的图像进行编辑。该工具组可以将取样点的像素信息很自然地复制到图像的其他区域，并保持了图像的色相、纹理及亮度等属性，使用方便、快捷。

1. 使用"污点修复画笔"工具

"污点修复画笔"工具（■）可以移去图像中的污点及其他不理想的部分，其特点是不要求指定样本点，它能自动从所修饰区域的周围进行像素取样。

例如，打开如图 6-65(a)所示的图像文件，选择污点修复画笔工具，直接涂抹图像中小孩手臂上污点，即可自动地对图像进行修复，如图 6-65(b)所示。

(a) 修复前　　　　　　　　　　　　　　　　　(b) 修复后

图 6-65　去除手臂上污点

2. 使用"修复画笔"工具

"修复画笔"工具()主要用于修复图像中的瑕疵，使它们消失在周围的图像中。使用"修复画笔"工具可以将样本像素的纹理、光照及阴影等与所修复的像素进行区配，使修复后的像素自然地融入到图像中。

例如，打开如图 6-66(a)所示的图像文件，消除图像中的头部皱纹。具体操作如下：

首先选择工具箱中的"修复画笔"工具，然后按住 Alt 键在人像头部平滑处单击鼠标左键进行取样，随后松开 Alt 键，单击或拖动鼠标对修复区域进行涂抹即可，效果如图 6-66(b)所示。

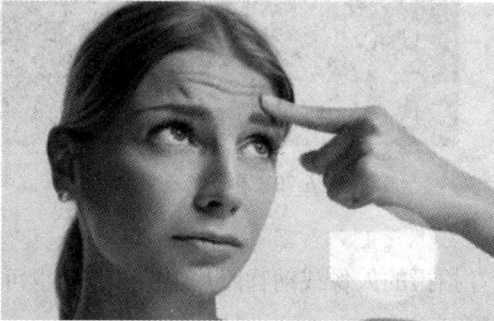 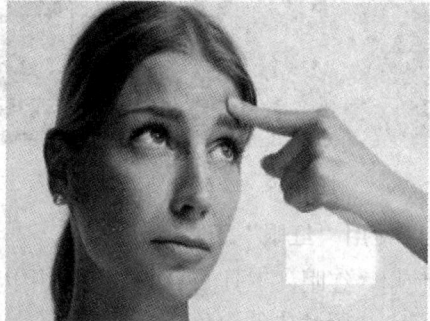

(a) 修复前　　　　　　　　　　　　　　　　　(b) 修复后

图 6-66　修复人像的头部皱纹

3. 使用"修补"工具

使用"修补"工具()可以用其他区域或图案中的像素来修复选中的区域，它同"修复画笔"工具的不同之处在于"修补"工具必须要建立选区，在选区范围内修补图像。

例如，打开图像文件，去除图像中的部分草丛。具体操作如下：

(1) 首先选择工具箱中的修补工具，在图像中的草丛上按住鼠标左键进行拖动，绘制出一个不规则的区域，如图 6-67 所示。

(2) 选择完成后将鼠标光标放到选区中，按住鼠标左键拖动光标到左侧的砂粒图像中，如图 6-68 所示。释放鼠标左键，砂粒图像将覆盖原有的草丛图像，并且周围图像会自然过渡，按下"Ctrl+D"组合键取消选区，效果如图 6-69 所示。

图 6-67　绘制选区图　　　　　　　　　　　　　图 6-68　拖动选区

(3) 分别对另两个草丛框选获取选区，然后按住鼠标向左侧拖动，得到如图 6-70 所示的效果。

图 6-69　修补图像　　　　　　　　　　　图 6-70　再次修补图像

4. 使用"红眼"工具

使用"红眼"工具(🔴)可以移去用闪光灯拍摄的人像或动物照片中的红眼，也可以移去拍摄动物照片中的白色或绿色反光。

"红眼"工具的使用比较简单，只需选择"红眼"工具后，绘制一个选框将红眼选中，如图 6-71 所示。释放鼠标左键后即可修复红眼，效果如图 6-72 所示。

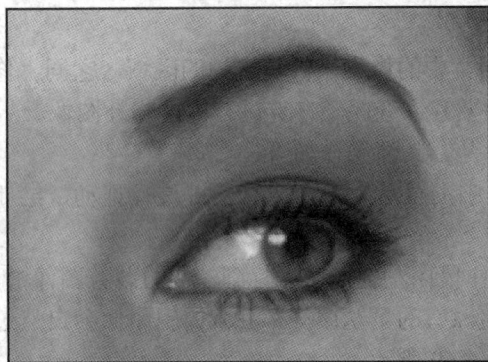

图 6-71　框选红眼　　　　　　　　　　　图 6-72　修复红眼

6.3.2　复制图像

在 Photoshop 中，可以使用图章工具组中的工具复制图像，该工具组包括"仿制图章"工具和"图案图章"工具。这两种工具主要用于重复某一部分的图案或者对部分区域的图像进行修复。

1. 使用"仿制图章"工具

使用"仿制图章"工具(🔲)可以在图像中取样，然后将样本绘制到同一图像的另一部分或其他图像中，也可以将某一个图层中的一部分绘制到另一个图层。

例如，打开如图 6-73(a)所示的图像文件，在图像右侧再复制两只企鹅。操作步骤如下：

首先选择工具箱中的"仿制图章"工具(🖈)，在选项栏中调整适合的画笔大小、不透明度、模式和流量等参数，如图 6-74 所示。然后将鼠标光标移至仿制源上，在按住 Alt 键的同时单击鼠标左键进行取样，最后释放 Alt 键，将鼠标光标移动到图像右侧适当位置，单击鼠标左键并拖动鼠标即可进行复制，如图 6-73(b)所示。

(a) 原图像　　　　　　　　　　　　　　(b) 复制图像

图 6-73　使用"仿制图章"工具复制前后的效果对比

图 6-74　仿制图章工具选项栏

> **技巧：**
> 可以利用"仿制图章"工具擦除图像，通过对周围相似的图像进行取样，将周围的图像覆盖到需要擦除的图像中，即可得到所需的效果。

2. 使用"图案图章"工具

使用"图案图章"工具(🖈)可以将提前设置好的图案应用到图像中。在具体操作前，应在其选项栏上单击图案缩览图右侧的三角按钮，打开"图案拾色器"对话框，设置相应图案，如图 6-75 所示。

图 6-75　"图案图章"工具选项栏

设置相应图案后，在图像中拖动鼠标光标就可以使用选择的图案进行绘画，如图 6-76 所示。

(a) 原图像　　　　　　　　　　　　(b) 绘制后图像

图 6-76　使用"图案图章"工具绘制前后的效果对比

6.3.3　修饰图像

修饰工具分为模糊工具组和减淡工具组。模糊工具组主要由"模糊"工具、"锐化"工具和"涂抹"工具组成，用于降低或增强图像的对比度和饱和度，使图像变得模糊或清晰。减淡工具组主要由"减淡"工具、"加深"工具和"海绵"工具组成，用于调整图像的亮度或饱和度。

1. 使用"模糊"工具

使用"模糊"工具(▲)可以对图像进行模糊处理，使图像中的色彩过渡平滑，减少图像中的细节。在图像中的某个区域上使用此工具绘制的次数越多，该区域就越模糊。图 6-77所示为使用模糊工具涂抹图像区域的前后效果。

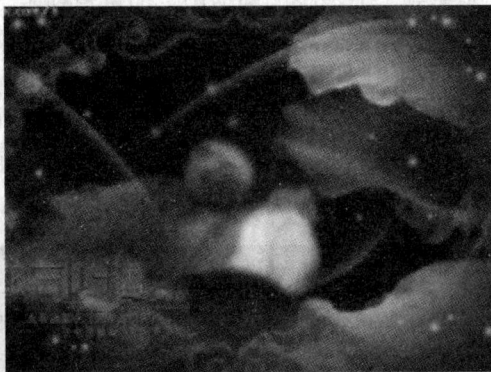

(a) 原图像　　　　　　　　　　　　(b) 涂抹后的效果

图 6-77　使用"模糊"工具涂抹的前后效果对比

2. 使用"锐化"工具

使用"锐化"工具(▲)可以使图像更加清晰，它能增大图像中的色彩反差，以增加外观的锐化程度。在图像中的某个区域上使用此工具绘制的次数越多，锐化效果就越明显。图 6-78 所示为使用锐化工具涂抹图像区域的前后效果。

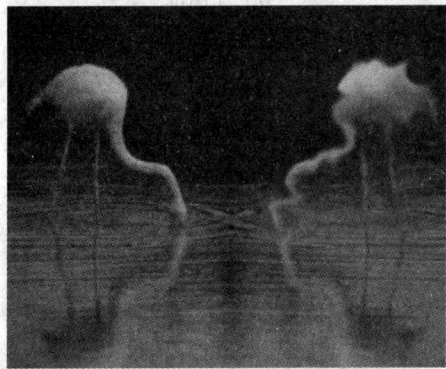

(a) 原图像   (b) 涂抹后的效果

图 6-78 使用"锐化"工具涂抹的前后效果对比

3. 使用"涂抹"工具

使用"涂抹"工具( )可以模拟在湿的颜料画布上涂抹而使图像产生的变形效果。如果勾选选项栏中的"手指涂抹"复选框,在涂抹过程中将使用前景色填充涂抹的图像区域。图 6-79 所示为使用涂抹工具涂抹图像区域的前后效果。

(a) 原图像   (b) 涂抹后的效果

图 6-79 使用"涂抹"工具涂抹的前后效果对比

4. 使用"减淡"工具

使用"减淡"工具( )可以提高图像色彩的亮度,该工具主要是改变照片特定区域的曝光度,通过应用该工具使图像区变亮。选择"减淡"工具( ),其选项栏如图 6-80 所示。

图 6-80 "减淡"工具选项栏

选项栏中各选项含义如下:

(1) 范围:若选择"中间调",可以更改图像中颜色呈灰色显示的区域;若选择"阴影",可以更改图像中颜色显示较暗的区域;若选择"高光",可以更改图像中颜色显示较亮的区域。

(2) 曝光度:用于设置应用画笔时的力度,数值越大,曝光效果越明显。

(3) 保护色调:以防止色相偏移的发生。

如图 6-81 所示为应用"减淡"工具处理图像后的效果。

(a) 原图像　　　　　　　　　　(b) 涂抹后的效果

图 6-81　使用"减淡"工具涂抹的前后效果对比

5. 使用"加深"工具

"加深"工具(　)用于降低图像的曝光度，其与减淡工具的功能相反，可使图像区域变暗。如图 6-82 所示为应用了"加深"工具处理图像后的效果。

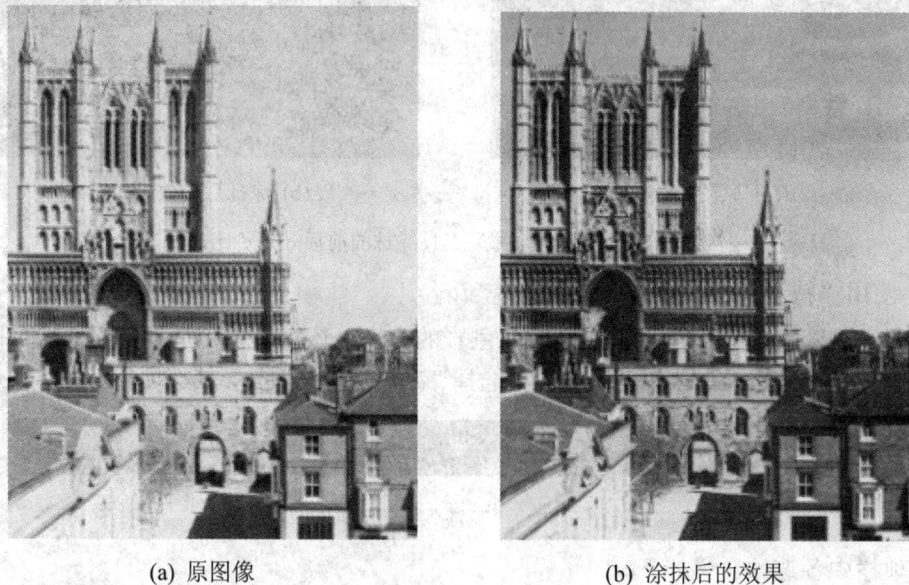

(a) 原图像　　　　　　　　　　(b) 涂抹后的效果

图 6-82　使用"加深"工具涂抹的前后效果对比

6. 使用"海绵"工具

"海绵"工具(　)可以精确地改变图像区域中的色彩饱和度，产生如同海绵吸水一样的效果，会使图像失去光泽感。该工具有两种模式("加色"和"去色")可以作为互补来使用。过度去色后，可以选择"加色"模式增加色彩的饱和度，但无法为已经完全为灰度的像素添加色彩。如图 6-83 所示为使用了"海绵"工具处理图像后的效果。

(a) 原图像　　　　　　　　　　　　　　(b) 涂抹后的效果

图 6-83　使用"海绵"工具"加色"涂抹前后的效果对比

6.4　综合实训——人物照片面部修复

实训 1　本实训首先通过使用"修补"工具、"红眼"工具及"仿制图章"工具对人物头像进行修复，然后再应用"海绵"工具进行美化操作，使人物头像更加完美。效果如图 6-84 所示。

图 6-84　效果图像

操作步骤如下：

(1) 选择"文件→打开"命令，打开如图 6-85 所示的人物头像。

(2) 在工具箱中选择"修补"工具(▓▓)，在选项栏中选择"源"选项，然后拖动鼠标光标选取图像上的日期，如图 6-86 所示。

图 6-85　素材图像

图 6-86　绘制选区

(3) 将鼠标光标放到选区中，按住鼠标左键向下拖动图像，如图 6-87 所示，得到的效果如图 6-88 所示。

图 6-87　移动图像

图 6-88　清除日期

(4) 在工具箱中选择"红眼"工具(   )，在其选项栏中设置"瞳孔大小"为 40%，设置"变暗量"50%，然后在人物头像的红眼处拖出一个矩形框，如图 6-89 所示。释放鼠标左键后的效果如图 6-90 所示。

图 6-89　在红眼处拖动鼠标光标

图 6-90　去除红眼后的效果

(5) 选择"仿制图章"工具（），在按住 Alt 键的同时单击青春痘周围的脸部皮肤进行取样，如图 6-91 所示。然后在人物脸部的青春痘上单击鼠标左键，去除青春痘。用同样的方法去除第二个青春痘。去除后的图像效果如图 6-92 所示。

图 6-91　图像取样　　　　　　　　　图 6-92　去除青春痘

(6) 选择工具箱中的"海绵"工具（），在选项栏的"模式"下拉列表中选择"加色"选项，设置"流量"为"60%"，然后用鼠标光标在人物嘴唇上涂抹，增加图像局部的饱和度，使嘴唇颜色更鲜艳，最终效果如图 6-93 所示。

图 6-93　增加颜色饱和度

实训 2　本实训主要通过选取工具、色彩调整工具及修复工具对生活中拍摄的人物照片进行修复，消除因光线等原因导致的面部发暗，去除眼角皱纹及面部色点等瑕疵，提高人物照片的总体效果。目标效果如图 6-94 所示。

图 6-94　修复后的图像效果

操作步骤：

(1) 打开如图 6-95 所示的图像文件，选择"图像→调整→色阶"命令，打开"色阶"
对话框，按图 6-96 所示进行参数设置，设置完成后单击"确定"按钮，得到如图 6-97 所
示的图像效果。

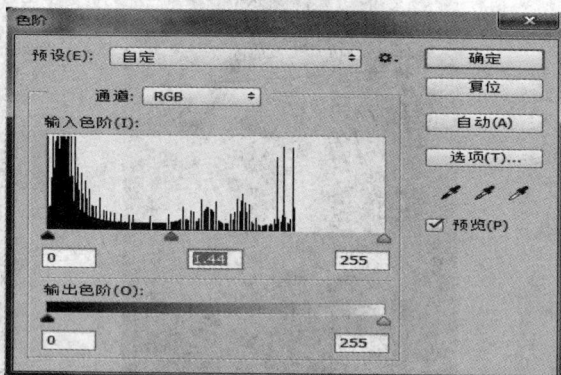

图 6-95　原图像　　　　　　　　　　　图 6-96　"色阶"对话框

图 6-97　设置后的效果

(2) 选择"图像→调整→曲线"命令，打开"曲线"对话框，进行如图 6-98 所示的参
数设置，单击"确定"按钮，得到如 6-99 所示的图像效果。

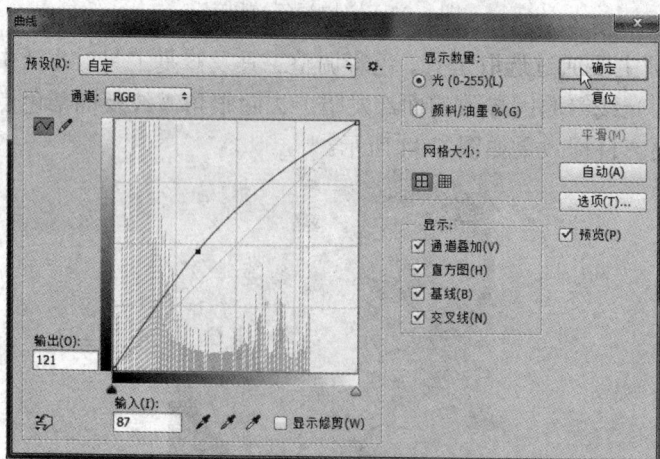

图 6-98　"曲线"对话框

图 6-99　调整后的效果

(3) 选中"图层 1"，继续选择"套索"工具(⬭)，选择人物的脸部和颈部，如图 6-100 所示。按下"Shift+F6"组合键，打开"羽化选区"对话框，设置羽化半径为 10 像素，单击"确定"按钮。选择"图像→调整→色彩平衡"命令，进行如图 6-101 所示的参数设置。应用设置后按下"Ctrl+D"组合键取消选区。将图层混合模式设置为"滤色"，"不透明度"设置为 25%，效果如图 6-102 所示。

图 6-100　选择脸部和颈部

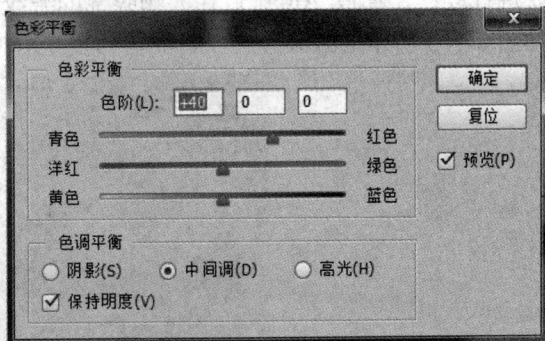

图 6-101　色彩平衡对话框

图 6-102　调整后的效果图

(4) 选中"背景"图层，然后在工具箱中选取"污点修复画笔"工具(▨)，移动鼠标光标直接涂抹以去除图像面部上的两个污点，效果如图 6-103 所示。

(5) 选择工具箱中"加深"工具(▨)，涂抹人物头像的嘴唇、眉毛及头发，以加深相应区域，效果如图 6-104 所示。

图 6-103   去除污点效果

图 6-104   加深后的效果

(6) 选择"仿制图章"工具(▨)，在按住 Alt 键的同时，鼠标左键单击头像左眼角周围的皮肤进行取样，释放 Alt 键后在人物眼部的皱纹处单击鼠标左键，去除眼角皱纹，最后得到如图 6-105 所示的效果。

图 6-105   去除眼角皱纹后的效果

(7) 选择工具箱中的"减淡"工具(▨)，设置范围为"中间调"、曝光度为 10%、硬度设为 0，在面部高光部分进行涂抹，得到最终效果，如图 6-94 所示。

6.5 习   题

1. 填空题

(1) _____工具绘制出的线条效果比较生硬，主要用于直线和曲线的绘制。

(2) 通过设置双重画笔，可以在图像中绘制具有_____画笔样式的融入效果。

(3) ＿＿＿＿＿工具主要是通过吸取图像或面板中的颜色，以其作为前景色或背景色。

(4) 系统提供了 5 种渐变类型，即＿＿＿＿＿、＿＿＿＿＿、＿＿＿＿＿、＿＿＿＿＿和＿＿＿＿＿。

(5) 使用＿＿＿＿＿工具可以移去用闪光灯拍摄的人像或动物照片中的红眼。

(6) 使用＿＿＿＿＿工具可以将提前设置好的图案应用到图像中。

2．判断题

(1) 要改变笔触的粗细，可以使用宽度滑块，也可以向宽度文本框中键入数值来实现。( )

(2) 按住 Alt 键的同时，单击工具箱中的工具，就可以在隐含和非隐含的工具之间循环。( )

(3) "铅笔"工具和"画笔"工具的不同在于"铅笔"工具有"自动抹掉"功能，而"画笔"工具没有。( )

(4) 当已经改变了"画笔"面板后，想要还原画笔至原来的预设状态，只要在"画笔"面板的下拉菜单中选择"复位画笔"命令即可。( )

(5) 在"画笔"面板中的"小列表"是以列表方式显示画笔形状的小图标、大小和名称。( )

3．选择题(每题可多选)

(1) "画笔"工具可以在图像中绘制颜色为( )。

A．前景色的线条　　　　　B．背景色的线条　　　　C．前景色的笔触

(2) 下列对"模糊工具"功能的描述正确的是( )。

A．只能使图像的一部分边缘模糊

B．"模糊"工具的强度是不能调节的

C．"模糊"工具可降低相邻像素的对比度

(3) 将文字转换为图像后，( )。

A．无法继续设置文字的字符及段落属性　　　　B．不可以使用滤镜命令

C．可以使用图像调整命令

(4) 可以运用( )选取颜色。

A．"颜色"面板

B．"吸管"工具

C．"前景色与背景色"工具

(5) 下列选项中有关"仿制图章"工具使用方法的描述，正确的是( )。

A．一次只能确定一个取样点

B．可以在任何一张打开的图像上取样，并用于任何一张图像中

C．只能在本图像上取样并用于本图像中

4．实训题

打开一幅校园树木类素材图像，选取某一叶片自定义画笔，画笔名为"秋天的落叶"，设置颜色为黄绿色，然后用预设的画笔"秋天的落叶"进行绘图。

第 7 章　路径与形状工具

在 Photoshop 中使用文字工具、钢笔工具、路径选择工具和形状工具创建的文字或图形都是矢量图形。矢量图形的特点是任意缩放和旋转不会出现锯齿。钢笔工具主要用来绘图和抠图，形状工具主要用来绘制各种图形，路径选择工具主要用来选择和设置钢笔工具和形状工具创建的路径。本章将介绍如何利用钢笔工具、路径选择工具和形状工具来创建和编辑矢量图形。

☞ **知识与技能目标：**

(1) 理解矢量图的含义及使用场合。

(2) 理解路径和锚点的含义及作用。

(3) 掌握钢笔工具与路径工具的使用方法与技巧。

(4) 掌握形状工具的使用方法与技巧。

(5) 掌握矢量工具选项栏的使用方法。

7.1　矢量图的含义

矢量图是由数学定义的矢量形状组成的，矢量可以是一个点或一条线，矢量图靠软件生成，文件占用内存空间较小。这种类型的图像文件可以自由无限制的重新组合。它的特点是放大后图像不会失真，和分辨率无关。但是矢量工具不能创建过于复杂的图形，也无法像位图一样表现出丰富的色彩，主要适用于图形设计、文字设计、标志设计、版式设计等。

7.2　认识路径和锚点

由于矢量图是由矢量形状组成的，因此矢量工具创建的是一种由锚点和路径组成的图形。下面来介绍路径与锚点的特征以及它们之间的关系，以便为学习矢量工具打下基础。

路径是可以转换为选区或使用颜色、图案等进行填充和描边的轮廓。路径分为两种：第一种是有起点和终点的开放路径，如图 7-1 所示；第二种是没有起点和终点的闭合路径，如图 7-2 所示。此外，路径也可以由多个相互独立的路径组件组成，这些路径组件称为子路径，如图 7-3 所示的路径包含 2 个子路径。路径上有一些实心或空心的小方块，我们把这些方块称为锚点。锚点将一条路径分成了多段，每一段称为路径段，路径段可以是直线，也可以是平滑的曲线。所以，路径是由直线路径段或曲线路径段组成的，它们通过锚点连接。

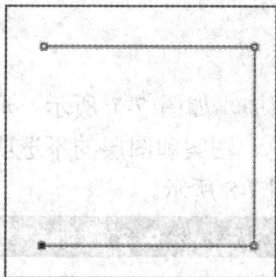

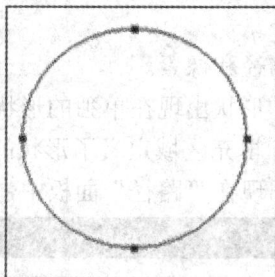

图 7-1 开放路径   图 7-2 闭合路径   图 7-3 子路径

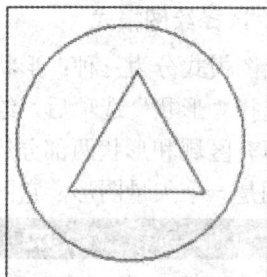

锚点分为两种：一种是平滑点，另外一种是角点。平滑点连接的路径段形成平滑的曲线，如图 7-4 所示；角点连接的路径段形成直线或者转角曲线，如图 7-5、图 7-6 所示。在曲线路径段上，每个锚点都包含一条或两条方向线，方向线的端点为方向点。方向线和方向点的位置决定了曲线的曲率和形状，移动方向点能够改变方向线的长度和方向，从而改变曲线的形状。当在平滑点上移动方向线时，将同时调整平滑点两侧的曲线路径段，而在角点上移动方向线时，只调整与方向线同侧的曲线路径段。

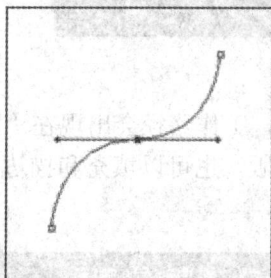

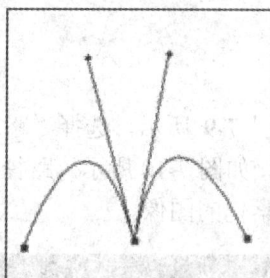

图 7-4 平滑曲线   图 7-5 直线   图 7-6 转角曲线

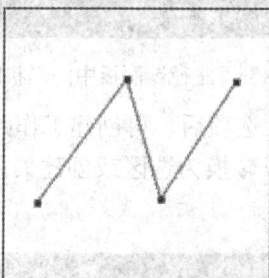

7.3 使用钢笔工具绘图

钢笔工具是非常强大和灵活的绘图工具，它主要有两个用途：一是绘制矢量图形，二是用于选取对象。在作为选取工具使用时，钢笔工具描绘的轮廓光滑、准确，将路径转换为选区就可以准确的选取对象。

7.3.1 认识绘图模式

钢笔工具选项栏中的选项很多，并且部分选项会随着绘图模式的改变而改变，并且所有矢量工具的大部分选项是通用的，因此我们先来认识一下钢笔工具选项栏中的绘图模式选项，其他选项在后面的内容中会逐一介绍。

1. 了解绘图模式

Photoshop 中的钢笔和形状等矢量工具可以创建不同类型的对象，包括形状图层、工作路径和像素图形。选择一个矢量工具后，首先要在工具选项栏中选择相应的绘图模式，然后再进行绘图操作。

2. 选择绘图模式

绘图模式分为三种：形状、路径和像素。

选择"形状"选项后，绘制的形状出现在单独的形状图层中，如图 7-7 所示。形状图层由填充区域和形状两部分组成，填充区域定义了形状的颜色、图案和图层的不透明度，形状则是一个矢量图形，它同时出现在"路径"面板中，如图 7-8 所示。

图 7-7　选择"形状"选项

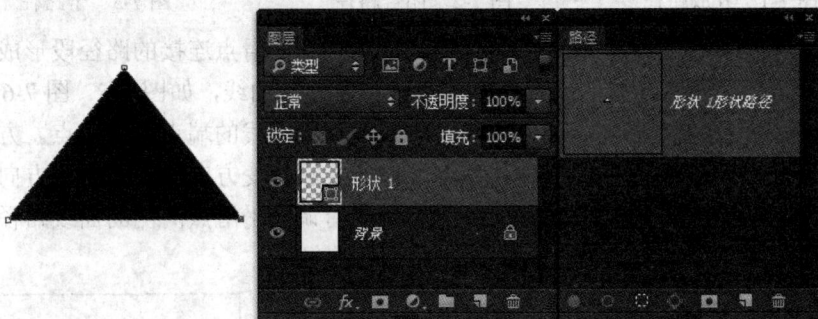

图 7-8　"路径"面板中的形状路径

如图 7-9 所示，选择"路径"选项后，可创建工作路径，工作路径会出现在"路径"面板中，如图 7-10 所示。路径可以转换为选区或创建矢量蒙版，也可以填充和描边，从而得到像素化的图像。

图 7-9　选择"路径"选项

图 7-10　"路径"面板中的工作路径

如图 7-11 所示，选择"像素"选项后，可以在当前图层上绘制像素图，图形的填充颜色为前景色。由于此时不再是矢量图形，因此"路径"面板中也不会有路径，如图 7-12 所示。

> **提示：**
> 该选项不能用于钢笔工具，我们可以使用形状工具选择该选项进行绘图。

图 7-11　选择"像素"选项

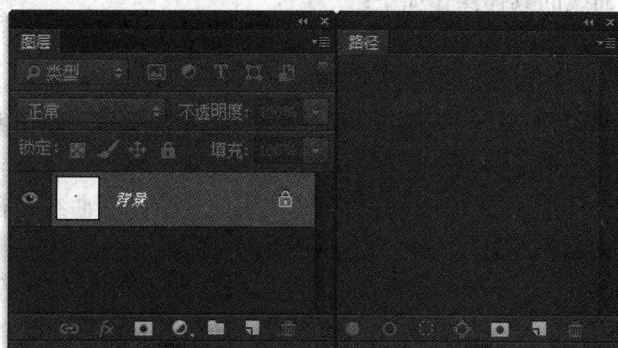

图 7-12　"路径"面板中不存在路径

7.3.2　绘制直线

绘制直线的具体操作如下：

(1) 选择"钢笔"工具(🖊)，在选项栏中选择"路径"选项。将光标移至画面中，光标变为(🖊.)状，单击鼠标左键可创建一个锚点，如图 7-13(a)所示。

(2) 释放鼠标左键，将光标移至下一处位置单击，创建第二个锚点，两个锚点之间会连成一条由角点定义的直线路径。在其他区域单击可继续绘制直线路径，如图 7-13(b)所示。

(3) 如果要闭合路径，可以将光标放在路径的起点，如图 7-13(c)所示，当光标变为(🖊。)状时，单击即可闭合路径，如图 7-13(d)所示。

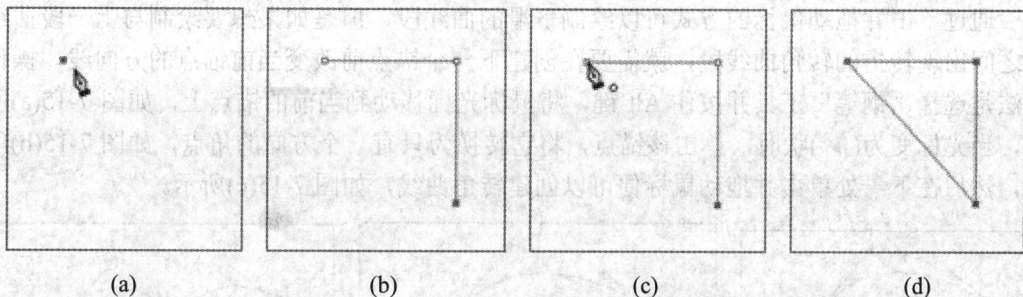

| (a) | (b) | (c) | (d) |

图 7-13　绘制直线

如果要绘制一条开放式的路径，可按住 Ctrl 键，将"钢笔"工具临时转换为"直接选择"工具(🖢)，然后在画面空白处单击鼠标左键即可。鼠标左键单击其他工具或者按下 ESC 键也可以结束当前路径的绘制。如果在结束一段开放式路径的绘制后，想要继续绘制，可以将鼠标光标放在路径的起点或终点上，当光标变为(🖊。)状时单击鼠标左键，然后再释放鼠标左键，将光标移至下一处位置继续绘制。

提示：

如果要绘制水平、垂直或 45°角的路径段，可按住 Shift 键进行操作。

7.3.3 绘制曲线

绘制曲线的具体操作如下：

(1) 选择"钢笔"工具(✐)，在工具栏中选择"路径"选项。在画面中单击并拖动鼠标光标向正上方拖曳出一个平滑点，如图 7-14(a)所示。

(2) 将光标移动至下一处位置，如图 7-14(b)所示，单击并向正下方拖动鼠标，创建第二个平滑点，如图 7-14(c)所示。在拖动的过程中可以通过调整方向线的长度和方向，来影响由下一个锚点生成的路径段的走向，因此要绘制好曲线路径，需要根据实际情况控制好方向线的长度和方向。

(3) 重复上述步骤单击并向正上方拖动鼠标，创建第三个平滑点，即可生成一条由两个路径段组成的平滑的开放式曲线路径，如图 7-14(d)所示。

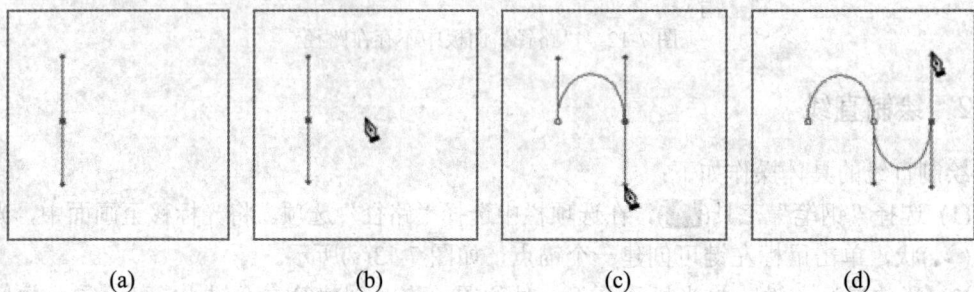

| (a) | (b) | (c) | (d) |

图 7-14　绘制曲线

7.3.4 绘制转角曲线

通过单击并拖动鼠标的方式可以绘制平滑的曲线段，但是如果想要绘制与上一段曲线段之间出现转折的转角曲线段，就需要在创建下一个锚点前改变当前锚点的方向线。操作方法是选择"钢笔"工具并按住 Alt 键，将鼠标光标移动到当前的锚点上，如图 7-15(a)所示，当光标变为(◣)状时，单击该锚点，将它转换为只有一个方向的角点，如图 7-15(b)所示，然后在下一处单击并拖动鼠标便可以创建转角曲线，如图 7-15(c)所示。

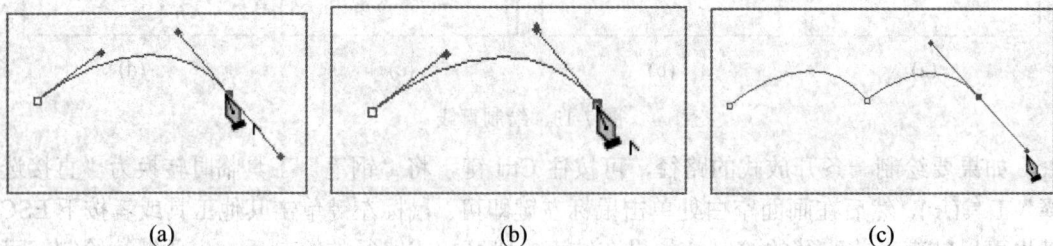

| (a) | (b) | (c) |

图 7-15　绘制转角曲线

7.3.5 学以致用——绘制心形图

绘制心形图的具体操作如下：

(1) 创建一个大小为 800 像素 × 800 像素的文件，背景色为白色，执行"视图→显示→

网格"命令显示网格,通过网格辅助绘制对称图形。为了区分网格线颜色和锚点及路径线颜色,执行"编辑→首选项→参考线、网格和切片"命令,将网格颜色改为浅灰色,根据本例文档大小,将网格线间隔设置为 80 像素,如图 7-16 所示。

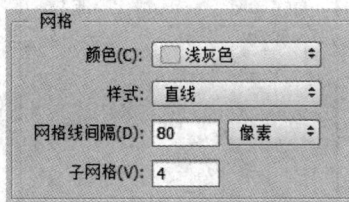

图 7-16　网格设置

(2) 选择"钢笔"工具( ),在工具栏中选择"路径"选项。在网格点上单击并向右上方拖动鼠标,创建一个平滑点,如图 7-17(a)所示;将光标移至下一个锚点处,单击并向下拖动鼠标创建曲线,如图 7-17(b)所示;将光标移至下一个锚点处,单击鼠标左键创建一个角点,如图 7-17(c)所示,这样就完成了右侧心形的绘制。

(3) 将鼠标光标移至下一个锚点处,单击并向上拖动鼠标,创建曲线,如图 7-17(d)所示;将鼠标光标移至路径的起点上,单击鼠标左键闭合路径,如图 7-17(e)所示。

(4) 按住 Ctrl 键将"钢笔"工具临时切换为"直接选择"工具( ),在路径的起始处单击鼠标左键显示锚点,如图 7-17(f)所示;此时在当前锚点上会出现两条方向线,说明这个锚点是一个平滑点,将光标移至左下角的方向线上,按住 Alt 键将"钢笔"工具临时切换为"转换点"工具( ),如图 7-17(g)所示;单击并向左上方拖曳该方向线,使之与右侧的方向线对称,完成绘制,如图 7-17(h)所示。

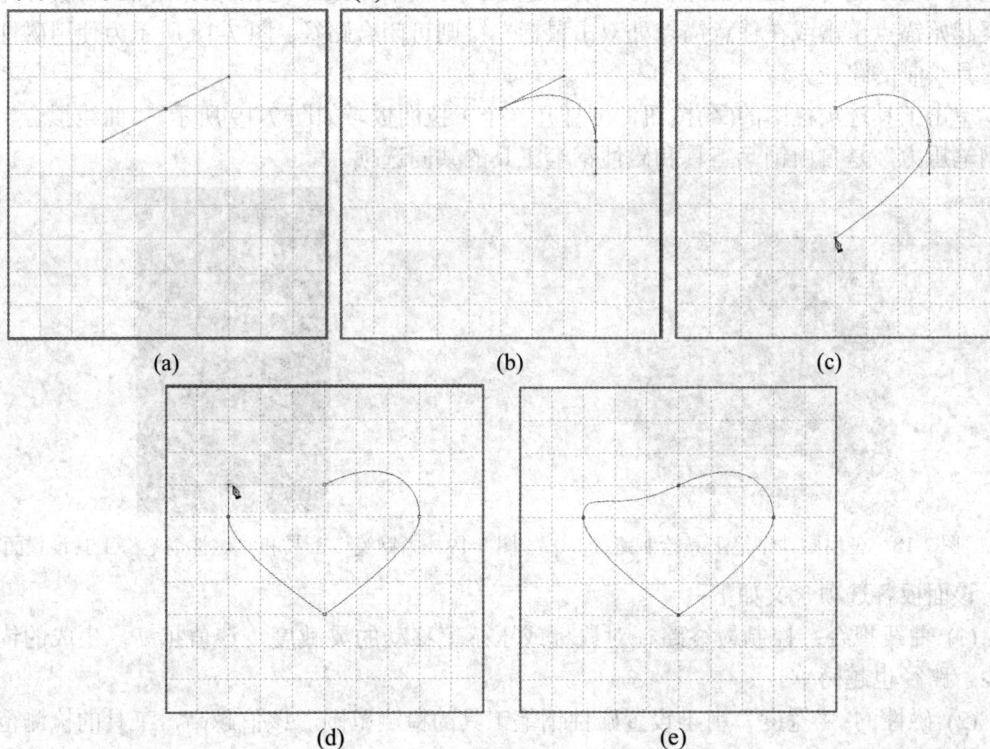

(a)　　　　(b)　　　　(c)

(d)　　　　(e)

(f)　　　　　　　　　　(g)　　　　　　　　　　(h)

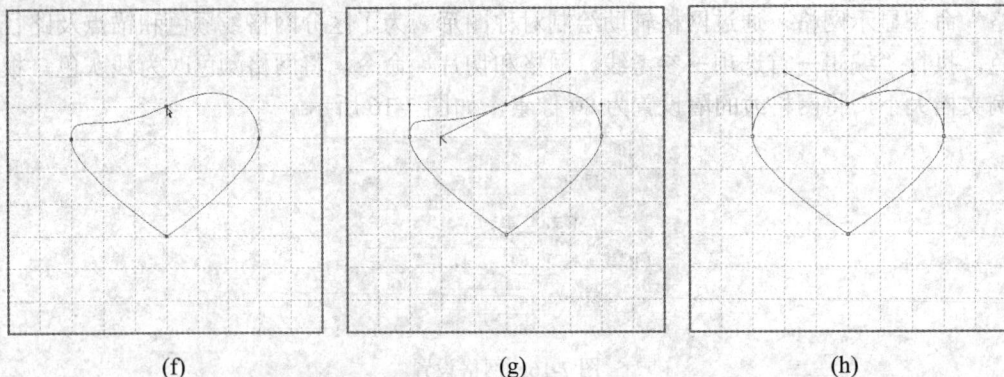

图 7-17　绘制心形图

7.3.6　使用"自由钢笔"工具

"自由钢笔"工具(🖋)用来绘制比较随意的路径或形状，选择该工具后，鼠标光标变为(🖋)状，在画面中单击并拖动鼠标即可绘制路径，Photoshop 会自动为路径添加锚点。

7.3.7　使用"磁性钢笔"工具

选择"自由钢笔"工具(🖋)后，在工具选项栏中勾选"磁性的"选项，可将它转换为"磁性钢笔"工具，鼠标光标变为(🖋)状。"磁性钢笔"工具与"磁性套索"工具非常相似，在使用时，只需在对象边缘单击，然后放开鼠标左键沿着边缘移动，生成的路径会紧贴对象边缘。在绘制时，如果锚点偏移出对象边缘，可按下 Delete 键删除该锚点。将鼠标光标移至起始锚点单击或在任意锚点处双击鼠标左键则可闭合路径。图 7-18 所示为使用磁性钢笔工具绘制的路径。

单击工具选项栏中的(⚙)按钮，可打开一个下拉面板，如图 7-19 所示。"曲线拟合"和"钢笔压力"是自由钢笔工具和磁性钢笔工具的共同选项。

图 7-18　使用磁性钢笔工具绘制路径　　图 7-19　"钢笔"工具和"磁性钢笔"工具设置面板

该面板各选项含义如下：

(1) 曲线拟合：控制最终路径对鼠标或压感笔移动的灵敏度，该值越高，生成的锚点越少，路径也越简单。

(2) 磁性的："宽度"用于设置磁性钢笔工具的检测范围，该值越高，工具的检测范围就越广；"对比"用于设置工具对于图像边缘的敏感度，如果图像的边缘与背景的色调比较接近，可将该值设置的大一些；"频率"用于确定锚点的密度，该值越高，锚点的密度越大。

(3) 钢笔压力：如果使用了绘图板，可以选择"钢笔压力"选项，然后通过钢笔压力控制检测宽度，钢笔压力的增加将导致工具的检测宽度减小。

7.4　编辑锚点和路径

使用"钢笔"工具绘图时，有时不能一次就绘制准确，需要在绘制完成后，通过对锚点和路径的编辑来达到目的。下面介绍如何编辑锚点和路径。

7.4.1　选择与移动锚点、路径段和路径

1. 选择锚点、路径段和路径

使用"直接选择"工具(▶)既可以选择锚点，也可以选择路径段。使用鼠标左键单击一个锚点即可选择该锚点，选中的锚点为实心方块，未选中的锚点为空心方块，如图 7-20 所示。使用鼠标左键单击一个路径段时，可以选择该路径段，如图 7-21 所示。

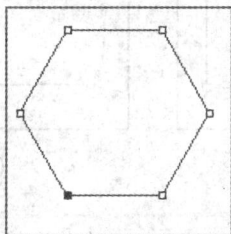

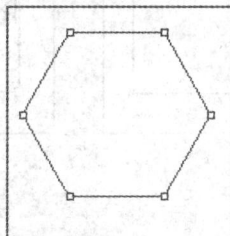

图 7-20　选择锚点　　　　　　图 7-21　选择路径段

使用"路径选择"工具(▶)用来选择路径。鼠标左键单击路径任意处即可选择整条路径，如图 7-22 所示。如果要选择多条子路径，可以按住 Shift 键并逐一单击需要选择的对象，也可以单击鼠标并拖曳出一个选框，将需要选择的子路径框选，如图 7-23 所示。如果要取消选择，可在画面空白处单击。

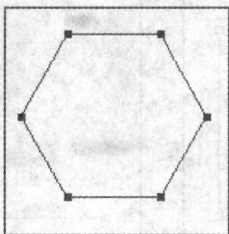

图 7-22　选择整条路径　　　　　图 7-23　选择多条子路径

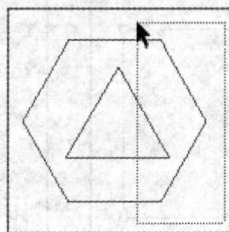

2. 移动锚点、路径段和路径

选择锚点、路径段和路径后，将鼠标光标停留在锚点、路径段或路径上，按住鼠标左键不放并拖动即可将其移动。如果选择了锚点、路径段或路径后，将光标从锚点、路径段或路径上移开后又想移动它们，则应将光标重新定位在锚点、路径段或路径上，单击并拖动鼠标才能将其移动，否则只能在画面中拖曳出一个矩形框，可以框选锚点、路径段或路

径，但不能移动它们。

> **提示：**
> 　　使用"直接选择"工具(▷)时，按住 Alt 键单击一个路径段，可以选择该路径段所在路径的所有锚点。

7.4.2　添加锚点和删除锚点

1. 添加锚点

　　选择"添加锚点"工具(✎)，将鼠标光标移动到路径上，如图 7-24(a)所示，当鼠标光标变为(✎₊)形状时，单击路径任意处即可添加一个锚点，如图 7-24(b)所示；如果单击并拖动鼠标，则添加锚点的同时调整路径形状，如图 7-24(c)所示。

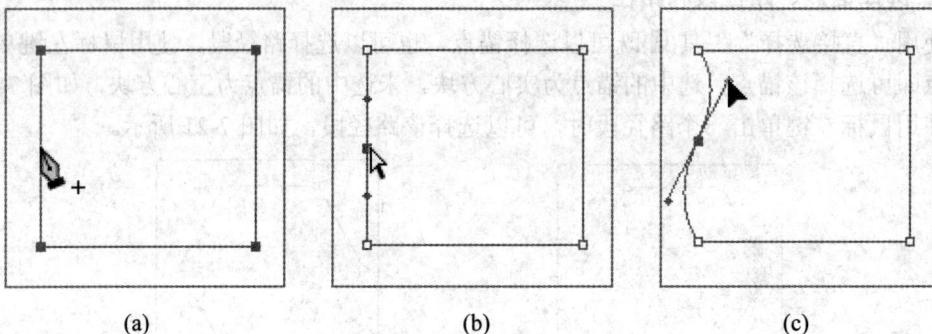

图 7-24　添加锚点

2. 删除锚点

　　选择"删除锚点"工具(✎)，将鼠标光标移动到锚点上，如图 7-25(a)所示，当光标变为(✎₋)状时，单击鼠标即可删除该锚点，如图 7-25(b)所示。使用"直接选择"工具选择锚点后，按下 Delete 键也可将其删除，但该锚点两侧的路径段也会同时删除。如果路径为闭合式路径，则会变为开放式路径，如图 7-25(c)所示。

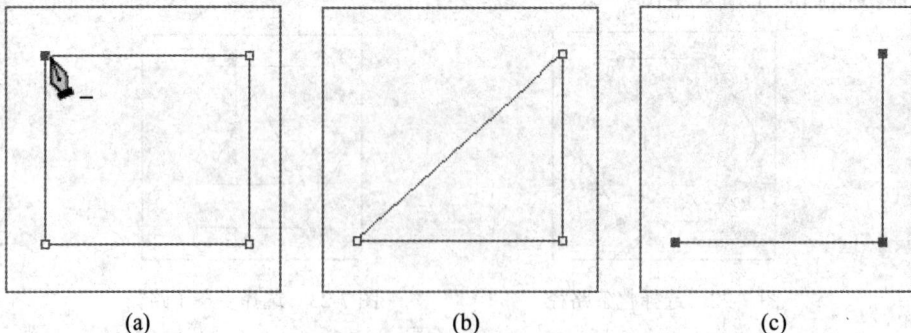

图 7-25　删除锚点

7.4.3　转换锚点类型

　　"转换点"工具(▷)用于转换锚点的类型。选择该工具后，将鼠标光标放在锚点上，如果当前锚点为角点，如图 7-26(a)所示，单击并拖动鼠标可将角点转换为平滑点，如图 7-26(b)所示；如果当前锚点为平滑点，如图 7-26(c)所示，则单击可将平滑点转换为角点，如图 7-26(d)所示。

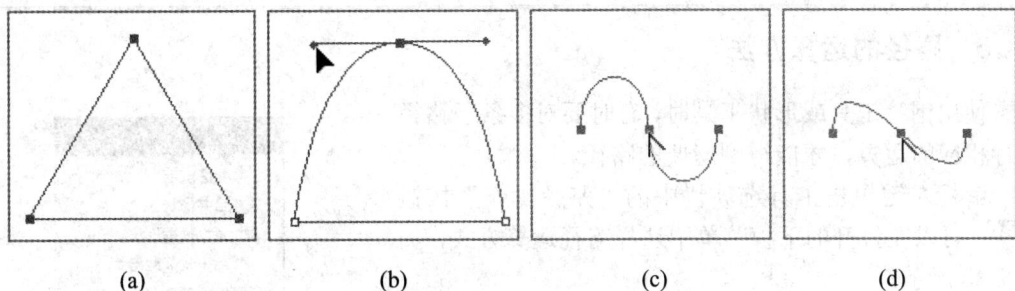

| (a) | (b) | (c) | (d) |

图 7-26　转换锚点类型

使用"直接选择"工具(▶)时，按住"Ctrl+Alt"组合键可临时将"直接选择"工具切换为转换点工具，单击并拖曳锚点，可将其转换为平滑点；按住"Ctrl+Alt"组合键单击平滑点可将其转换为角点。

使用"钢笔"工具(✍)时，将鼠标光标放在锚点上时，按住 Alt 键将"钢笔"工具临时切换为转换点工具，单击并拖曳锚点可将其转换为平滑点；按住 Alt 键单击平滑点则可将其转换为角点。

7.4.4　调整路径形状

我们在 7.2 节中提到，在曲线路径段上，每个锚点都包含一条或两条方向线，方向线的端点是方向点，移动方向点可以调整方向线的长度和方向，从而改变曲线的形状。移动平滑点上的方向线时，会同时调整该点两侧的曲线路径段；移动角点上的方向线时，则只调整与方向线同侧的曲线路径段。

"直接选择"工具(▶)和"转换点"工具(◣)都可以调整方向线。图 7-27 所示为原图像，使用"直接选择"工具(▶)单击并拖曳平滑点上的方向线时，方向线始终保持为一条直线状态，锚点两侧的路径段都会发生改变，如图 7-28 所示；使用"转换点"工具(◣)单击并拖曳方向线时，则单独调整平滑点任意一侧的方向线，但不会影响到另外一侧的方向线和路径段，如图 7-29 所示。

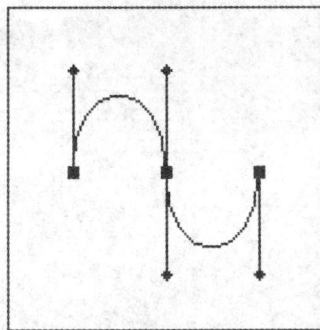

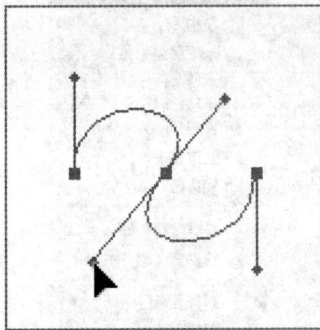

图 7-27　原图　　　　　　图 7-28　使用"直接选择"工具　　　图 7-29　使用"转换点"工具

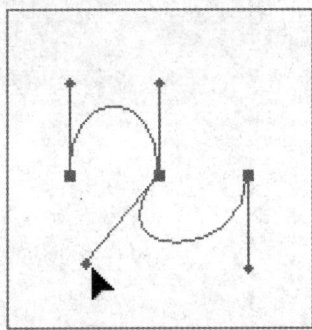

> **提示：**
> 使用"钢笔"工具时，按住 Ctrl 键单击路径可以显示锚点，单击锚点则可以选择锚点，按住 Ctrl 键拖曳方向点可以调整方向线。

7.4.5　路径的运算方法

使用钢笔工具或形状工具时，有时要对多条子路径进行相应的运算，才能得到想要的路径。

鼠标左键单击工具选项栏中的"路径操作"按钮（▣），可以在打开的下拉菜单中选择路径运算方式，如图 7-30 所示。

该菜单各选项含义如下：

(1) 新建图层：选择该选项，可以创建新的路径层。该选项在绘图模式为"形状"时有效，在绘图模式为"路径"时无效。

图 7-30　"路径操作"按钮的下拉菜单

(2) 合并形状：选择该选项，新绘制的图形会与现有的图形合并。

(3) 减去顶层形状：选择该选项，可从现有的图形中减去新绘制的图形。

(4) 与形状区域相交：选择该选项，得到的图形为新图形与现有图形相交的区域。

(5) 排除重叠形状：选择该选项，得到的图形为合并路径中排除重叠的区域。

(6) 合并形状组件：选择该选项，可以合并重叠的路径组件。

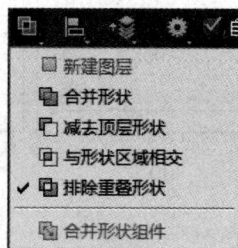

> **提示：**
> 路径是矢量对象，即便在绘制好图形之后，也可以重新对其进行运算。操作的方法是用路径选择工具选择多个子路径，然后单击工具选项栏中的运算命令重新运算即可。

7.4.6　对齐与分布路径

使用"路径选择"工具（▣）选择多个子路径，单击工具选项栏中的"路径对齐方式"按钮（▣），在打开的下拉菜单中选择一个对齐或分布选项，即可对所选路径进行对齐与分布操作，如图 7-31 所示。

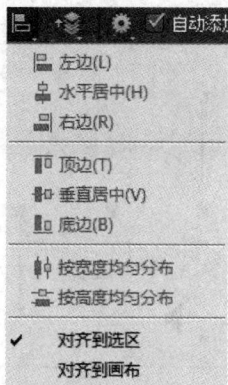

图 7-31　"路径对齐方式"按钮的下拉菜单

提示：

进行路径分布操作时，需要至少选择 3 个路径组件。此外，选择"对齐到画布"选项，可以相对于画布来对齐或分布对象。

7.4.7　路径的变换操作

选择一条路径后，执行"编辑→变换路径"子菜单中的选项可以对选中的路径进行缩放、旋转、斜切和扭曲等变换操作。变换路径的方法与变换图像的方法相同。

7.4.8　调整路径堆叠顺序

选择一条路径后，单击工具选项栏中的"路径排列方式"按钮(　)，在打开的下拉菜单中选择相应选项，就可以调整路径的堆叠顺序，如图 7-32 所示。

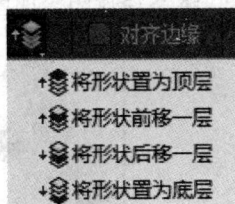

图 7-32　"路径排列方式"
按钮的下拉菜单

7.4.9　学以致用——用"钢笔"工具抠图

"钢笔"工具是重要的抠图工具，它可以非常准确的勾勒出对象的轮廓，将轮廓转换为选区后便可选中对象。特别适合选取对象边缘光滑且不规则的对象。

具体操作如下：

(1) 打开一副图像，如图 7-33 所示。选择"钢笔"工具(　)，在工具选项栏中选择"路径"选项。

提示：

在抠图的过程要不断的缩放图像，并按住空格键移动画面，以便更加清楚的观察图像的细节，这样才能较为精确的绘制路径。

(2) 在嘴与面部的转折处单击鼠标左键，创建一个角点，如图 7-34 所示；在头顶中部单击并向右拖动鼠标，生成第二个平滑点，如图 7-35 所示。

图 7-33　原图　　　　图 7-34　创建角点　　　　图 7-35　创建平滑点

提示：

一般选择明显转折处的地方作为路径的起点。

(3) 在脖子处创建第三个平滑点，如图 7-36 所示。方向线的方向和长度根据路径和图像边缘的贴合程度自行把握。

(4) 接下来的轮廓出现了转折，按住 Alt 键在该锚点上单击一下，将其转换为只有一条方向线的角点，如图 7-37 所示。这样绘制下一段路径时就可以发生转折了，如图 7-38 所示。

(5) 按照前面的步骤绘制剩余的路径段。外轮廓绘制完成后，在路径的起点上单击鼠标左键，将路径封闭，如图 7-39 所示。

图 7-36　创建第三个平滑点　　　　图 7-37　转换为角点

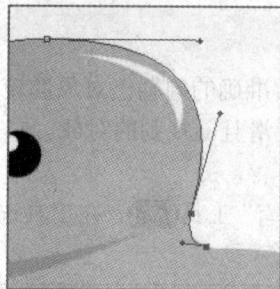

图 7-38　绘制转折路径　　　　　图 7-39　封闭路径

如果锚点偏离了轮廓，可以按住 Ctrl 键临时切换为"直接选择"工具(▶)，将锚点拖回到轮廓线上。用"钢笔"工具抠图时，最好通过快捷键来临时切换"直接选择"工具(▶)和"转换点"工具(⊾)，在绘制路径的同时就能够方便的对路径进行调整。

提示：

对于不规则的且平滑的对象边缘来说，一般都需要将锚点转换为只有一条方向线的角点来创建转角曲线。

---

(7) 按下"Ctrl+Enter"组合键，将路径转换为选区，如图 7-40 所示。按下 Ctrl+J 快捷键将选取的对象抠出。隐藏"背景"图层，如图 7-41 所示。

图 7-40　将路径转换为选区　　　　图 7-41　隐藏"背景"图层

7.5　路径的管理

"路径"面板中显示了每条存储的路径、工作路径和矢量蒙版的名称及缩览图。使用"路径"面板可以保存和管理路径。

7.5.1　了解路径面板

执行"窗口→路径"命令，打开"路径"面板，如图 7-42 所示。

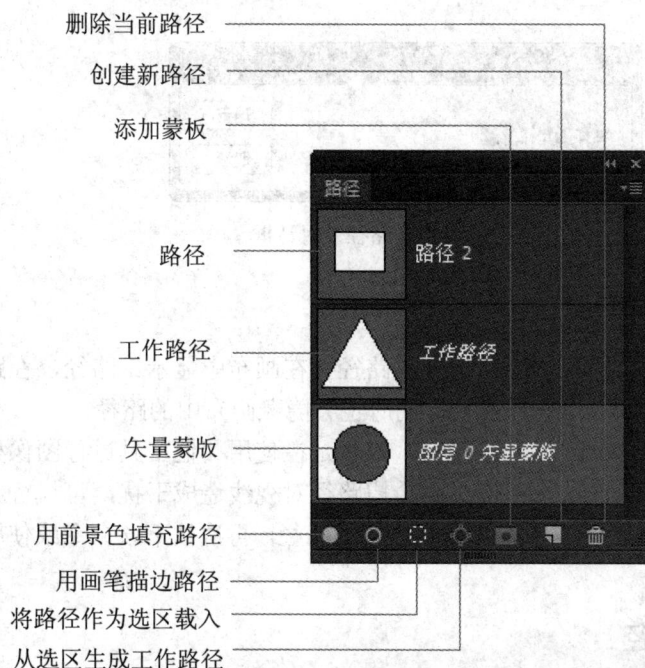

图 7-42　"路径"面板

"路径"面板中的各项含义如下：

(1) 路径/工作路径/矢量蒙版：显示了当前文档中包含的路径、临时路径和矢量蒙版。

(2) 用前景色填充路径：用前景色填充路径区域。

(3) 用画笔描边路径：用画笔对路径进行描边。

(4) 将路径作为选区载入：将当前选择的路径转换为选区。

(5) 从选区生成工作路径：把当前的选区生成为工作路径。

(6) 添加蒙版：用当前路径创建蒙版。

(7) 创建新路径：可以创建新的路径层。

(8) 删除当前路径：可以删除当前选择的路径。

7.5.2　了解工作路径

使用钢笔工具或形状工具绘图时，如果单击"路径"面板中的"创建新路径"按钮(■)，新建一个路径层然后再绘图，则可以创建路径层；如果没有新建路径层，而是直接绘图，则创建的是工作路径。工作路径是一种临时路径，用于定义形状的轮廓。如果要保存工作路径而不重命名，可以将它拖曳到面板底部的"创建新路径"按钮上；如果要存储并重命名，可双击它的名称，在打开的"存储路径"对话框中进行设置。

7.5.3　新建路径

单击"路径"面板中的"创建新路径"按钮，可以创建一个新的路径层，在路径面板中双击路径的名字可以进行重命名。如果要在新建路径层时为路径命名，可以按住 Alt 键并单击"创建新路径"按钮，在打开的"新建路径"对话框中进行设置，如图 7-43 所示。

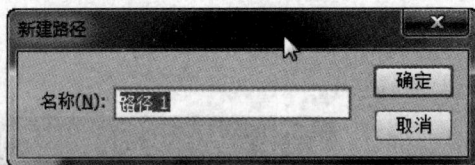

图 7-43　"新建路径"对话框

7.5.4　选择路径与隐藏路径

单击"路径"面板中的路径，即可选择该路径并在画布中显示该路径，在路径面板的空白处单击鼠标左键，可以取消选择路径，同时也会隐藏画布中的路径。

选择路径后，画布中会始终显示该路径，即使是在使用其他工具进行图像处理时也是如此。如果要保持路径的选取状态，但又不希望路径对视线造成干扰，可执行"视图→显示额外内容"命令(快捷键：Ctrl+H)，隐藏画面中的路径，再次按下该命令或使用快捷键可以重新显示路径。

7.5.5　复制与删除路径

1. 复制路径

在"路径"面板中将路径拖曳到"创建新路径"按钮上，可以复制该路径。如果要复制并重命名路径，可以在选择该路径后执行路径面板菜单中的"复制路径"命令来完成操作。

使用"路径选择"工具(▶)选择画面中的路径，执行"编辑→拷贝"命令，可以将路径复制到剪贴板，然后再执行"编辑→粘贴"命令，可以粘贴路径。如果在其他文档中执行"粘贴"命令，则可将路径粘贴到该文档中。此外，用"路径选择"工具选择路径后，可将其直接拖曳到其他文档中。

2. 删除路径

在"路径"面板中选择路径，单击"删除当前路径"按钮(🗑)，在弹出的对话框中单击"是"按钮即可将其删除；将路径拖曳到"删除当前路径"按钮上可直接删除路径；用"路径选择"工具选择路径，再按下 Delete 键也可以将其删除。

7.5.6　路径与选区的相互转换

路径与选区的相互转换的具体操作步骤如下：

(1) 打开一副图像，选择魔棒工具，在背景上单击选择背景，创建一个选区如图 7-44 所示，按下 "Shift+Ctrl+I" 快捷键反选选区，选中小鸭子，如图 7-45 所示。

图 7-44　创建选区　　　　　　　　　　　　　图 7-45　反选选区

(2) 单击 "路径" 面板中的 "从选区生成工作路径" 按钮(▣)，可以将选区转换为路径，如图 7-46 所示。

(3) 选择路径面板中的路径，单击 "将路径作为选区载入" 按钮(▣)，可以将路径生成为选区并载入，如图 7-47 所示。在未选择路径的情况下，也可以按住 Ctrl 键单击路径面板中的路径缩略图来直接载入选区。

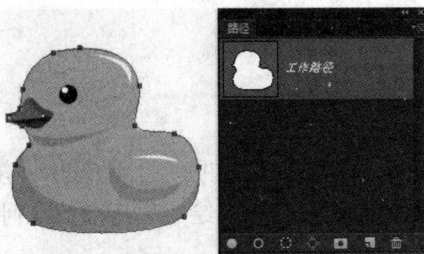

图 7-46　将选区转换为路径　　　　　　　　　图 7-47　将路径生成为选区

7.5.7　用画笔描边路径

用画笔描边路径的具体操作步骤如下：

(1) 新建一个文件，用 "钢笔" 工具绘制一条路径，如图 7-48 所示。

图 7-48　用 "钢笔" 工具绘制路径

(2) 选择 "画笔" 工具。打开 "画笔预设" 面板，加载面板菜单中的 "自然画笔" 画笔库，选择一个笔尖，如图 7-49 所示。

(3) 单击 "图层" 面板底部的 "创建新图层" 按钮，新建一个图层，点击 "路径" 面板上的 "用画笔描边路径" 按钮(▣)，如对路径进行描边，效果如图 7-50 所示。

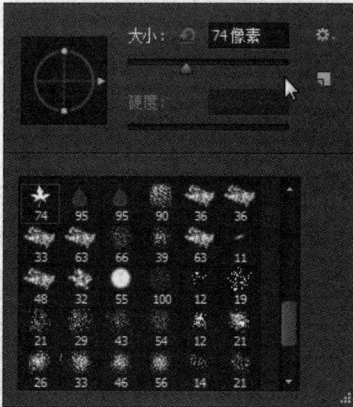

图 7-49 "自然画笔"画笔库   图 7-50 使用"用画笔描边路径"按钮对路径进行描边

(4) 在"路径"面板的空白处单击隐藏该路径，最终效果图如图 7-51 所示。

图 7-51 隐藏路径后的最终效果

7.6 使用形状工具

形状工具包括"矩形"工具(■)、"圆角矩形"工具(■)、"椭圆"工具(●)、"多边形"工具(●)、"直线"工具(✔)和"自定义形状"工具(✧)，它们可以绘制出标准的几何矢量图形，也可以绘制出用户自定义的图形。

7.6.1 "矩形"工具

"矩形"工具(■)用来绘制矩形。选择该工具后，单击并拖动鼠标可以创建矩形，按住 Shift 键单击并拖动鼠标可以创建正方形；按住 Alt 键并拖动鼠标会以单击点为中心向外创建矩形；按住"Shift+Alt"组合键并拖动鼠标则会以单击点为中心向外创建正方形。单击工具选项栏中的■按钮，打开一个下拉面板，在面板中可以设置矩形的创建方法，如图 7-52 所示。

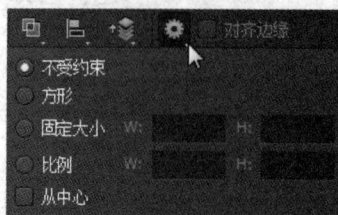

图 7-52 "矩形"工具选项栏的下拉面板

该面板中的各项含义如下：

(1) 不受约束：可通过拖动鼠标创建任意大小的矩形和正方形。

(2) 方形：只能创建任意大小的正方形。

(3) 固定大小：勾选该选项并在右侧的文本框中输入数值(W 为宽度，H 为高度)，此后再单击鼠标时，只创建预设大小的矩形。

(4) 比例：勾选该项并在它右侧的文本框中输入数值(W 为宽度比例，H 为高度比例)，此后拖动鼠标时，无论创建多大的矩形，矩形的宽度和高度都保持预设的比例。

(5) 从中心：以任何方式创建矩形时，鼠标在画面中的单击点即为矩形的中心，拖动鼠标时矩形将由中心向外扩展。

勾选工具选项栏中的"对齐边缘"选项，矩形的边缘会与像素的边缘重合，不会出现锯齿；取消勾选，矩形的边缘会出现模糊的像素，该选项默认是选中状态。

> **提示：**
> 只有绘图模式选择为"形状"时，对齐边缘选项才有效。

7.6.2　"圆角矩形"工具

"圆角矩形"工具(▣)用来创建圆角矩形，它的使用方法以及选项都与"矩形"工具相同，只是多了一个"半径"选项(半径：10 像素)，"半径"选项用来设置圆角的半径，值越高，圆角越广。

7.6.3　"椭圆"工具

"椭圆"工具(◉)用来创建椭圆形和圆形，选择该工具后，单击并拖动鼠标可以创建椭圆形，按住 Shift 键拖动鼠标则可创建圆形。"椭圆"工具的选项及创建的方法与"矩形"工具基本相同，即可以创建不受约束的椭圆形和圆形，也可以创建固定大小和固定比例的椭圆形和圆形。

7.6.4　"多边形"工具

"多边形"工具(▣)用来创建多边形和星形。选择该工具后，首先要在工具选项栏中设置多边形或星形的边数，范围为 3 到 100 之间的整数，单击工具选项栏中的▓按钮，打开下拉面板，在面板中可以设置多边形的选项，如图 7-53 所示。

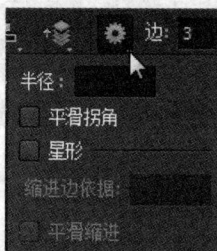

图 7-53　"多边形"工具选项栏的下拉面板

该面板中的各项含义如下：

(1) 半径：设置多边形或星形的半径长度，此后单击并拖动鼠标时将创建指定半径值的多边形或星形。

(2) 平滑拐角：创建具有平滑拐角的多边形和星形，图 7-54 所示为勾选该项创建的多边形。

(3) 星形：勾选该项可以创建星形。在"缩进边依据"选项中可以设置星形边缘向中心缩进的数量，该值越高，缩进量越大，如图 7-55 所示。勾选"平滑缩进"，可以使星形的边缘平滑的向中心缩进，如图 7-56 所示。

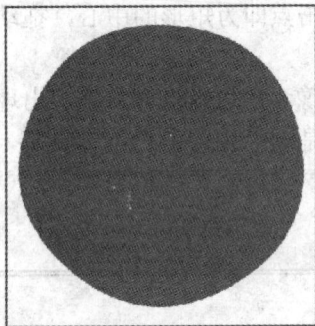

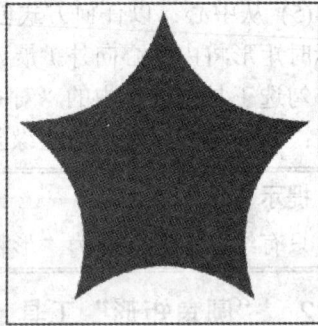

图 7-54　具有平滑拐点的多边形　图 7-55　星形边缘向中心缩进　图 7-56　星形边缘平滑的向中心缩进

7.6.5　"直线"工具

"直线"工具(▨)用来创建直线和带有箭头的直线。选择该工具后，单击并拖动鼠标可以创建直线，按住 Shift 键可以创建水平、垂直或以 45°角为增量的直线。它的工具选项栏中包含了设置直线粗细的选项，单击工具选项栏中的■按钮，在打开的下拉面板中可以设置箭头的选项，如图 7-57 所示。

图 7-57　"直线"工具选项栏的下拉面板

该面板中的各项含义如下：

(1) 起点/终点：可分别或同时在直线的起点和终点添加箭头。

(2) 宽度：用来设置箭头宽度与直线宽度的百分比，范围为 10%～1000%。

(3) 长度：用来设置箭头长度与直线宽度的百分比，范围为 10%～5000%。

(4) 凹度：用来设置箭头的凹陷程度，范围-50%～50%。该值为 0%时，箭头尾部平齐，如图 7-58 所示；该值大于 0%时，向内凹陷，如图 7-59 所示；小于 0%时，向外凸出，如图 7-60 所示。

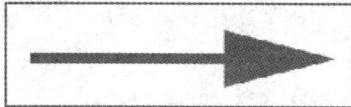

图 7-58　凹度值为 0%　　　　图 7-59　凹度值大于 0%　　　　图 7-60　凹度值小于 0%

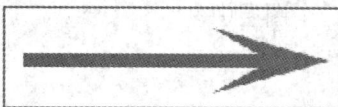

7.6.6　"自定义形状"工具

使用"自定义形状"工具(![icon])可以创建 Photoshop 预设的形状、自定义的形状或者是外部载入的形状。选择该工具后，需要单击工具选项栏中的█按钮，在打开的自定义形状下拉面板中选择一种形状，如图 7-61 所示，然后单击并拖动鼠标即可创建该图形。如果要保持形状的比例，可以按住 Shift 键绘制图形。

图 7-61　自定义形状下拉面板

> **提示:**
>
> 使用"矩形""圆形""多边形""直线"和"自定义形状"工具时，创建形状的过程中按下空格键并拖动鼠标，可以移动形状。

选择"自定义形状"工具(![icon])，在工具选项兰中单击"形状"选项右侧的█按钮，打开形状下拉面板，单击面板右上角的█按钮，打开面板菜单，菜单提供了一些预设的自定义形状，包括全部、动物、箭头、艺术纹理等。选择"全部"命令，可以载入全部形状。载入形状时，会弹出一个提示对话框，如图 7-62 所示。单击"确定"按钮，载入的形状会替换面板中原有的形状，单击"追加"按钮，则可在原有形状的基础上添加载入的形状。

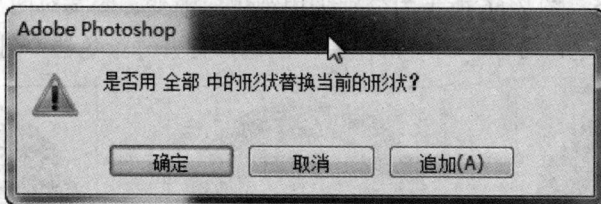

图 7-62　"替换形状"对话框

执行面板菜单中的"复位形状"命令，在弹出的对话框中单击"确定"按钮，将面板恢复为默认的形状。执行面板菜单中的"载入形状"命令，可以载入外部形状。

7.6.7　合并形状

创建两个或多个形状图层后，选择这些图层，执行"图层→合并形状"下拉菜单中的命令，可以将所选形状合并到一个图层中。

7.7 矢量工具选项栏

7.7.1 形状

1. 对图形进行填充

选择"形状"选项后，可以在"填充"选项下拉列表中，选择用纯色、渐变或图案对图形进行填充，如图 7-63 所示。

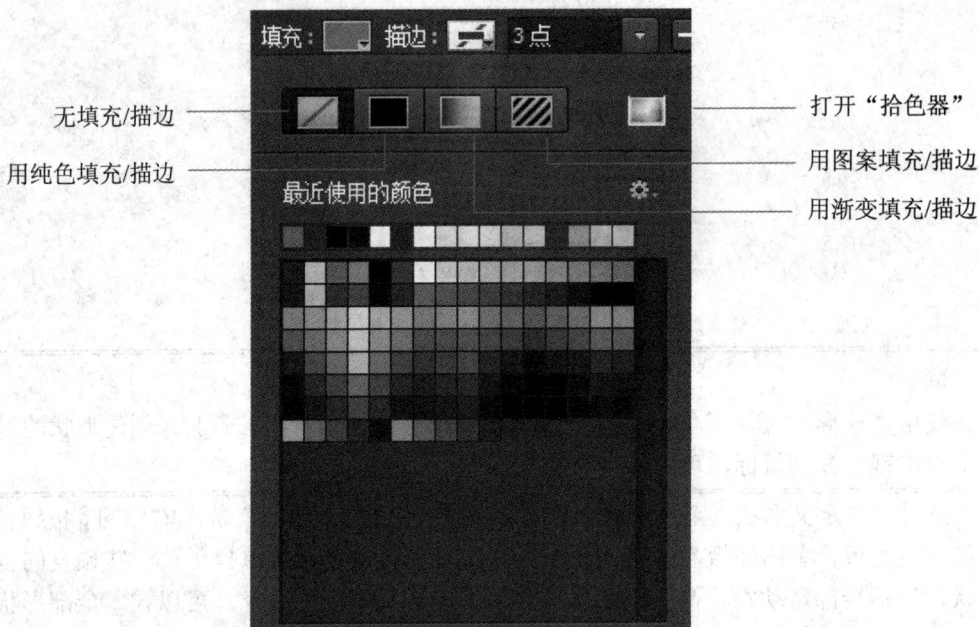

图 7-63 "填充"选项下拉列表

图 7-64、图 7-65、图 7-66 所示为分别采用纯色、渐变、图案对图形进行填充的效果。如果要自定义填充颜色，可以单击"拾色器"按钮，打开"拾色器"进行调整。

图 7-64 纯色填充效果　　图 7-65 渐变填充效果　　图 7-66 图案填充效果

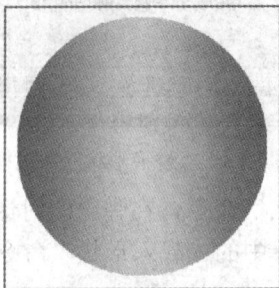

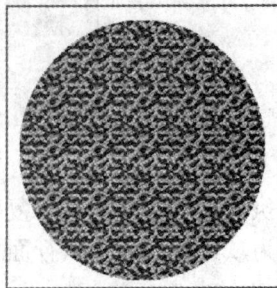

2. 对图形进行描边

选择"形状"选项后，可以在"填充"选项下拉列表中，选择用纯色、渐变或图案对图形进行描边，如图 7-67、图 7-68、图 7-69 所示。

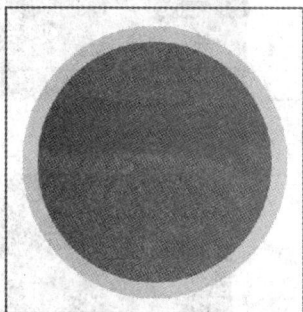

图 7-67　纯色描边效果　　　　图 7-68　渐变描边效果　　　　图 7-69　图案描边效果

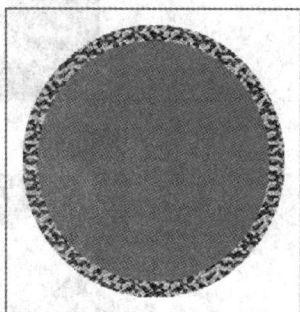

3. 设置描边选项

在描边文本框中输入数值或单击工具栏中的(▾)按钮，打开下拉菜单拖曳滑块，都可以调整描边宽度。单击工具选项栏中的(▬▬)按钮，可以打开一个下拉面板，如图 7-70 所示，在该面板中可以设置用实线、虚线或圆点来描边路径。

该面板选项含义如下：

(1) 对齐：在打开的下拉菜单中选择描边与路径的对齐方式、包括内部、居中和外部。

(2) 端点：在打开的下拉菜单中选择路径端点的样式，包括端面、圆形和方形。

(3) 角点：在打开的下拉菜单中选择路径转角处的转折样式，包括斜接、圆形和斜面。

(4) 更多选项：单击该按钮，可以打开"描边"对话框，该对话框中除包含前面的选项外，还可以调整虚线的间距，如图 7-71 所示。

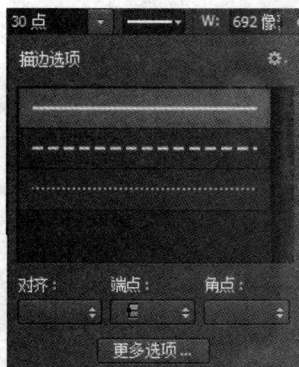

图 7-70　"描边选项"设置面板　　　　图 7-71　"描边"对话框

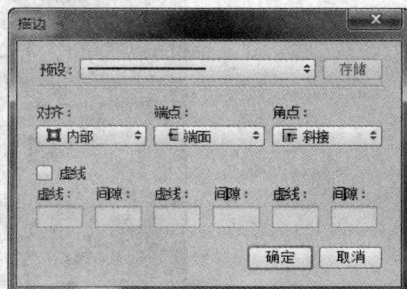

7.7.2　路径

在工具选项栏中选择"路径"选项并绘制路径后，如图 7-72 所示，可以单击"选区""蒙版"或"形状"按钮，将路径转换为选区、矢量蒙版或形状图层，如图 7-73、图 7-74、图 7-75 所示。

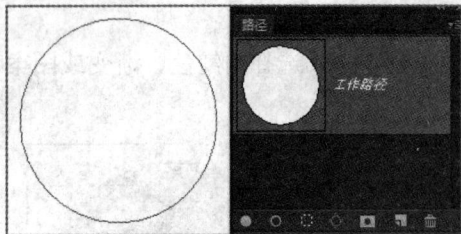

图 7-72　绘制路径

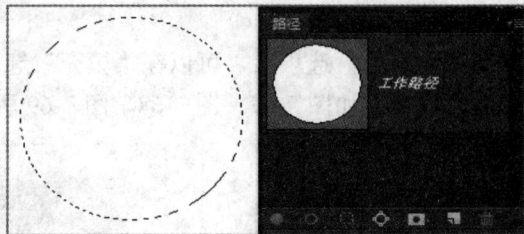

图 7-73　将路径转换为选区

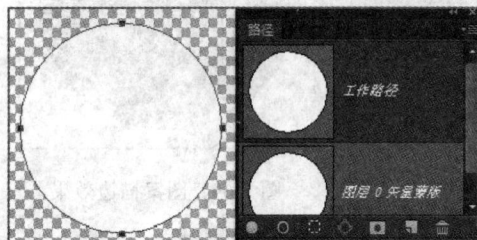

图 7-74　将路径转换为矢量蒙版

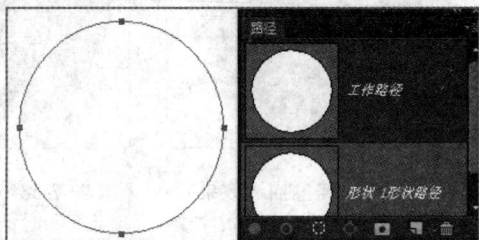

图 7-75　将路径转换为形状图层

7.7.3　像素

在工具选项栏中选择"像素"选项后，用形状工具绘制的就是位图而不再是矢量图形了，同时还可以为绘制的图像设置混合模式和不透明度。

7.7.4　修改形状和路径

创建形状图层或路径后，可以通过"属性"面板调整图形的大小、位置、填色和描边属性，属性面板和矢量工具选项栏内容一致，如图 7-76 所示。

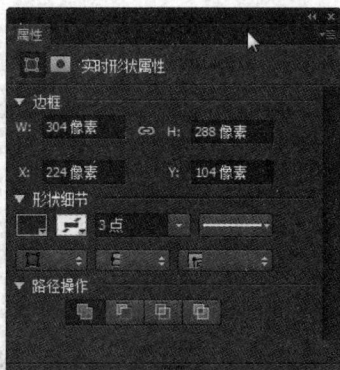

图 7-76　"属性"面板

7.8　习　　题

1. 选择题

(1) 若将当前使用的"钢笔"工具切换为"直接选择"工具，应按(　　)。

A. Shift 键　　　　B. Alt 键　　　　　　C. Ctrl 键　　　　　　D. Caps Lock 键

(2) 若将曲线点转换为角点，应(　　)。

A. 使用"直接选择"工具单击曲线点　　　　　B. 使用"钢笔"工具单击曲线点

C. 使用"锚点转换"工具单击曲线点　　　　　D. 使用"铅笔"工具单击曲线点

(3) 若将当前使用的"钢笔"工具切换为"转换点"工具，应按(　　)。

A. Shift 键　　　　B. Alt 键　　　　　　C. Ctrl 键　　　　　　D. Caps Lock 键

2. 实训题

新建一个宽 800 像素，高 800 像素的 RGB 图像，分别使用钢笔工具和形状工具绘制一个太极图，效果如图 7-77 所示。

图 7-77　太极图

第8章　通道的应用

通道主要是通过"通道"面板存储图像的颜色信息和选区信息。在通道上也可以进行绘画、编辑和滤镜处理等操作。

☞ **知识与技能目标：**

(1) 理解不同类型通道的意义。

(2) 理解通道与选区的区别。

(3) 掌握利用通道面板管理通道的操作方法。

8.1　通道的分类

通道的功能根据通道所属类型的不同而不同。如果图像含有多个图层，则每个图层都有自身的一套颜色通道。在 Photoshop CC 2015 中，通道可以分为原色通道、Alpha 通道和专色通道三类，每一类通道都有其不同的作用。

1. 原色通道

原色通道是保存图像颜色信息的场所。不同的颜色模式有不同的颜色通道，如 RGB 颜色模式的图像有 3 个默认的通道，分别是红(R)、绿(G)、蓝(B)。当用户打开一个图像文件后，将自动在通道面板中创建一个颜色通道，如图 8-1 所示为 RGB 图像的颜色通道，而图 8-2 所示为 CMYK 图像的颜色通道。

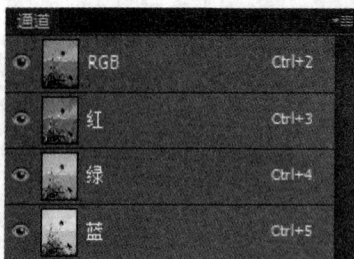

图 8-1　RGB 通道

图 8-2　CMYK 通道

颜色通道不同，所显示的图像效果也不一样，如图 8-3 所示。

注意：一个通道层和一个图像层的区别是图像层各个像素的颜色是以红、绿、蓝三原色的数值来表示的，而通道层中像素的颜色是由一组原色的亮度值组成的，即通道只有一种颜色的不同亮度，它是一种灰度图像。

(a) 红色通道　　　　　　　(b) 绿色通道　　　　　　　(c) 蓝色通道

图 8-3　不同颜色通道的图像效果

2. Alpha 通道

Alpha 通道是用于存储图像选区的蒙版，它将选区存储为 8 位灰度图像放入"通道"面板中，以便在图层和蒙版制作中重新利用这些选区内容。Alpha 通道用以隔离和保护图像的特定部分，所以它不能存储图像的颜色信息。将图 8-4 所示的选区信息存为 Alpha 通道，此通道如图 8-5 所示。

图 8-4　将选区信息存储为 Alpha 通道

图 8-5　保存的通道

3. 专色通道

专色通道是在印刷时使用的一种预制的油墨。使用专色通道可以得到 CMYK 四色油墨无法合成的颜色(如银色、金色及特种色等)，用以指定用于专色油墨印刷的附加印板，降低印刷成本。

8.2　通道的基本操作

8.2.1　"通道"面板

"通道"面板的操作方法与"路径"面板、"图层"面板的操作相似，具有很高的使用率。打开如图 8-6 所示的图像文件，选择"窗口→通道"命令即可显示"通道"面板，如

图 8-7 所示。

图 8-6　素材图像

图 8-7　"通道"面板

(1) "将通道作为选区载入"按钮(▦)：单击该按钮，可以将当前通道中的图像转换为选区。

(2) "将选区存储为通道"按钮(▣)：在选区处于激活状态时，单击该按钮，可以将当前选区存为 Alpha 通道。

(3) "创建新通道"按钮(◪)：单击该按钮，可以按默认设置创建一个 Alpha 通道。

(4) "删除通道"按钮(🗑)：单击该按钮，用于删除选择的通道。

8.2.2　选择多个通道

通道创建后，为方便用户操作，可选择多个通道。在"通道"面板单击某一通道时可选择该通道；按住 Shift 键的同时在"通道"面板中单击通道，即可同时选择多个通道。

例如，打开一幅图像文件，切换到"通道"面板中，单击"红"通道，如图 8-8 所示，然后按住 Shift 键的同时单击"绿"通道，将同时选中"红"通道与"绿"通道，如图 8-9 所示。

图 8-8　选择通道

图 8-9　选择多个通道

8.2.3　复制通道

通道不但可以在同一个文档中复制，还可以在不同文档中相互复制。

具体操作如下：

(1) 在"通道"面板中选择要复制的通道，单击"通道"面板右上方的三角形按钮(▤)，在弹出的快捷菜单中选择"复制通道"命令，如图 8-10 所示。

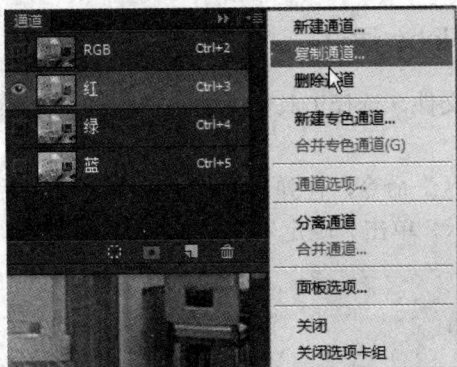

图 8-10　选择"复制通道"命令

　　(2) 选择"复制通道"命令后，即可弹出"复制通道"对话框，如图 8-11 所示。在该对话框中设置各选项后，单击"确定"按钮，即可在通道面板中得到复制的通道，如图 8-12 所示。

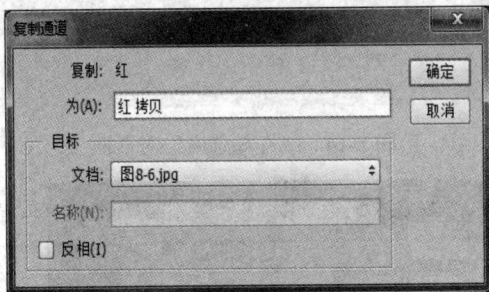

图 8-11　"复制通道"对话框

图 8-12　复制红色通道

　　技巧：

　　　　选择需要复制的通道，在通道上单击鼠标右键，选择"复制通道"命令即可；或者按住鼠标左键将其拖动到面板底部的"创建新通道"按钮上，当光标变形时释放鼠标左键即可。

8.2.4　删除通道

　　在完成图像的处理后，可将多余的通道删除，以提高电脑的运行速度。删除时将通道拖曳至"通道"面板底部的"删除通道"按钮上即可；也可以选择需要删除的通道，在"通道"面板的右上角单击三角形按钮( )，在弹出的菜单中选择"删除通道"命令。

8.3　创建 Alpha 通道

　　Alpha 通道用于存储选区，可再次编辑。当选区保存为 Alpha 通道时，选区部分为白色，而非选区部分为黑色。使用 Alpha 通道保存选区可以用绘图的方式对通道进行编辑，从而获得使用其他方法无法得到的选区，而且能永久地保存选区。

8.3.1　将选区存储为 Alpha 通道

例如：打开一幅图像文件，选择工具箱中的快速选择工具(　　　)，创建如图 8-13 所示的图像选区。

选择"选择→存储选区"命令，在弹出的"存储选区"对话框的"名称"文本框中输入"奔跑"，如图 8-14 所示。单击"确定"按钮，得到如图 8-15 所示的通道。

图 8-13　创建选区

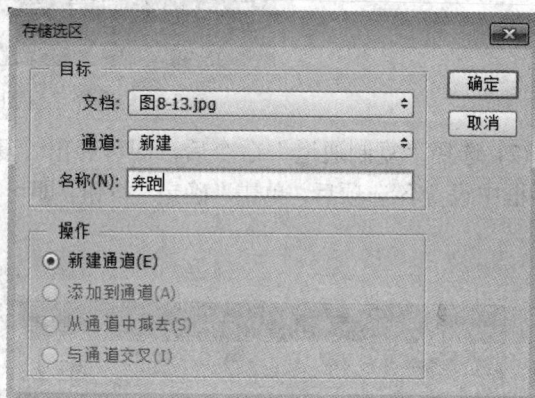

图 8-14　"存储选区"对话框

图 8-15　创建的通道

"存储选区"对话框中各项的含义如下：

(1) "文档"：在此下拉列表中显示所有已打开的文件名称，可以将选区保存在相应的图像文件中。如果选择"新建"选项，则将选区保存在一个新文件中。

(2) "通道"：在此下拉列表中列有当前文件中已存在的 Alpha 通道名称及"新建"选项，如果选择已有的 Alpha 通道名称，可以替换该 Alpha 通道所保存的选区。如果选择"新建"选项，则可以创建一个新的 Alpha 通道。

(3) "新建通道"：选中此单选钮，可以添加一个新通道。如果在"通道"下拉列表中选择一个已有的 Alpha 通道的名称，"新建通道"单选钮将转换为"替换通道"单选钮，由此可以用当前选区生成的新通道替换所选择的通道。

(4) "添加到通道"：在"通道"下拉列表中选择一个已有的 Alpha 通道的名称时，此单选钮被激活，选择了它，可以在原通道的基础上添加当前选区所定义的通道。

(5) "从通道中减去"：与"添加到通道"的功能正好相反，即在原通道的基础上减去当前选区所定义的通道。

(6) "与通道交叉"：在"通道"下拉列表中选择一个已存在的 Alpha 通道名称时，选择此单选钮，可以得到原通道与当前选区所定义的通道重叠区域。

技巧：

在选区存在的情况下，直接单击通道面板底部的"将选区存储为通道"按钮(■)，可以将当前选区保存为一个默认的 Alpha 通道。

8.3.2　直接创建 Alpha 通道

鼠标左键单击"通道"面板右上角的三角形按钮(■)即可弹出一个快捷菜单，选择"新建通道"命令，打开如图 8-16 所示的对话框，设置好所需选项后单击"确定"按钮，即可在"通道"面板中创建一个 Alpha 通道。

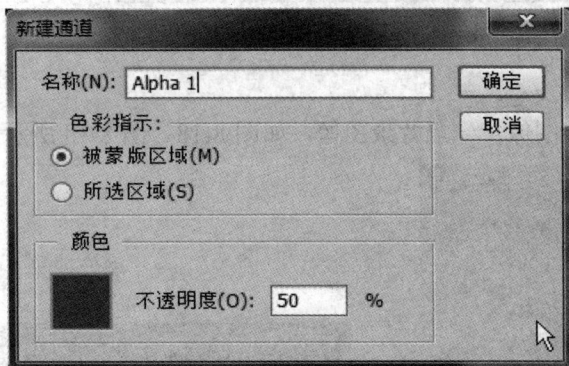

图 8-16　"新建通道"对话框

8.3.3　将通道作为选区载入

可以将选区保存为 Alpha 通道，同样也可以从 Alpha 通道中调出选区。在"通道"面板中选择任意一个通道，鼠标左键单击"通道"面板底部的"将通道作为选区载入"按钮(■)，即可将此 Alpha 通道所保存的选区调出。

8.3.4　保存 Alpha 通道

保存 Alpha 通道的主要目的是保存选区，以便下一次的修改操作。Alpha 通道能否被保存主要取决于文件的保存格式。一般情况下，应该选择 PSD、TIFF、RAV 等文件格式，否则 Alpha 通道将被自动删除。

8.4　综合实训——抠头发丝

本实训通过给一张图像添加人物头像的操作，使读者学习存储选区、锁定透明像素及通道等常用操作的应用，掌握在相近背景色下抠去半透明图像的操作。最终效果如图 8-17 所示。

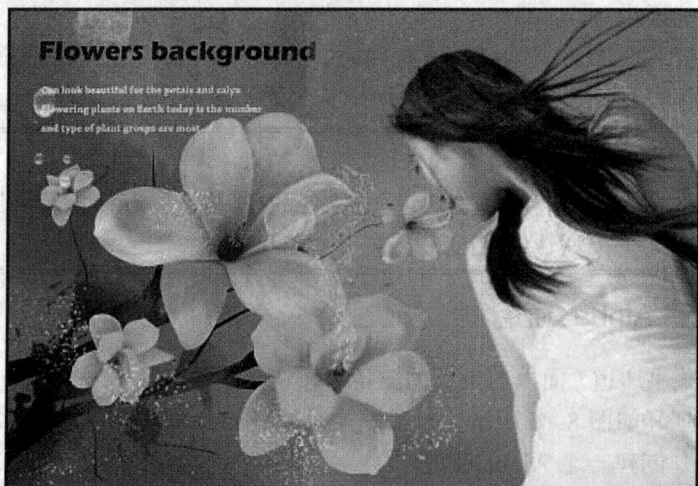

图 8-17 最终效果

操作步骤如下：

(1) 打开一幅人物图像及一幅背景图像，如图 8-18、图 8-19 所示。

图 8-18 人物图像

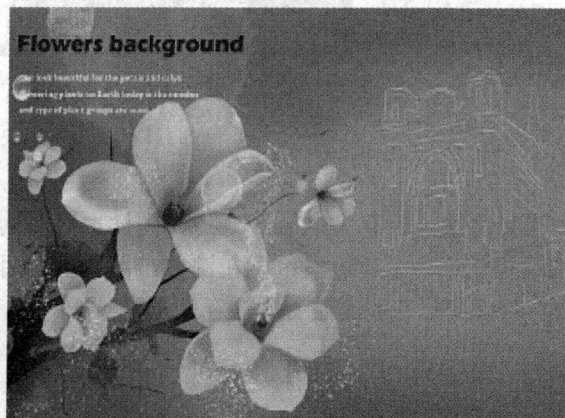

图 8-19 背景图像

(2) 选择人物图像的"背景"图层，按下"Ctrl+J"组合键复制背景图层，得到"图层 1"，如图 8-20 所示。

(3) 选择工具箱中的多边形套索工具(▷)，创建如图 8-21 所示的选区。

(4) 选择"选择→存储选区"命令，在弹出的"存储选区"对话框的"名称"文本框中输入"通道 1"，如图 8-22 所示。单击"确定"按钮，得到如图 8-23 所示的通道。按下"Ctrl+D"组合键，取消选区。

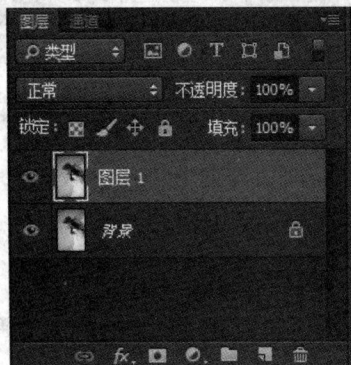

图 8-20 复制图层

图 8-21 创建选区

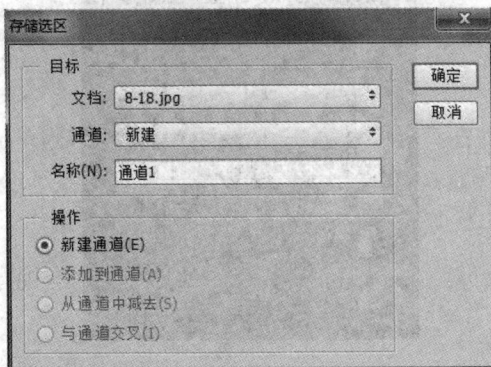

图 8-22 "存储选区"对话框

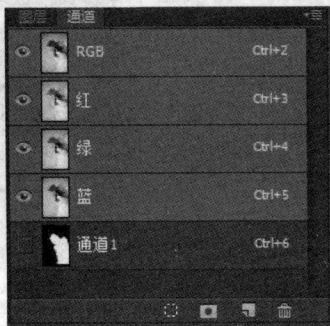

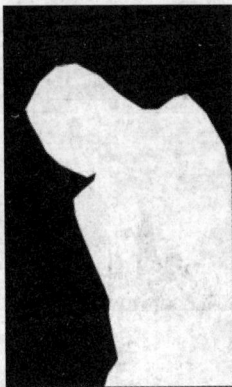

图 8-23 通道 1

(5) 打开"通道"面板,查看"红""绿""蓝"通道,效果如图 8-24 所示。其中"蓝"通道的黑白对比效果最好,选中"蓝"通道将其拖曳到"通道"面板底部的"创建新通道"

按钮(🔲)上，得到"蓝拷贝"通道，如图 8-25 所示。

　　(a)"红"通道　　　　　　　　(b)"绿"通道　　　　　　　　(c)"蓝"通道

图 8-24　"红""绿""蓝"通道

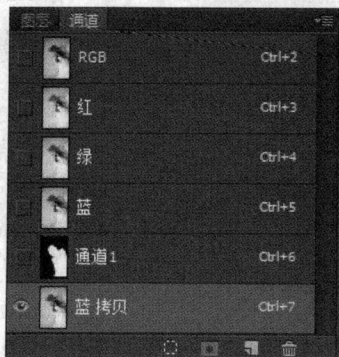

图 8-25　复制通道

　　(6) 选中"蓝拷贝"通道，选择"图像→调整→色阶"命令，在弹出的"色阶"对话框中进行参数设置，如图 8-26 所示。单击"确定"按钮，得到如图 8-27 所示的效果。

　　　　图 8-26　"色阶"对话框　　　　　　　　　图 8-27　调整后的效果

(7) 按住 Ctrl 键的同时单击"通道 1"的缩览图载入选区，如图 8-28 所示。将前景色设置为"黑色"，按"Alt+Delete"组合键填充黑色，得到如图 8-29 所示的效果。按下"Ctrl+D"组合键，取消选区。

图 8-28　载入选区

图 8-29　填充黑色

(8) 按住 Ctrl 键的同时单击"蓝拷贝"通道的缩览图载入选区，如图 8-30 所示。返回"图层"面板，得到如图 8-31 所示的选区效果。

图 8-30　载入选区

图 8-31　选区效果图

(9) 选中"背景"图层，将其拖曳至图层面板底部的"删除图层"按钮(🗑)上，将其删除。选择"图层 1"，按"Delete"键删除当前选区，得到如图 8-32 所示的效果图。

图 8-32　删除当前选区后的效果图

(10) 单击"图层"面板中的"锁定透明像素"按钮(⬚)，如图 8-33 所示。将前景色设置为"黑色"，选择工具箱中的"画笔"工具，在"画笔"工具的选项栏上设置画笔的主直径为 30 像素，硬度为 100%，不透明度为 60%，在人物头发的毛糙部分进行涂抹，得到如图 8-34 所示的效果图。

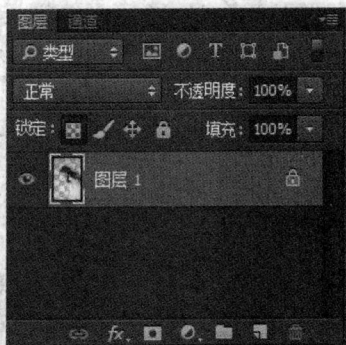

图 8-33　锁定透明像素

图 8-34　调整后的图像效果

(11) 选中"图层 1"，将其拖曳至图 8-19 所示的背景图像文件中，调整图像大小并放置到合适的位置，得到如图 8-17 所示的合成图像效果。

8.5　习　　题

1. 填空题

(1) 一幅 RGB 颜色模式图像有____、____和____各一条通道，这三个颜色通道又合成了一个 RGB 的＿＿＿通道。

(2)　Alpha 通道可以将图像上的选区作为＿＿＿＿＿来保存。

(3)　每个图层都有自身一套颜色通道，创建的通道数量取决于＿＿＿＿＿＿＿＿，与图层多少无关。

(4)　当选区以通道方式存储后，在通道面板中都能生成一个＿＿＿＿＿＿＿＿通道。

2. 判断题

(1)　选区用于限制操作者的操作范围，使操作仅发生在选择区域的内部。(　　　)

(2)　保存 Alpha 通道的主要目的是保存选区，以便下一次的修改操作。(　　　)

(3)　通道不但可以在同一个文档中复制，还可以在不同文档中相互复制。(　　　)

第9章 滤镜的应用

滤镜是 Photoshop 中最具吸引力的功能之一，利用它可以让普通的图像呈现出意想不到的视觉效果。例如：模拟素描、油画、水彩画等艺术效果；制作发光特效；制作抽象背景等。Photoshop 中内置了很多滤镜和多种滤镜组以及一些特殊滤镜，其中"滤镜库"是滤镜的重要组成部分。本章将详细介绍各种滤镜在设计中的使用方法与技巧。

☞ **知识与技能目标：**

(1) 掌握滤镜库的基本操作。

(2) 理解常用滤镜的意义。

(3) 掌握常用滤镜的操作方法。

9.1 滤镜的应用原则与技巧

(1) 滤镜只能应用于可见图层。如果有选区，滤镜效果只应用于选区内；对选区适当羽化，能减少突兀的感觉。

(2) 部分滤镜不适用于 CMYK、Lab、16 位、32 位颜色模式。位图、索引颜色模式不能应用滤镜。

(3) 大部分滤镜不能直接应用在文字图层，要将文字栅格化之后才可以应用。

(4) "云彩"滤镜可应用在没有像素的区域，其余滤镜都必须应用在包含像素的区域。(部分外挂滤镜除外)。

(5) 滤镜可以用于图层蒙版、快速蒙版、通道。

(6) 滤镜以像素为单位，不同分辨率的图像，其效果也不一样，因此要灵活设置参数。

(7) 每次应用完的滤镜会出现在滤镜菜单下的第一行。按 Ctrl+F 组合键可重复上一次滤镜。按 Alt+Ctrl+F 组合键可以弹出对话框设置参数。

(8) 在任何一个滤镜对话框中按 Alt 键，"取消"都会变为"复位"。单击"复位"按钮，参数将恢复到默认。

(9) 在应用滤镜时，按 Esc 键可中止处理。

9.2 滤镜的分类

从功能上，可以将滤镜分为修改类滤镜、艺术创造类滤镜、复合滤镜、调色滤镜、智能滤镜以及外挂滤镜。

(1) 修改类滤镜包括："画笔描边"滤镜、"扭曲"滤镜、"像素化"滤镜等，主要用于改变图像的外观。

(2) 艺术创造类滤镜包括："素描"滤镜、"艺术效果"滤镜等，可以脱离原图像进行创作。

(3) 复合滤镜例如："液化"滤镜。

(4) 调色滤镜主要是"Camera Raw"滤镜。主要用于调整图像的色调。"Camera Raw"滤镜最早是以"插件"的形式出现，后来 Photoshop CS5 版本正式将其加入到滤镜主体功能中。

(5) 智能滤镜，应用于智能对象的任何滤镜都是智能滤镜。智能滤镜可以调整、移去或隐藏，是非破坏性的。

(6) 外挂滤镜，它是由其他厂商开发的滤镜，需要另外安装。

9.3　滤镜的应用

9.3.1　滤镜库

滤镜库中集合了大部分常用的滤镜，包括风格化、画笔描边、扭曲、素描、纹理以及艺术效果。在滤镜库中，可以对一张图像应用一个或者多个滤镜，还可以用其他滤镜替换原有滤镜。滤镜库设置面板如图 9-1 所示。

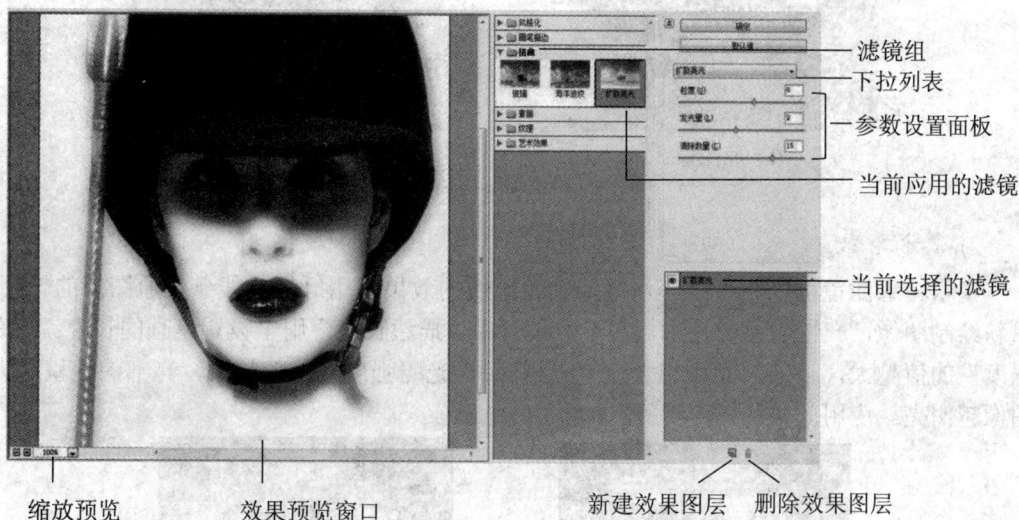

图 9-1　滤镜库设置面板

1. 风格化-照亮边缘

照亮边缘滤镜主要是在图像的轮廓填充较亮的颜色，看起来像是霓虹灯一样。可在对话框中灵活设定参数，如边缘宽度、边缘亮度、平滑度等。应用效果如图 9-2 所示。

(a) 原图像　　　　　　　　　　　(b) 照亮边缘滤镜

图 9-2　照亮边缘滤镜效果

2. 画笔描边滤镜

画笔描边滤镜中共有 8 个滤镜。主要使用不同的画笔和油墨进行描边，从而创建出具有绘画效果的图像外观。但是，该组滤镜只能在 RGB 模式、灰度模式和多通道模式下使用。

1) 成角的线条

可以使图像产生倾斜的笔触效果，在不同的颜色中笔触的倾斜角度不同。在参数设置中"方向平衡"选项的数值范围为 0～100，当值为"0"或"100"时，笔触的方向统一向一侧倾斜；值为中间值时笔触方向不规则。"描边长度"的数值越大，笔触越长，反之则越短。"锐化程度"的数值越大，笔触越明显。应用效果如图 9-3 所示。

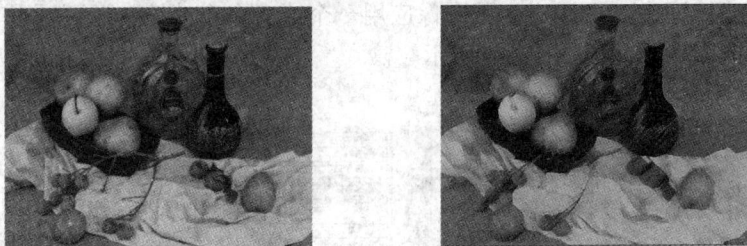

(a) 原图像　　　　　　　　　　　(b) 成角的线条滤镜

图 9-3　成角的线条滤镜效果

2) 墨水轮廓

墨水轮廓滤镜可以产生以墨水笔勾勒轮廓线的效果，用纤细的线条在原图像的轮廓上重新绘制图像，产生明显的轮廓。在参数设置中"描边长度"用于设置笔画的长度；"深色强度"的值越大，暗部的面积越大，笔画越深；"光照强度"的值越大，亮部的面积越大，图像越明亮。应用效果如图 9-4 所示。

(a) 原图像　　　　　　　　　　　(b) 墨水轮廓滤镜

图 9-4　墨水轮廓滤镜效果

3) 喷溅

该滤镜可以使图像产生一种类似透过浴室玻璃观看的效果。在参数设置中"喷色半径"的值越大，溅射的范围越大；"平滑度"的值越大，喷溅的纹理越平滑。应用效果如图 9-5 所示。

(a) 原图像　　　　　　　　　　　　　　　　(b) 喷溅滤镜

图 9-5　喷溅滤镜效果

4) 喷色描边

该滤镜使用图像的主色，并用成角的、喷溅的颜色线条来描绘图像，所以得到的效果与喷溅滤镜的效果很相似。不同的是该滤镜产生的是可以控制方向的飞溅效果，而喷溅滤镜产生的喷溅效果没有方向性。"描边长度"选项用于决定飞溅笔触的长度；"喷色半径"选项用于设置图像溅开的程度；"描边方向"选项用于设置飞溅笔触的方向。应用效果如图 9-6 所示。

(a) 原图像　　　　　　　　　　　　　　　　(b) 喷色描边滤镜

图 9-6　喷色描边滤镜效果

5) 强化边缘

该滤镜主要用于强化图像中不同颜色之间的边界，使图像产生一种强调边缘的效果。"边缘宽度"用于设置勾画的边缘宽度；"边缘亮度"的值越大，边缘越亮，强化效果与白色粉笔相似；当值较低时，强化效果与黑色油墨相似。"平滑度"决定勾画细节的多少，值越小，图像的轮廓越清晰。应用效果如图 9-7 所示。

(a) 原图像　　　　　　　(b) 强化边缘滤镜

图 9-7　强化边缘滤镜效果

6) 深色线条

该滤镜通过用短的、紧密的线条绘制图像中颜色较深的区域，用长的白色线条绘制图像中的亮区，令图像产生一种很强烈的黑色阴影效果。"平衡"用于设置笔画方向的混乱程度；"黑色强度"的值越大，当前图像应用黑色线条的范围越大；"白色强度"用于设置白色线条的应用范围。应用效果如图 9-8 所示。

(a) 原图像　　　　　　　(b) 深色线条滤镜

图 9-8　深色线条滤镜效果

7) 烟灰墨

烟灰墨滤镜使图像看起来像是用蘸满黑色油墨的湿画笔在宣纸上绘画，具有非常黑的柔化模糊边缘的效果。"描边宽度"用于设置笔画的宽度；"描边压力"的值越大，笔画的颜色越深；"对比度"用于设置图像的颜色对比程度。应用效果如图 9-9 所示。

(a) 参数设置　　　　　(b) 原图像　　　　　(c) 烟灰墨滤镜

图 9-9　烟灰墨滤镜效果

8) 阴影线

阴影线滤镜是在保留原图像细节和特征的前提下，产生十字交叉的纹理效果，并使图像中彩色区域的边缘变粗糙。"阴影线"滤镜产生的效果与"成角的线条"效果相似，只是产生的笔触间互为平行线或垂直线，方向不可任意调整。在参数设置中"描边长度"用于设置笔画的长度；"锐化程度"的值越大，笔画越清晰；"强度"的值越大，应用笔画的范围越大。应用效果如图 9-10 所示。

(a) 参数设置　　　　　(b) 原图像　　　　　(c) 阴影线滤镜

图 9-10　阴影线滤镜效果

3. 扭曲滤镜

滤镜库中的扭曲滤镜包括玻璃滤镜、海洋波纹滤镜、扩散亮光滤镜。扭曲滤镜主要对图像进行几何变形，创建三维或其他变形效果。

1) 玻璃滤镜

该滤镜可以模拟透过不同类型的玻璃来观看图像的效果。在参数设置中，"扭曲度"越大，产生的扭曲程度越强烈；"平滑度"越小，产生的效果越明显；"纹理"用来模拟不同的玻璃效果；"反相"用来改变纹理及玻璃效果的方向。应用效果如图 9-11 所示，勾选反相后效果如图 9-12 所示。

(a) 参数设置　　　　　(b) 原图像　　　　　(c) 玻璃滤镜

图 9-11　玻璃滤镜效果

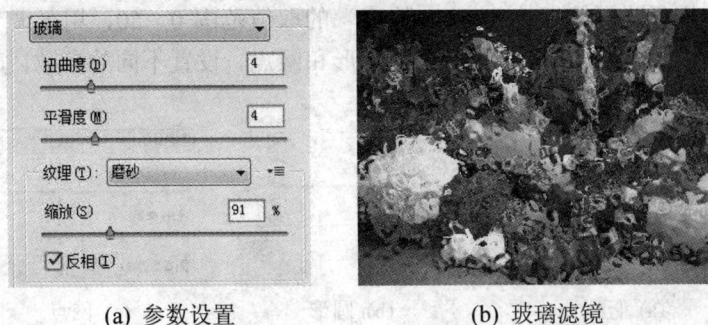

(a) 参数设置　　　　　(b) 玻璃滤镜

图 9-12　勾选反相后的玻璃滤镜效果

2) 海洋波纹

该滤镜可以将随机产生的波纹应用于图像，使图像看起来像在水中。在参数设置中，"波纹大小"的数值越大，产生的波纹效果越大；"波纹幅度"越大，图像产生的变化越大。应用效果如图 9-13 所示。

    (a) 参数设置   (b) 原图像   (c) 海洋波纹滤镜

图 9-13   海洋波纹效果

3) 扩散亮光

扩散亮光滤镜可以在图像中添加白色杂点，使图像产生白光由中心向外扩散的效果。在参数设置中，"粒度"的数值越大，图像产生的白色杂点越多；"发光量"的数值越大，图像越接近白色；"清除数量"用于调整图像力度的数量。应用效果如图 9-14 所示。

    (a) 参数设置   (b) 原图像   (c) 扩散亮光滤镜

图 9-14   扩散亮光滤镜效果

4. 素描滤镜

素描滤镜中的滤镜可以通过不同的绘画手段将纹理添加到图像上。这些滤镜适用于绘画表现，在应用时受到前景色和背景色的影响。

1) 半调图案

在保持连续的色调范围的同时，模拟半调网屏的效果。在参数对话框中，"大小"的取值范围 1～12，用于设置间距大小；"对比度"的取值范围 0～50，用于调节图像前景色与背景色的对比度；"图案类型"包括直线、圆形和网点。设置不同的参数，产生的图像效果各异，如图 9-15 和图 9-16 所示。

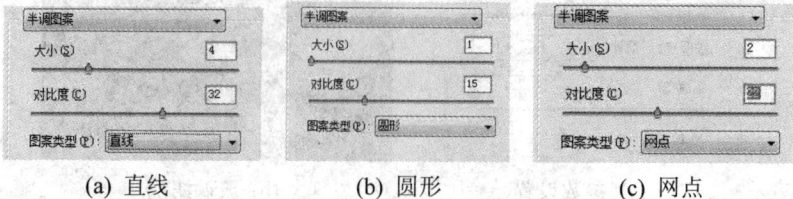

    (a) 直线   (b) 圆形   (c) 网点

图 9-15   半调图案滤镜参数设置

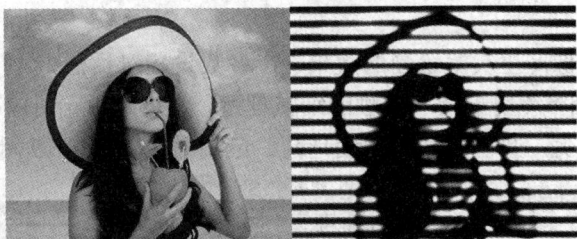

(a) 原图像直线效果

(b) 圆形网点效果

图 9-16　半调图案滤镜效果

2) 便条纸

该滤镜可以使图像呈现凹陷压印后的效果。在参数设置对话框中，"图像平衡"用来调节前景色与背景色所占面积的大小，数值越大，前景色区域越大；"粒度"可以调节图像中的颗粒感；"凸现"的数值越大，凹凸程度越明显。应用效果如图 9-17 所示。

(a) 参数设置　　　　　　(b) 原图像　　　　　　(c) 便条纸滤镜

图 9-17　便条纸滤镜效果

3) 粉笔和炭笔

该滤镜用来模拟粉笔和炭笔绘画的效果。在参数设置对话框中，"炭笔区"为前景色的范围；"粉笔区"为背景色的范围；"描边压力"用于控制笔触的压力。应用效果如图 9-18 所示。

(a) 参数设置　　　　　　(b) 原图像　　　　　(c) 粉笔和炭笔滤镜

图 9-18　粉笔和炭笔滤镜效果

4) 炭笔

该滤镜可以使图像产生炭笔绘画的效果。在参数设置对话框中，"炭笔粗细"用于设置笔触的粗细程度；"细节"用于调节笔触的细腻程度，数值越大，图像越细腻；"明/暗平衡"用于调节图像明暗平衡，数值越大，明度越高。应用效果如图 9-19 所示。

(a) 参数设置   (b) 原图像   (c) 炭笔滤镜

图 9-19 炭笔滤镜效果

5) 炭精笔

炭精笔滤镜用来模拟炭笔画艺术效果，对于处理灰度图像效果更佳。在参数设置对话框中，"前景色阶"的数值范围为 1～15，用于处理前景色的层次，数值越大，层次越多；"背景色阶"的数值范围也是 1～15，用于处理背景色的层次，值越大，背景色越突出；"缩放"用于设置纹理图案的比例；"凸现"用于设置纹理的起伏程度，数值越大纹理越立体。"纹理"类型中包括砖形、粗麻布、画布、砂岩，还可以载入纹理，如图 9-20 所示。"光照"用于设置灯光的位置，其中包含 8 种不同的方向，如左下、右上等，如图 9-21 所示。"反相"主要是将纹理图案进行反相处理。该滤镜应用效果如图 9-22 所示。

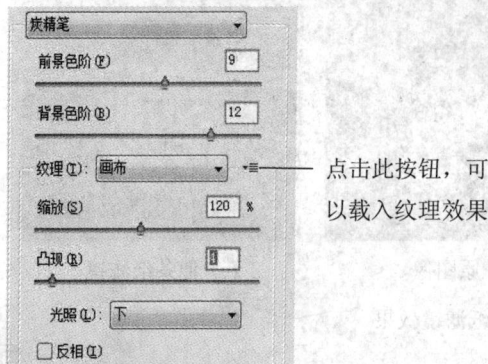

点击此按钮，可以载入纹理效果

光照为左下

光照为右上

图 9-20 载入外挂纹理   图 9-21 光照为左下、右上的效果

(a) 原图像   (b) 炭笔滤镜

图 9-22 炭精笔滤镜效果

6) 铬黄渐变

铬黄渐变滤镜会使图像产生液态金属的效果。应用该滤镜后，图像的变化比较大。在参数设置对话框中，"细节"用于调整细腻程度；"平滑度"主要用于调整效果的光滑程度。应用效果如图 9-23 所示。

(a) 参数设置　　　　　　　(b) 原图像　　　　　　　(c) 铬黄渐变滤镜

图 9-23　铬黄渐变滤镜效果

7) 绘图笔

该滤镜能使图像产生油墨描绘的效果。在参数设置对话框中，"描边长度"用于设置笔触的长度，数值越大，笔触越长；"明/暗平衡"用于调整图像的明暗度，数值越大，前景色的区域越多；"描边方向"中包括右对角线、左对角线、水平、垂直等 4 种类型，用于设置笔触方向。该滤镜应用效果如图 9-24 所示。

(a) 参数设置　　　　　　　(b) 原图像　　　　　　　(c) 绘图笔滤镜

图 9-24　绘图笔滤镜效果

8) 基底凸现

基底凸现滤镜可以使图像呈现浮雕效果，前景色和背景色分别作用于图像深色区域和浅色区域。在参数设置对话框中，"细节"主要体现浮雕效果的细节程度，数值越大，越细腻；"平滑度"用于设置边缘的平滑度，数值越小，浮雕效果越明显；"光照"用于设置光线方向，包括下、左下、左、左上、顶、右上、右、右下等 8 种方向。该滤镜应用效果如图 9-25 所示。

(a) 参数设置　　　　　　　(b) 原图像　　　　　　　(c) 基底凸现滤镜

图 9-25　基底凸现滤镜效果

9) 石膏效果

该滤镜会使图像呈现出类似石膏的效果。前景色反映的是图像的深色区域，背景色反映的是图像的浅色区域。在参数设置对话框中，"图像平衡"数值范围为 1～50，用于调节前景色与背景色的平衡；"平滑度"数值范围为 1～15，用于调节平滑程度；"光照"用于设置光线方向，包括下、左下、左、左上、顶、右上、右、右下等 8 种方向。该滤镜应用效果如图 9-26 所示。

(a) 参数设置　　　　　　(b) 原图像　　　　　　(c) 石膏效果滤镜

图 9-26　石膏效果滤镜效果

10) 水彩画纸

水彩画纸滤镜能产生画面被浸湿、笔触扩散、晕染，仿佛在水彩纸上绘画的效果。在参数设置对话框中，"纤维长度"的数值范围 3～50，数值越大，晕染的效果越明显；"亮度"的数值范围 0～100，用于调节画面的明暗对比；"对比度"用于调节画面的深色与浅色对比。该滤镜应用效果如图 9-27 所示。

(a) 参数设置　　　　　　(b) 原图像　　　　　　(c) 水彩画纸滤镜

图 9-27　水彩画纸滤镜效果

11) 撕边

撕边滤镜可以重建图像，使前景、背景的交界处分裂，呈现粗糙、撕裂的效果。在参数设置对话框中，"图像平衡"的数值范围为 0～50，用于调节前景色与背景色的平衡；"平滑度"的数值范围为 1～15，用于调节平滑程度，数值越大，越清晰；"对比度"的数值范围为 1～25，调节前景色与背景色的对比。该滤镜应用效果如图 9-28 所示。

(a) 参数设置　　　　　　(b) 原图像　　　　　　(c) 撕边滤镜

图 9-28　撕边滤镜效果

12) 图章

图章滤镜可以简化图像，模拟橡皮或者木制图章的效果。在参数设置对话框中，"明/暗平衡"用于设置前景色与背景色的平衡；"平滑度"用于设置图像边缘的平滑程度。该滤镜应用效果如图 9-29 所示。

(a) 参数设置　　　　　　　(b) 原图像　　　　　　(c) 图章滤镜

图 9-29　图章滤镜效果

13) 网状

网状滤镜能使图像呈现不规则的网纹效果，并且在深色区域呈现为块状，光亮区域呈现颗粒状。在参数设置对话框中，"浓度"的数值范围为 0～50，用于设置网格密度；"前景色阶"的数值范围为 0～50，用于调节前景色的层次；"背景色阶"用于调节背景色的层次。该滤镜应用效果如图 9-30 所示。

(a) 参数设置　　　　　　　(b) 原图像　　　　　　(c) 网状滤镜

图 9-30　网状滤镜效果

14) 影印

影印滤镜可用于模拟图像影印的效果，处理之后的图像高亮区域显示前景色，阴暗区域显示背景色。在参数设置对话框中，"细节"的数值范围为 1～24，用于调整图像效果的细腻程度；"暗度"的数值范围为 1～50，主要调整前景色的暗度。参数设置不同，图像效果各异。例如：原图像如图 9-31 所示，设置如图 9-32 所示的不同参数，相对应的影印滤镜效果对比如图 9-33 所示。

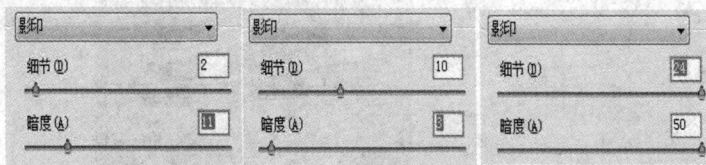

图 9-31　原图像　　　　　　　　　　图 9-32　设置不同参数

图 9-33　影印滤镜效果对比

5. 纹理

纹理滤镜中主要包括：龟裂缝、颗粒、马赛克拼贴、拼缀图、染色玻璃和纹理化等 6 种滤镜，它们使图像呈现出纹理质感。

1) 龟裂缝

该滤镜可以模拟将图像应用在石膏表面，并产生凹凸不平的龟裂纹理。在参数设置对话框中，"裂缝间距"的数值范围为 2～100，用于设置裂纹的间距，数值越大则间距越大；"裂缝深度"的数值范围为 0～10，主要用于设置纹理的深度，数值越大，裂纹越深；"裂缝亮度"的数值范围为 0～10，用于设置裂纹亮度。该滤镜应用效果如图 9-34 所示。

(a) 参数设置　　　　(b) 原图像　　　　(c) 龟裂缝滤镜

图 9-34　龟裂缝滤镜效果

2) 颗粒

该滤镜能在图像中产生不规则的颗粒状纹理。在参数设置对话框中，"强度"的数值范围为 0～100，用于设置颗粒的密度；"对比度"的数值范围为 0～100，主要调整像的对比度；"颗粒类型"用于设置不同的颗粒类型，包括常规、软化、结块、喷洒、强反差、扩大、点刻、斑点、水平和垂直共 10 种类型。如图 9-35 所示为原图像，颗粒类型为垂直产生的效果如图 9-36 所示，其他类型对比如图 9-37 所示。

图 9-35　原图像

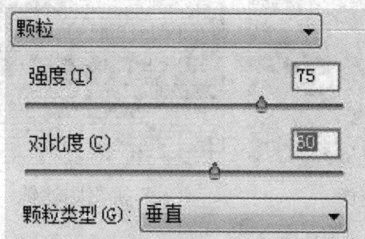

(a) 参数设置

(b) 颗粒类型：垂直

图 9-36 颗粒滤镜效果

(a) 颗粒类型：扩大

(b) 颗粒类型：结块

图 9-37 不同的颗粒滤镜效果

3) 马赛克拼贴

该滤镜使图像呈现马赛克砖块拼贴的效果，但是砖块形状并不是很规则。在参数设置对话框中，"拼贴大小"的数值范围为 0～10，用于设置砖块大小；"缝隙宽度"的数值范围为 0～25，主要用于设置缝隙的宽窄；"加亮缝隙"的数值范围为 0～10，用于设置缝隙亮度。该滤镜应用效果如图 9-38 所示。

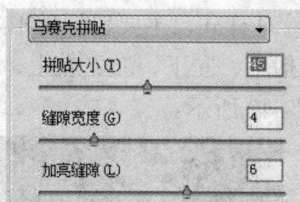

(a) 参数设置

(b) 原图像

(c) 马赛克拼贴滤镜

图 9-38 马赛克拼贴滤镜效果

4) 拼缀图

可以将图像分成许多规则的小方块，每一小块内的平均像素颜色作为该方块的颜色，产生一种建筑拉贴瓷砖的效果。在参数设置对话框中，"方形大小"的数值范围为 0～10，用于设置砖块大小；"凸现"的数值范围为 0～25，主要用于设置间隙的深度，数值越大，凸起越强烈。该滤镜应用效果如图 9-39 所示。

(a) 参数设置　　　　　　(b) 原图像　　　　　　(c) 拼缀图滤镜

图 9-39　拼缀图滤镜效果

5) 染色玻璃

　　该滤镜可以使图像变成不规则的彩色玻璃格子图案效果,格子边缘线用前景色来描绘。在参数设置对话框中,"单元格大小"的数值范围为 2~50,用于设置玻璃格子大小,数值越大,格子越大;"光照强度"的数值范围为 0~10,主要用于设置灯光强度。该滤镜应用效果如图 9-40 所示。

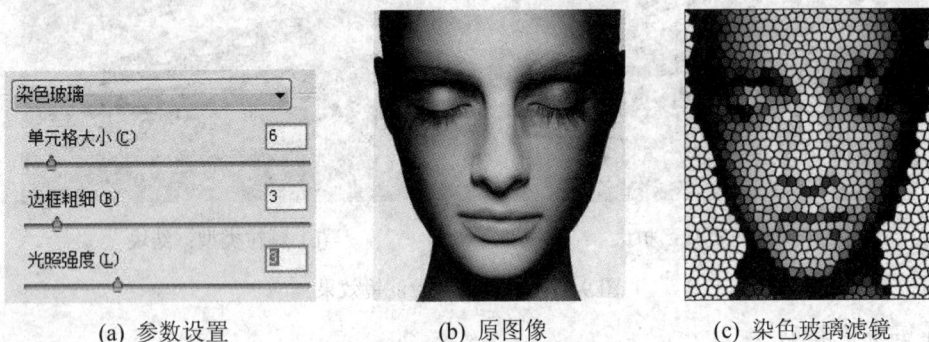

(a) 参数设置　　　　　　(b) 原图像　　　　　　(c) 染色玻璃滤镜

图 9-40　染色玻璃滤镜效果

6) 纹理化

　　该滤镜可以给图像添加各种样式的纹理效果。在参数设置对话框中,"缩放"数值范围为 50%~200%,用于设置纹理的缩放比例;"凸现"的数值范围为 0~50,主要设置纹理的起伏程度,数值越大,起伏效果越明显;"纹理"用来选择纹理样式,主要包括砖形、画布、粗麻布和砂岩等;"光照"用于调整光线的照射方向,包括下、左下、左、左上、顶、右上、右、右下等 8 种方向。该滤镜应用效果如图 9-41 和图 9-42 所示。

(a) 参数设置　　　　　　(b) 原图像　　　　　　(c) 纹理化滤镜

图 9-41　纹理化滤镜效果

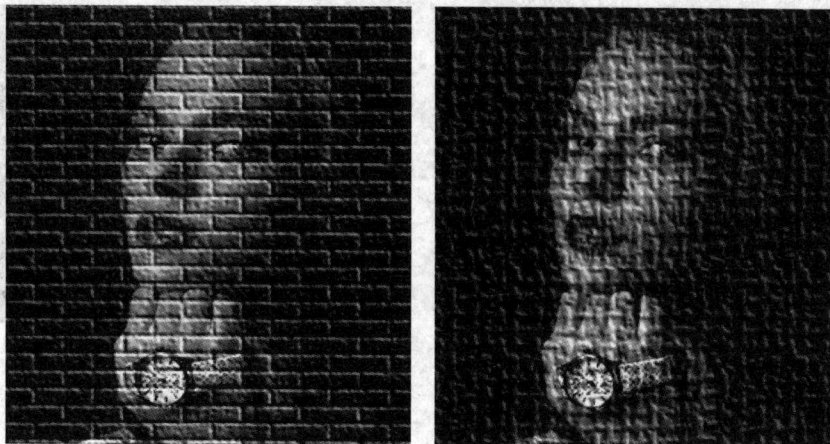

(a) 拼缀效果　　　　　　　　　　(b) 龟裂缝效果

图 9-42　不同纹理效果

6. 艺术效果

艺术效果滤镜就像一位熟悉各种绘画风格和绘画技巧的"艺术大师"，可以使一幅平淡的图像呈现各种不同的艺术效果。艺术效果滤镜能产生油画、水彩画、铅笔画等艺术效果，它包含的艺术效果如图 9-43 所示。

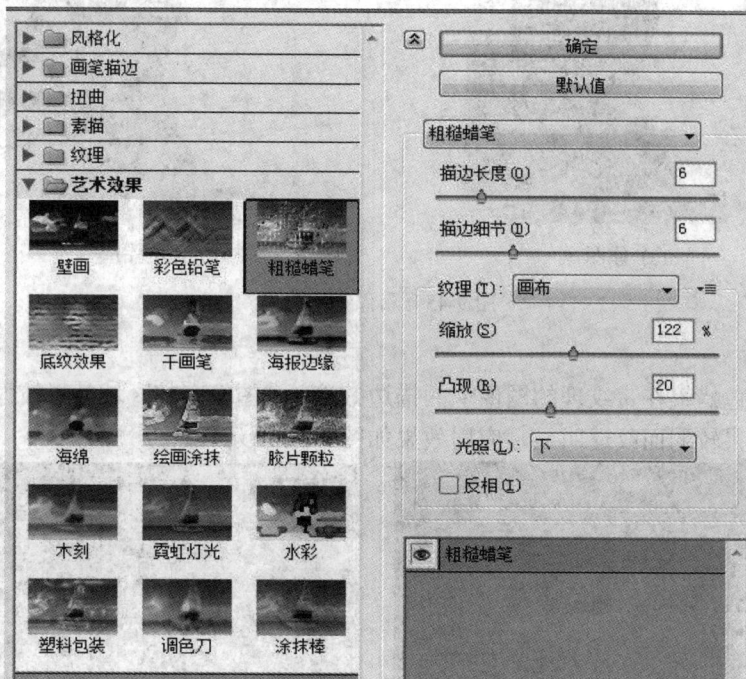

图 9-43　艺术效果滤镜

1) 壁画

能强烈地改变图像的对比度，使暗调区域的图像轮廓更清晰，形成一种类似古壁画的效果。应用效果如图 9-44 所示。

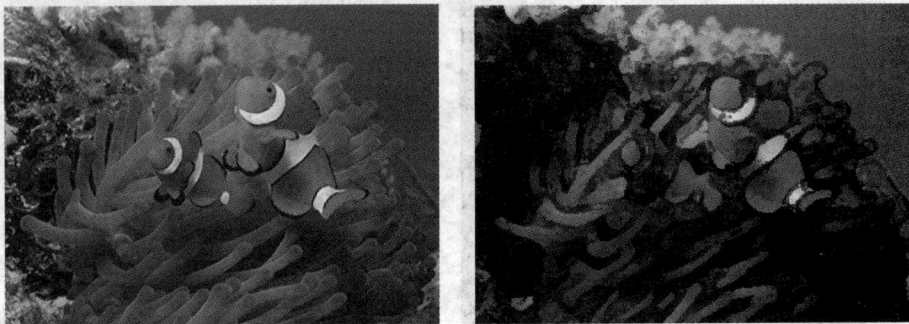

(a) 原图像　　　　　　　　　　　　　　　(b) 壁画

图 9-44　壁画效果

2) 彩色铅笔

　　模拟使用彩色铅笔在纯色背景上绘制图像。图像中主要的边缘被保留并带有粗糙的阴影线外观，纯背景色通过较光滑区域显示出来。应用效果如图 9-45 所示。

(a) 原图像　　　　　　　　　　　　　　　(b) 彩色铅笔

图 9-45　彩色铅笔效果

3) 粗糙蜡笔

　　模拟用彩色蜡笔在带纹理的图像上的描边效果。在图像亮部区域效果较厚，纹理较浅；在暗部区域效果较弱而纹理明显。应用效果如图 9-46 所示。

(a) 原图像　　　　　　　　　　　　　　　(b) 粗糙蜡笔

图 9-46　粗糙蜡笔效果

4) 底纹效果

底纹效果可以产生一种在带有纹理的背景上绘制图像的效果。应用效果如图9-47所示。

(a) 原图像   (b) 底纹

图 9-47 底纹效果

5) 干画笔

模仿使用干燥的画笔来描绘图像，笔迹边缘断断续续，产生一种干枯的油画效果。应用效果如图 9-48 所示。

(a) 原图像   (b) 干画笔

图 9-48 干画笔效果

6) 海报边缘

可根据设置减少图像中的颜色数量，能够查找图像的边缘并在边缘绘制黑色线条。应用效果如图 9-49 所示。

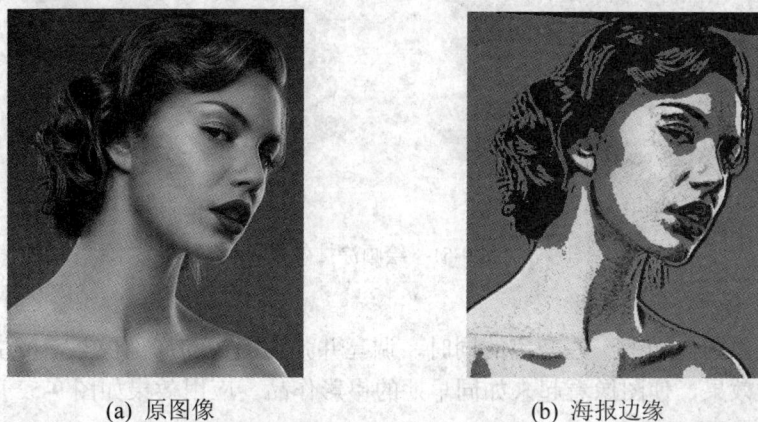

(a) 原图像   (b) 海报边缘

图 9-49 海报边缘效果

7) 海绵

可以产生画面被浸湿的效果，颜色对比比较强烈。应用效果如图 9-50 所示。

(a) 原图像　　　　　　　　　　(b) 海绵

图 9-50　海绵效果

8) 绘画涂抹

可以使用不同类型的画笔来涂抹图像，包括简单、未处理光照、未处理深色、宽锐化、宽模糊、火花共 6 种画笔。应用效果如图 9-51 所示。

(a) 原图像　　　　　　　　　　(b) 画笔类型：简单

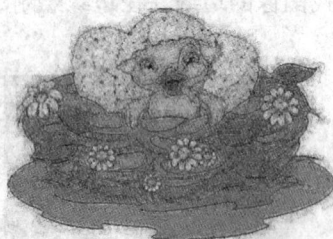
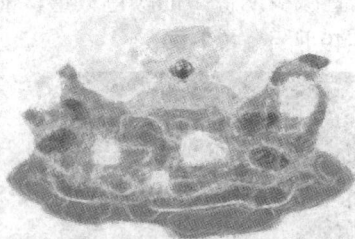

(c) 画笔类型：宽锐化　　　　　　(d) 画笔类型：火花

图 9-51　绘画涂抹效果

9) 胶片颗粒

能够在给原图像加上一些杂色的同时，调亮并强调图像的局部像素，产生一种类似胶片颗粒的纹理效果，使图像看起来如同早期的摄影作品。应用效果如图 9-52 所示。

10) 木刻

可以将彩色图像处理成由多层彩纸构成的效果，而高对比的图像看起来像剪影效果。

应用效果如图 9-53 所示。

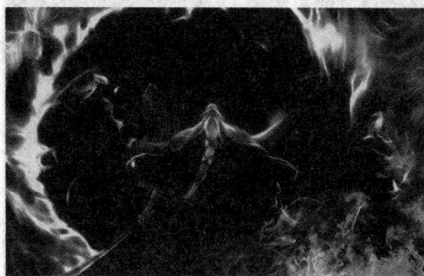　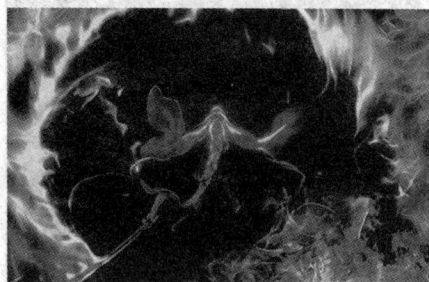

(a) 原图像　　　　　　　　　　　　(b) 胶片颗粒

图 9-52　胶片颗粒效果

　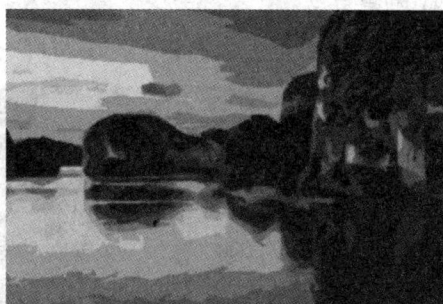

(a) 原图像　　　　　　　　　　　　(b) 木刻

图 9-53　木刻效果

11) 霓虹灯光

可以将霓虹灯的发光效果添加到图像上，柔化图像外观并产生一种朦胧的效果。应用效果如图 9-54 所示。

(a) 原图像　　　　　　　　　　　　(b) 霓虹灯光

图 9-54　霓虹灯光效果

12) 水彩

使图像产生类似于水彩画的绘制效果，当边缘有明显的色调变化时，颜色会更加饱满。应用效果如图 9-55 所示。

(a) 原图像　　　　　　　　　　　　　　(b) 水彩

图 9-55　水彩效果

13) 塑料包装

可以使图像看上去像被蒙上一层塑料一样。应用效果如图 9-56 所示。

(a) 原图像　　　　　　　　　　　　　　(b) 塑料包装

图 9-56　塑料包装效果

14) 调色刀

可以减少图像中的细节，产生淡淡地描绘图像的效果。应用效果如图 9-57 所示。

(a) 原图像　　　　　　　　　　　　　　(b) 调色刀

图 9-57　调色刀效果

15) 涂抹棒

可以模拟手指涂抹的效果，使用较短的对角描边涂抹暗部区域，以柔化图像。应用效果如图 9-58 所示。

(a) 原图像 　　　　　　　　　(b) 涂抹棒

图 9-58 涂抹棒效果

9.3.2 风格化滤镜组

风格化滤镜是通过替换像素或增强相邻像素对比度，强化图像边缘等技术，使图像生成绘画或印象派艺术的效果。

1. 查找边缘

通过搜索主要颜色的变化区域突出边缘效果。将高反差区域变亮，低反差区域变暗，其他区域介于两者之间，柔边变粗，硬边变成线条，从而形成较清晰的轮廓。该滤镜没有参数设置。应用效果如图 9-59 所示。

(a) 原图像 　　　　　　　　　(b) 查找边缘

图 9-59 查找边缘效果

2. 等高线

通过查找图像中主要亮度区域，为每个颜色勾勒边界，与查找边缘滤镜相似。通过设置不同参数，得到不同的效果。应用效果如图 9-60 所示。

 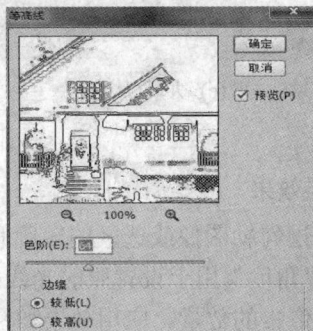

(a) 原图像 　　　　　　　　　(b) 参数设置

(c) 边缘较低   (d) 边缘较高

图 9-60　等高线效果

3. 风

通过在图像中增加一些小的水平线而产生风吹的效果，该滤镜只在水平方向起作用。在参数设置对话框中有 3 种风：风、大风、飓风；两种方向：从左向右、从右向左。应用效果如图 9-61 所示。

(a) 原图像   (b) 风(从右)

(c) 大风(从右)   (d) 飓风(从左)

图 9-61　风滤镜效果

4. 浮雕效果

主要通过勾勒图像或选区的轮廓和降低周围颜色值来生成凹凸起伏效果。在参数设置对话框中，"角度"用于设置照射光线的角度；"高度"用于设置起伏的程度；"数量"用于调整黑、白像素的数量。应用效果如图 9-62 所示。

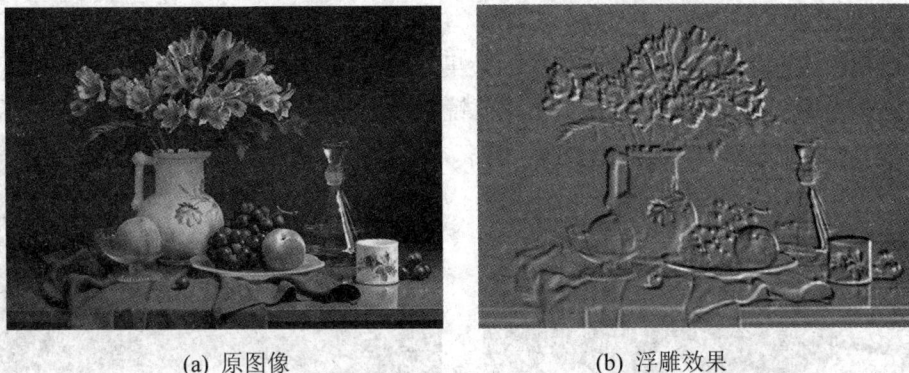

(a) 原图像   (b) 浮雕效果

图 9-62   浮雕效果滤镜

5. 扩散

可以将图像中相邻的像素随机替换，使图像扩散，产生一种类似于透过磨砂玻璃观看图像的效果。在参数设置对话框中有 4 种扩散模式：正常、变暗优先、变亮优先和各向异性。应用效果如图 9-63 所示。

(a) 原图像   (b) 扩散

图 9-63   扩散效果

6. 拼贴

可以模拟将图像分割成许多瓷砖，然后拼贴在一起。在参数设置对话框中，"拼贴数"用于设置分割的数量；"位移"用于设置相邻砖块相互错开的距离；"填充空白区域"有 4 个选项：背景色(所产生的空白用背景色填充)、前景色(所产生的空白用前景色填充)、反向图像(原图像的反色填充)、未改变的图像填充。应用效果如图 9-64 所示。

(a) 原图像   (b) 拼贴

图 9-64   拼贴效果

7. 曝光过度

可以使图像产生正片和负片相混合的效果，类似于摄影中过度曝光的效果。该滤镜无参数设置。应用一次该滤镜和多次应用该滤镜的效果相同。应用效果如图 9-65 所示。

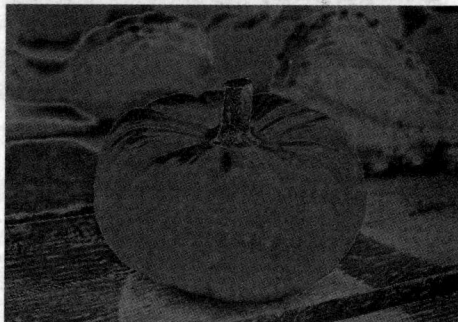

(a) 原图像　　　　　　　　　　　(b) 曝光过度

图 9-65　曝光过度效果

8. 凸出

可以将图像分解成一系列大小相同但有重叠的立方体或者椎体，并给图像添加凸出效果。在参数设置对话框中，"类型"有块和金字塔两种，用于设定凸出类型；"大小"的值越大，生成的立方体和锥体越大；"深度"即排列深度，其后面的两个单选按钮为随机和基于色阶，用于定义凸出的排列方式；"立方体正面"如果勾选，将用该块的平均颜色填充立方块的正面；"蒙版不完整块"如果勾选，在生成的图像中将不完全显示凸出块。应用效果如图 9-66 所示。

(a) 原图像　　　　　　　　　　　(b) 凸出

图 9-66　凸出效果

9.3.3　模糊滤镜组

模糊滤镜组中的滤镜命令，可以不同程度地减少图像相邻像素间颜色的差异，将边缘过于清晰或对比度过于强烈的区域进行模糊，产生各种不同的模糊效果，起到柔化图像的作用。

1. 表面模糊

可以在保留边缘的同时模糊图像，并且消除杂色和颗粒。在参数设置对话框中，"半径"用于指定模糊取样大小；"阈值"用于调整相邻像素与中心像素差值。应用效果如图 9-67 所示。

<table>
<tr><td>(a) 原图像</td><td>(b) 表面模糊</td></tr>
</table>

图 9-67　表面模糊滤镜

2. 动感模糊

可以让图像按照指定的方向，以指定的距离进行模糊，产生沿某一方向运动的模糊效果，类似于拍摄一个高速运动的对象。应用效果如图 9-68 所示。

<table>
<tr><td>(a) 原图像</td><td>(b) 动感模糊</td></tr>
</table>

图 9-68　动感模糊滤镜

3. 方框模糊

方框模糊滤镜使用相近的像素平均颜色值来模糊图像。应用效果如图 9-69 所示。

<table>
<tr><td>(a) 原图像</td><td>(b) 方框模糊</td></tr>
</table>

图 9-69　方框模糊滤镜

4. 高斯模糊

高斯模糊滤镜通过设置高斯曲线的分布，有选择地模糊图像。应用效果如图 9-70 所示。

5. 模糊和进一步模糊

这两种滤镜都可以使图像产生轻微的模糊效果，但变化不明显。相对于模糊滤镜而言，

进一步模糊滤镜所产生的模糊大约是模糊滤镜的 3～4 倍。这两个滤镜没有参数设置。应用
效果如图 9-71 所示。

(a) 原图像   (b) 高斯模糊

图 9-70   高斯模糊滤镜

(a) 原图像   (b) 模糊   (c) 进一步模糊

图 9-71   模糊和进一步模糊

6. 径向模糊

能够使图像产生旋转模糊或放射模糊效果，类似缩放或旋转相机拍摄物体所产生的效
果。应用效果如图 9-72 和图 9-73 所示。

(a) 原图像   (b) 参数设置对话框

图 9-72   参数设置

(a) 旋转   (b) 缩放

图 9-73   径向模糊滤镜

7. 镜头模糊

镜头模糊能制造出最接近镜头的景深效果，使图像中的一部分在焦点内，其他区域变模糊。其中的主要参数：光圈"半径"参数值由选择的光圈形状决定景深的内核大小范围及深度，越大效果越明显；"镜面高光"参数值的阈值是选择需要加亮的像素。

应用镜头模糊滤镜操作如下：

(1) 打开如图 9-74 所示原图像文件，复制图层，添加蒙版，在蒙版上拉一个黑白渐变，如图 9-75 所示。

(2) 选中图层副本的缩览图，执行"滤镜→模糊→镜头模糊"命令。调整参数：主要调整模糊焦距和半径；在"源"的选项中选择图层蒙版。如图 9-76 所示。

(3) 在图层蒙版里适当调整模糊的位置。效果如图 9-77 所示。

图 9-74　打开原图像

图 9-75　在蒙版上拉出黑白渐变

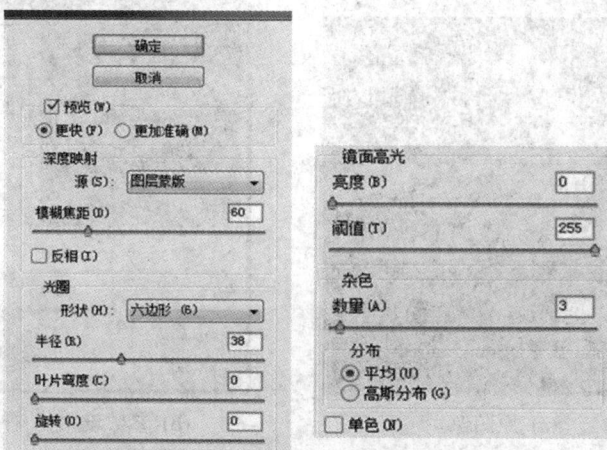

图 9-76　设置参数

图 9-77　镜头模糊滤镜应用效果

8. 平均

平均滤镜通过找出图像或选区的平均颜色, 然后使用该颜色填充图像或选区以创建平滑的外观。平均滤镜没有参数设置。应用效果如图 9-78 所示。

原图像   平均

图 9-78　平均滤镜效果

9. 特殊模糊

特殊模糊滤镜可以产生一种清晰边界的模糊。该滤镜能够找到图像边缘并只模糊图像边界线以内的区域。在参数设置对话框中, "半径"是模糊的取样大小; "阈值"用于调整相邻像素与中心像素差值; "品质"用于体现模糊的质量, 包括低、中、高 3 个选项; "模式"包括正常、仅限边缘(当前图像背景变为黑色, 物体边缘为白色)、叠加边缘(会把图像一些纹理的边缘变为白色)。应用效果如图 9-79 所示。

(a) 原图像   (b) 参数设置

(a) 仅限边缘   (b) 叠加边缘

图 9-79　特殊模糊

10. 形状模糊

　　形状模糊可以用指定的内核形状来创建特殊的模糊效果。在自定形状预设列表中选取一种内核，并使用"半径"滑块来调整其大小，半径决定了内核的大小，内核越大，模糊效果越好；同时还可以载入不同的形状库。应用效果如图 9-80 所示。

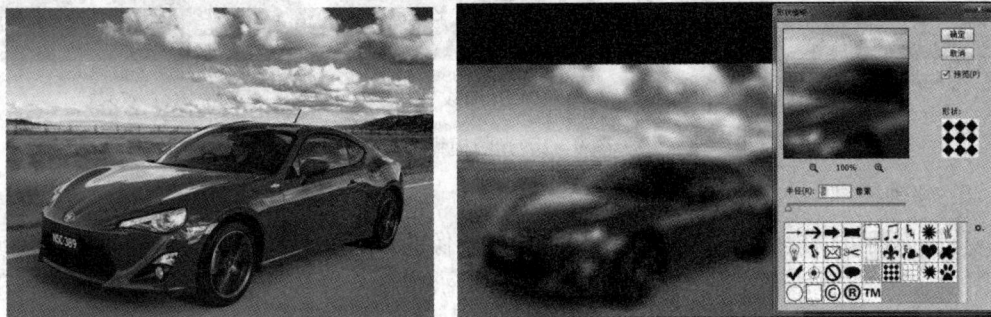

(a) 原图像　　　　　　　　　　　　　　(b) 形状模糊

图 9-80　形状模糊效果

9.3.4　模糊画廊滤镜

　　模糊画廊滤镜可以通过直观的图像控件快速创建截然不同的图像模糊效果。应用该滤镜的过程中按 Esc 键可退出，按 Enter 键则应用该效果。

1. 场景模糊

　　该滤镜通过定义具有不同模糊量的多个模糊点来创建渐变的模糊效果。在图像中任意位置单击即可添图钉，按 Delete 键可删除图钉。拖动控制点可以增加或减少模糊的程度，也可以在设置面板中指定模糊值。"光源散景"用来设置高光照射的区域；"散景颜色"用于设置颜色是否要散开。应用效果如图 9-81 所示。

(a) 原图像　　　　　　　　　　　　　　(b) 场景模糊

图 9-81　场景模糊效果

2. 光圈模糊

　　光圈模糊对图片模拟浅景深效果，可以定多个焦点。如图 9-82 所示，光圈模糊实际上就是一个圆圈，这个圆圈可以调整形状、大小，圆圈内的图像不会模糊，圆圈外的图像就会模糊。

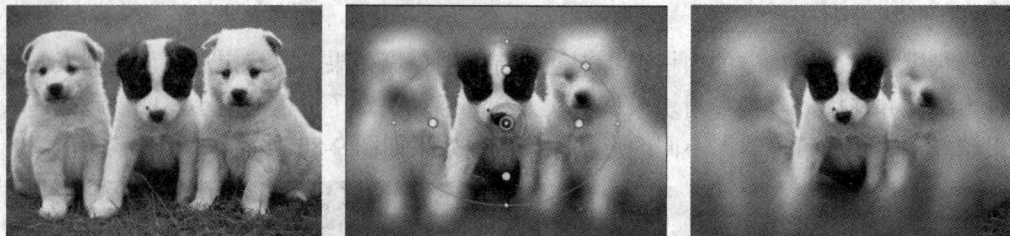

(a) 原图像   (b) 光圈设置   (c) 效果

图 9-82   光圈模糊效果

3. 移轴模糊

移轴模糊可以模拟"倾斜偏移"镜头拍摄图像的效果。以线的形式调节模糊的区域,两根实线之内的区域不会被模糊,实线外的区域被模糊;直接拖动线条即可调整距离和方向等。移轴模糊的参数设置如图 9-83 所示,效果如图 9-84 所示。

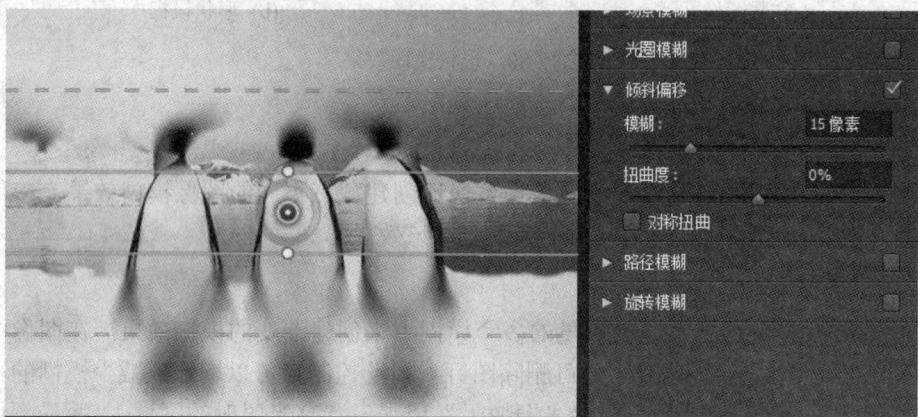

图 9-83   参数设置

(a) 原图像   (b) 移轴模糊

图 9-84   移轴模糊效果

4. 路径模糊

路径模糊是沿路径的方向创建模糊效果。模糊程度会根据路径的方向来设定,参数设置如图 9-85 所示。路径可以是直线或曲线;"速度"的值越大模糊程度越高;"锥度"的值越小可以看到的模糊的线条越明显。应用效果如图 9-86 所示。

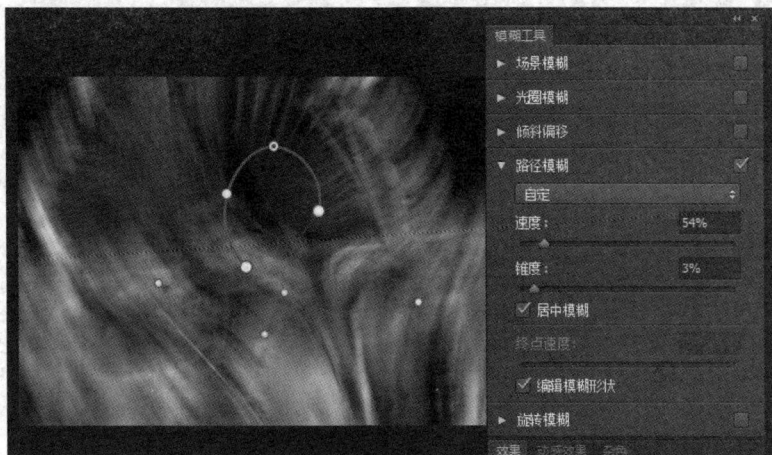

图 9-85 参数设置

(a) 原图像

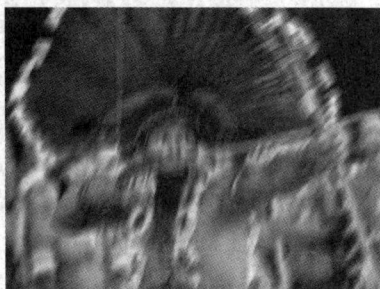

(b) 路径模糊

图 9-86 路径模糊效果

5. 旋转模糊

旋转模糊与光圈模糊类似，唯一不同的是圈内模糊会产生旋转效果，可以制作圆形拉丝的效果。可以设置多个旋转模糊，应用效果如图 9-87 所示。

(a) 原图像

(b) 旋转模糊

图 9-87 旋转模糊效果

9.3.5 扭曲滤镜组

扭曲滤镜组中的滤镜和滤镜库中的扭曲滤镜功能类似，主要对图像进行几何变形，创建三维或其他变形效果。

1. 波浪

使图像产生波浪起伏的扭曲效果。参数设置对话框中如图 9-88 所示。

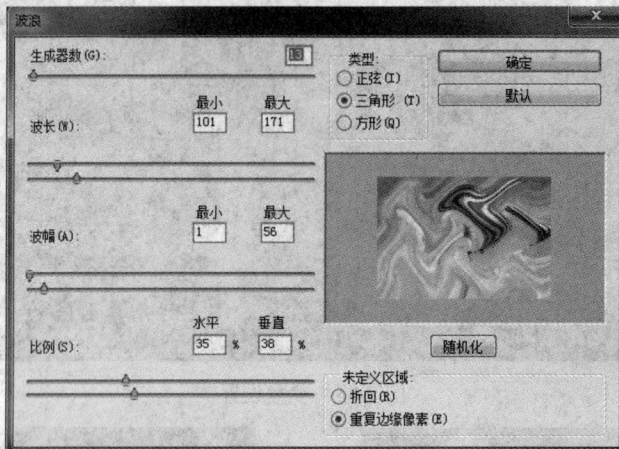

图 9-88　"波浪"参数设置对话框

在参数设置对话框中"生成器数"用于控制产生的波的数量，数值范围是 1～999，数值越大，图像中的重影越多；"波长"用于决定相邻两个波峰之间的水平距离，最大值与最小值相互制约，最大值必须大于或等于最小值；"波幅"用于决定波的高度，最大值必须大于或等于最小值；"比例"用于控制图像在水平或者垂直方向上的变形程度。"类型"有正弦、三角形和方形三种；"随机化"每单击一下此按钮都可以生成一种随机效果；"折回"用于将变形后超出图像边缘的部分反卷到图像的对边；"重复边缘像素"用于将超出图像的部分分布到图像的边界上。应用效果如图 9-89 所示。

(a) 原图像

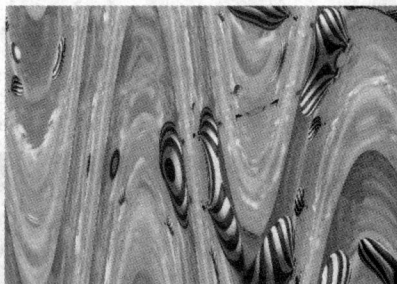

(b) 正弦折回

(c) 三角形重复边缘像素

(d) 方形折回

图 9-89　波浪效果

2. 波纹

波纹滤镜可以使图像产生水波纹涟漪的效果，与波浪滤镜效果类似，但只能设置波纹的数量和大小。应用效果如图 9-90 所示。

(a) 原图像　　　　　　　　　　　　　　　(b) 波纹

图 9-90　波纹效果

3. 极坐标

极坐标滤镜可以将图像从平面坐标系转换成极坐标系，或者从极坐标系转换到平面坐标系，图像的扭曲效果较明显。应用效果如图 9-91 所示。

 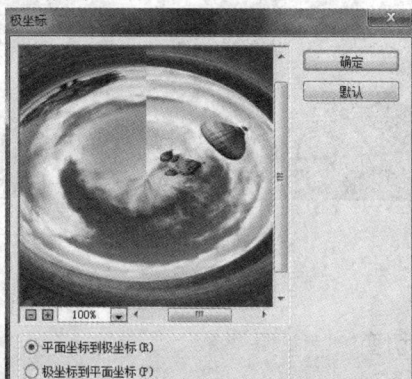

(a) 原图像　　　　　　　　　　　　　　　(b) 参数设置

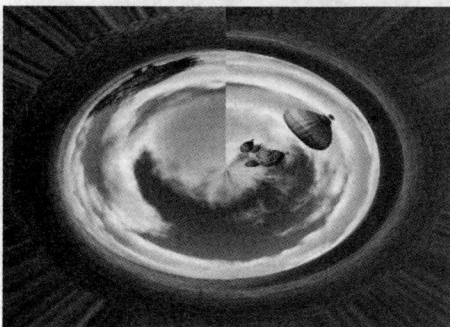 

(c) 平面坐标到极坐标　　　　　　　　(d) 极坐标到平面坐标

图 9-91　极坐标效果

4. 挤压

挤压滤镜可以将图像向外膨胀或向内挤压，利用选区做局部缩小或者放大的效果更佳。

应用效果如图 9-92 所示。

(a) 原图像

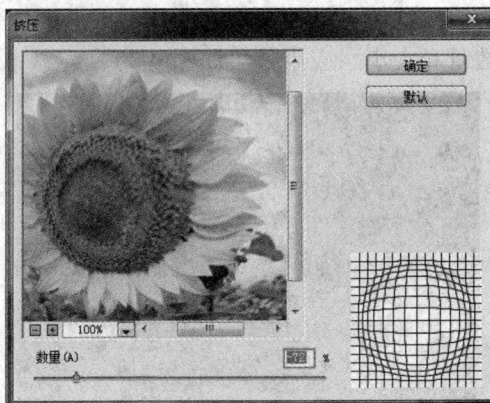

(b) 参数设置

(c) 挤压数量 100%

(d) 挤压数量-100%

图 9-92 挤压效果

5. 切变

切变滤镜可以将图像沿着一条曲线进行扭曲。它主要通过拖曳调整框中的曲线使图像扭曲。应用效果如图 9-93 所示。

(a) 原图像

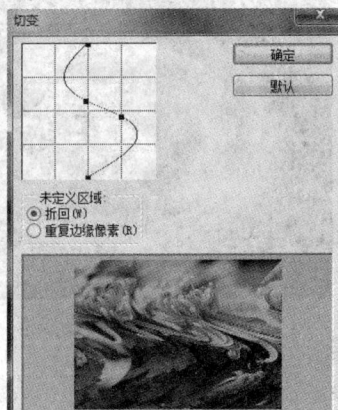

(b) 参数设置

(c) 折回　　　　　　　　　　　　　　　(d) 重复边缘像素

图 9-93　切变效果

6. 球面化

　　球面化滤镜可以将图像或选区内的部分图像扭曲为球形，也可以使图像收缩凹陷，效果与挤压滤镜相似。在参数设置中，"数量"用于控制图像变形的强度，正值产生凸出效果，负值产生凹陷效果；"模式"有正常(在水平和垂直方向上共同变形)、水平优先(只在水平方向上变形)、垂直优先(只在垂直方向上变形)三种。应用效果如图 9-94 所示。

(a) 原图像　　　　　　　　　　　　　　　(b) 参数设置

(c) 球面化数量–100%　　　　　　　　　　(d) 球面化数量 100%

图 9-94　球面化效果

7. 水波

水波滤镜可以使图像按照各种设定产生抖动的扭曲，生成同心圆状的波纹效果，就像是荡起涟漪一样，适当地借助选区效果更佳。在参数设置对话框中，"数量"为波纹的波幅；"起伏"用于控制波纹的密度；"样式"中有 3 个选项：围绕中心(将图像的像素绕中心旋转)、沿中心扩散(按照起伏的数量设定方向，数值为正时向外移动，数值为负时向内移动)、水池波纹(使图像产生同心圆状的波纹)。应用效果如图 9-95 所示。

(a) 原图像、参数设置

(b) 水池波纹

(c) 从中心向外

图 9-95　水波效果

8. 旋转扭曲

旋转扭曲滤镜可以使图像产生顺时针或逆时针旋转的效果，旋转的中心为图像的中心。参数设置中只有"角度"设置选项，负值表示逆时针旋转，正值表示顺时针旋转。该滤镜应用效果如图 9-96 所示。

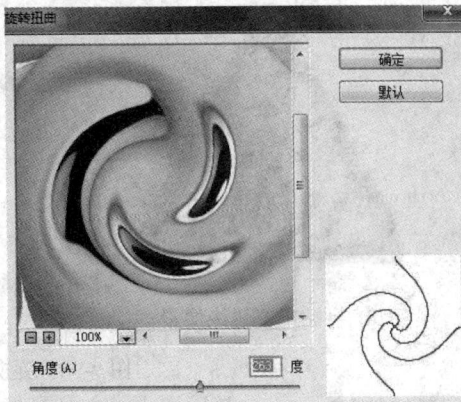

(a) 原图像　　　　　　　　　　　　　　(b) 参数设置

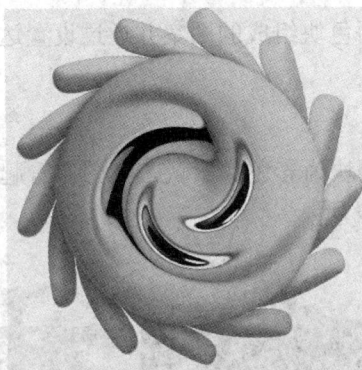

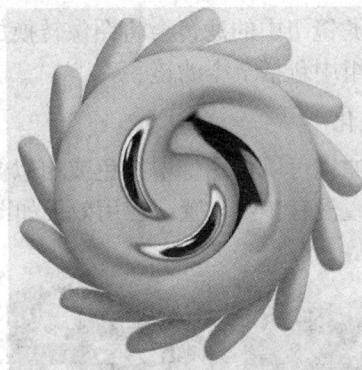

(c) 顺时针扭曲　　　　　　　　　　　　(d) 逆时针扭曲

图 9-96　旋转扭曲效果

9. 置换

置换滤镜可以用另外一张图像(必须是 PSD 格式)的亮度值使当前图像的像素重新排列，产生位移。该滤镜比较难理解，变形、扭曲的效果无法准确预测。在参数设置对话框中，"水平比例"和"垂直比例"用于定义置换滤镜在水平方向和垂直方向移动像素的程度；"置换图"用于位移图的匹配，主要把当前图像伸展到合适的位置；"未定义区域"有 2 个选项和"切变滤镜"中的相似。如图 9-97 所示为参数设置，应用效果如图 9-98 所示。

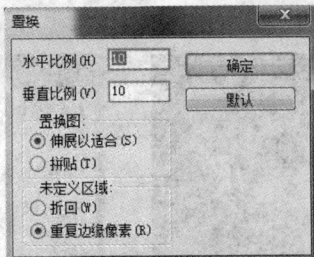

(a) 原图像　　　　　　　(b) 参数设置　　　　　　(c) 选取的置换图像

图 9-97　置换滤镜参数设置

(a) 拼贴重复边缘像素　　　　　　　　(b) 伸展以适合折回

图 9-98　置换效果

9.3.6　像素化滤镜组

像素化滤镜组中的滤镜会将图像转换成平面色块组成的图案并通过设置达到不同的效果。该滤镜组中包括 7 个滤镜。

1. 彩块化

彩块化滤镜可以将图像中纯色或相似像素结块为彩色像素块，使图像看起来像手绘的效果。该滤镜没有参数设置。应用效果如图 9-99 所示。

(a) 原图像　　　　　　　　　　　　(b) 彩块化

图 9-99　彩块化滤镜效果

2. 彩色半调

彩色半调滤镜可以在图像的每个通道上模拟使用放大的半调网屏的效果。在参数设置对话框中，"最大半径"决定产生半色调网格的大小；"网屏角度"用于设置每一颜色通道的网点角度(RGB 模式可使用 3 个通道，灰度模式只能使用通道 1，CMYK 模式可使用所有的通道)。应用效果如图 9-100 所示。

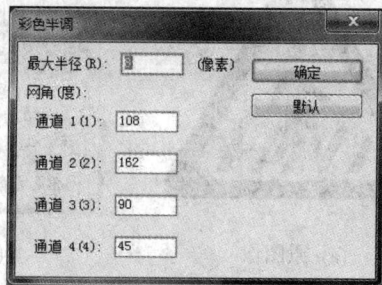

(a) 原图像　　　　　　　　　　(b) 参数设置

(c) RGB 模式　　　　　　　　　　(d) 灰度模式

图 9-100　彩色半调滤镜效果

3. 点状化

点状化滤镜可以将图像中的颜色分散成随机分布的网点，其中背景颜色作为网点之间画布的颜色。

参数设置中，"单元格大小"决定了产生的网点大小，数值越大，图像的变化越大。应用效果如图 9-101 所示。

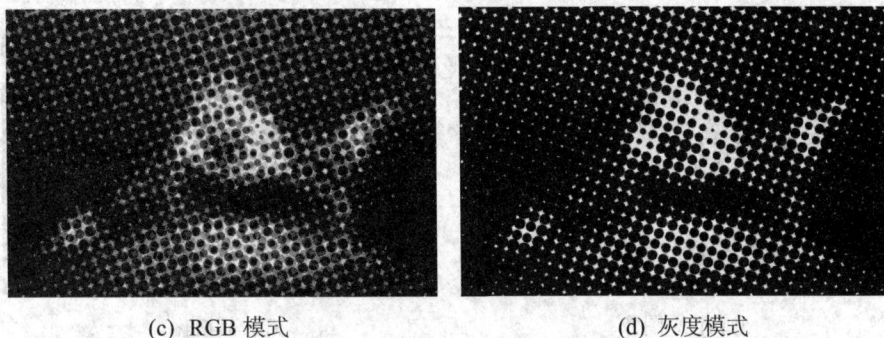

(a) 原图像　　　　　　　　　　(b) 参数设置

(c) 单元格较小　　　　　　　　　(d) 单元格较大

图 9-101　点状化滤镜效果

4. 晶格化

晶格化滤镜可以使图像中相近的像素集结为纯色的多边形。参数设置中只有"单元格大小"，用于设置分块的大小。应用效果如图 9-102 所示。

(a) 原图像　　　　　　　　　　　(b) 晶格化

图 9-102　晶格化滤镜效果

5. 马赛克

马赛克滤镜将图像中的像素结为方块，呈现出类似马赛克的效果。参数设置中只有"单元格大小"，用于设置方块的大小。应用效果如图 9-103 所示。

(a) 原图像　　　　　　　　　　　(b) 马赛克

图 9-103　马赛克滤镜效果

6. 碎片

碎片滤镜可以将图像中的像素复制 4 次，然后将它们平均分布并且相互偏移。该滤镜没有参数设置。应用效果如图 9-104 所示。

(a) 原图像　　　　　　　　　　　(b) 碎片

图 9-104　碎片滤镜效果

7. 铜版雕刻

铜版雕刻滤镜可以将灰度图像转换为黑白区域的随机图案，或将彩色图像转换为全饱和颜色随机图案，模拟不光滑或年代已久的图像效果。由于多个通道都对应相应的灰度图，所以用此滤镜处理后的彩色图的色彩效果会降低。在参数设置对话框中主要是"类型"选项，其中设有 10 种类型的效果，例如：精细点、中等点、粒状点、中长直线等。应用效果如图 9-105 所示。

(a) 原图像

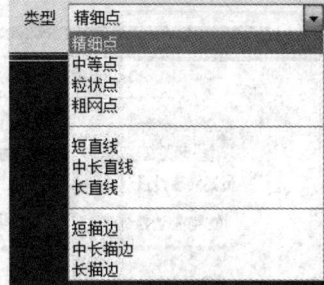

(b) 参数设置

(c) 类型：精细点 灰度图

(d) 类型：短直线

图 9-105　铜版雕刻滤镜效果

9.3.7　锐化滤镜组

锐化滤镜主要通过增强相邻像素之间的对比度来减弱或消除图像的模糊程度，以得到清晰的效果，它可用于处理由于摄影及扫描等原因造成的图像模糊。

1. USM 锐化

USM 锐化滤镜是所有锐化滤镜中效果最强的滤镜。它在处理过程中使用模糊蒙版，使图像产生边缘轮廓锐化效果。在参数设置中，"数量"用于限定锐化的程度，值越大锐化效果越明显；"半径"用来设定图像轮廓边缘被锐化的范围，分辨率较高的图像在设置时需要较大的半径值；"阈值"规定相邻像素间的差值达到该选项所设定的值时才会起作用。应用效果如图 9-106 所示。

(a) 原图像

(b) USM 锐化

图 9-106　USM 锐化滤镜效果

2. 防抖

防抖滤镜能够将拍照时因抖动而导致模糊的照片修改成正常的清晰效果。参数设置对话框如图 9-107 所示。

图 9-107　防抖滤镜参数设置

"模糊临摹边界"是整个处理的最基础锐化，即先由它勾出大体轮廓，然后再由其他参数辅助修正，取值范围由 10 像素～199 像素，数值越大锐化效果越明显。当该参数取值较高时，图像边缘的对比会明显加深，并会产生一定的晕影，这是很明显的锐化效应。因此在取值时除了要保证画面足够清晰外，还要尽可能照顾到不产生明显晕影。其余的参数可以随意拖动滑块进行微调，在左侧窗口可以看到渲染最终效果。应用效果如图 9-108 所示。

　　　　(a) 原图像　　　　　　　　　　　　　　　　(b) 防抖滤镜

图 9-108　防抖滤镜效果

3. 锐化和进一步锐化

这两个滤镜都可以通过增加像素之间的对比度使图像变得清晰，但是进一步锐化效果比锐化效果明显。这两个滤镜没有参数设置。应用效果如图 9-109 所示。

(a) 原图像　　　　　　　　(b) 锐化　　　　　　　(c) 进一步锐化

图 9-109　锐化和进一步锐化滤镜效果

4. 锐化边缘

该滤镜仅仅锐化图像的边缘部分，使得界线明显，但是会保留图像整体的平滑度。该滤镜没有参数设置。应用效果如图 9-110 所示。

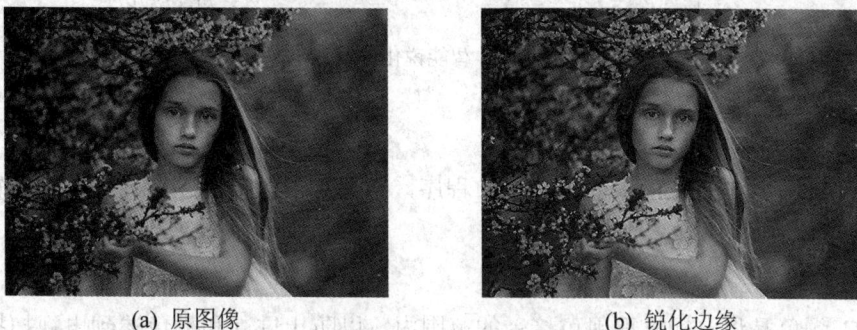

(a) 原图像　　　　　　　　　　　　　　　(b) 锐化边缘

图 9-110　锐化边缘滤镜效果

5. 智能锐化

智能锐化滤镜具有 USM 锐化滤镜所没有的锐化控制功能，可以设置锐化算法、控制阴影和高光区域的锐化量，使图像的细节清晰。参数设置对话框中，"数量"用于设置锐化量，值越大，像素边缘对比度越强；"半径"决定边缘像素周围受锐化影响的锐化数量，半径越大，受影响的边缘越宽，锐化效果也越明显；"移去"主要用于设置锐化算法，包括：高斯模糊、镜头模糊和动感模糊。参数设置如图 9-111 所示。

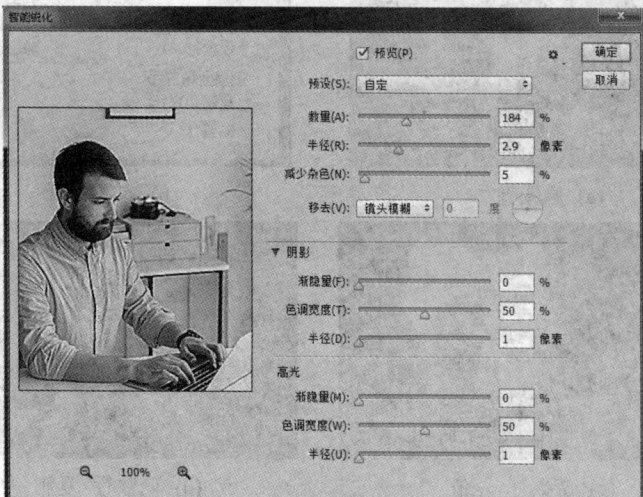

图 9-111　智能锐化滤镜参数设置

　　"阴影"和"高光"中的渐隐量主要用于调整阴影或高光的锐化量；色调宽度用于控制阴影或高光中间色调的修改范围，向左移动滑块会减小色调宽度值，向右移动则会增加该值。应用效果如图 9-112 所示。

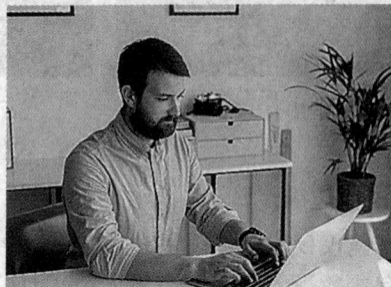

(a) 原图像　　　　　　　　　　　　　　(b) 智能锐化

图 9-112　智能锐化滤镜效果

9.3.8　视频滤镜组

　　这组滤镜属于 Photoshop 的外部接口程序，用来从摄像机输入图像或将图像输出到录像带上。

1. NTSC 颜色

　　NTSC 颜色是将电视机重现可接受的范围内，以防止过饱和颜色渗到电视扫描行中。该滤镜不能应用于灰度，CMYK 和 Lab 模式的图像。

2. 逐行

　　逐行滤镜通过去掉视频图像中的奇数或偶数交错行，使在视频上捕捉的运动图像变得平滑。可以选择"复制"或"插值"来替换去掉的行。该滤镜不能应用于 CMYK 模式的图像。应用效果如图 9-113 所示。

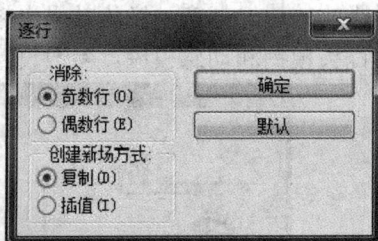

(a) 原图像　　　　　　　　　　　　　　(b) 参数设置

(c) 奇数行　差值　　　　　　　　　　　(d) 偶数行　复制

图 9-113　逐行滤镜效果

9.3.9　渲染滤镜组

渲染滤镜组可以在图像中生成三维映射图像、折射图像、模拟光线反射，还可以用灰度文件创建纹理进行填充，甚至可以渲染图像的氛围。

1．火焰

火焰滤镜是基于路径的滤镜，所以使用的前提是要有路径。在参数设置中，火焰类型有 6 种：沿路径一个火焰、沿路径多个火焰、一个方向多个火焰、指定多个火焰路径、多角度多个火焰、烛光。应用该滤镜的方法如下：

(1) 新建一个名为"火焰五星"、大小为 500×500 像素、分辨率为 72 像素/英寸、背景内容为"透明"、颜色模式为"RGB"的图像文件，创建好后用"黑色"填充背景图层(填充黑色，以突显火焰效果)。

(2) 新建一个透明图层，用形状工具组中的"多边形"工具的路径属性绘制一个五角星，在属性中设置边数为 5，勾选星形，缩进边依据 50%，如图 9-114 所示。也可以用钢笔工具绘制自由的路径。

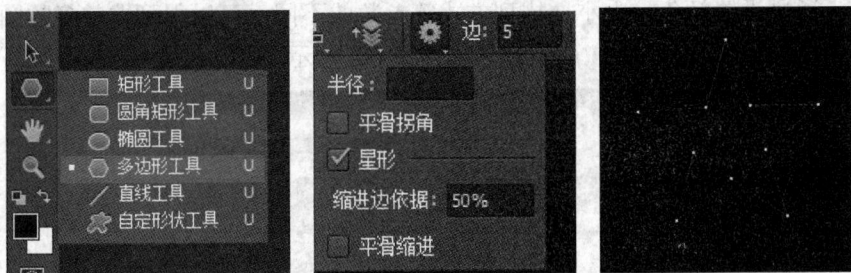

图 9-114　绘制五角星路径

(3) 执行菜单栏的"滤镜→渲染→火焰"命令，弹出火焰滤镜的设置面板，具体设置如图 9-115 所示。

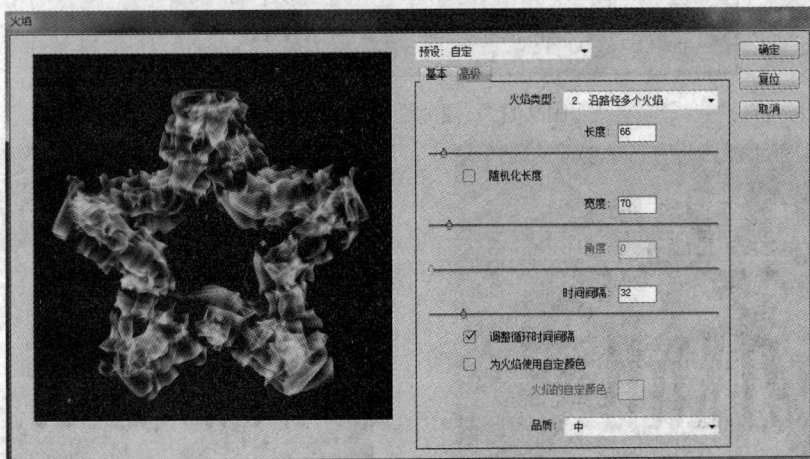

图 9-115　设置参数

(4) 隐藏路径，观察火焰五星的效果，如图 9-116 所示。

图 9-116　火焰滤镜应用效果

2. 图片框

图片框滤镜可以为图像添加图框效果。在参数设置中，"图案"有经典欧式相框形状，也有很多花纹修饰形状，共有 41 种预设可选；在"花"和"叶子"选项中也有很多种样式可供选择；通过设置颜色、大小、排列方式等参数的不同，可以得到非常多的图片框。参数设置对话框如图 9-117 所示，应用效果如图 9-118 所示。

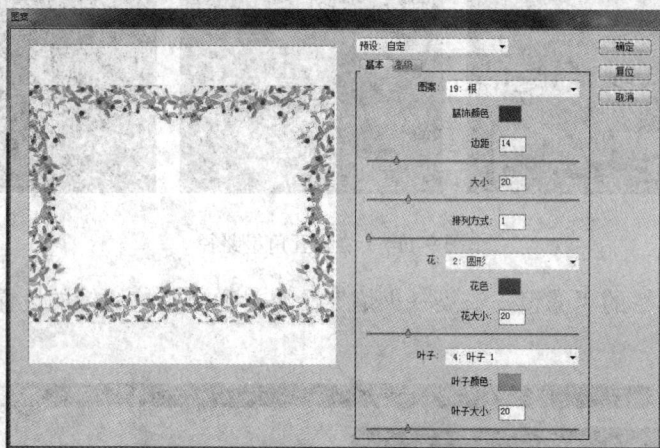

图 9-117　图片框滤镜参数设置

　　(a) 原图像　　　　　　　　　　　　　　　　(b) 图片框

图 9-118　图片框滤镜效果

3. 树

树滤镜可以直接生成树的图案。应用该滤镜时，直接在新建的文件中执行该滤镜，在参数设置中选择树的类型。在参数设置中，"基本树类型"提供了许多种树的类型，在列表中选择即可；其他参数可以设置树叶大小、叶子数量、树枝高度、树枝粗细等。参数设置对话框如图 9-119 所示，应用效果如图 9-120 所示。

图 9-119　树滤镜参数设置

图 9-120　树滤镜效果

4. 分层云彩

分层云彩滤镜可以将图像中的像素与云彩数据相混合。该滤镜没有参数设置。首次应用该滤镜时，图像中的某些像素会被反相成云彩图案。在默认前景色为黑色、背景色为白色的白色图层上执行"滤镜→渲染→分层云彩"命令，得到的效果如图 9-121 所示。将前景色设为红色，背景色设为蓝色，对原图像 9-122 执行该滤镜得到的效果如图 9-123 所示。

图 9-121　对白色图层直接应用分层云彩滤镜　　图 9-122　原图像　　图 9-123　分层云彩滤镜效果

5. 光照效果

这是一种较复杂的滤镜，功能比较强大，类似于三维软件中的灯光。参数设置对话框中，"光照效果"包含点光、聚光灯、无线光；"聚光"用于调整光圈大小；"着色"用于调整光的颜色；"光泽"用于设置光照亮度；还可以设置环境光，添加金属质感以及纹理通道。设置参数时，可以在图像预览窗口中调节聚光的位置以及光圈的大小。该滤镜只能应用于RGB 模式。参数设置对话框如图 9-124 所示，应用效果如图 9-125 所示。

图 9-124　参数设置

(a) 原图像

(b) 光照效果

图 9-125　光照效果滤镜

6. 镜头光晕

镜头光晕滤镜可以模拟光线照射在镜头上的效果，产生折射纹理，如同摄像机镜头的眩光效果。设置参数时，可以在图像预览窗口中调节摄像机眩光位置。镜头类型有 4 种：50～300 毫米变焦、35 毫米焦距、105 毫米聚焦和电影镜头。应用效果如图9-126 所示。

(a) 原图像

(b) 参数设置

(c) 50~300 毫米变焦

(d) 电影镜头

图 9-126　镜头光晕滤镜

7. 纤维

纤维滤镜主要使用前景色和背景色创建编织纤维的外观。在参数设置对话框中,"差异"滑块用来控制颜色的变化方式,较低的值会产生较长的颜色条纹,而较高的值会产生非常短且颜色分布变化更大的纤维。"强度"滑块用来控制每根纤维的外观,数值较低会产生松散的织物,而较高会产生短的绳状纤维。单击"随机化"按钮可更改图案的外观。当应用纤维滤镜时,当前图层上的图像数据完全被替换。可以在新建的文件中(图层不能为空)直接应用该滤镜,如图 9-127 所示。

(a) 参数设置

(b) 纤维

图 9-127　纤维滤镜

8. 云彩

云彩滤镜使用介于前景色与背景色之间的随机值，生成柔和的云彩图案。该滤镜没有参数设置。若要生成色彩较为分明的云彩图案，可以按住 Alt 键并执行"滤镜→渲染→云彩"命令。应用效果如图 9-128 所示。

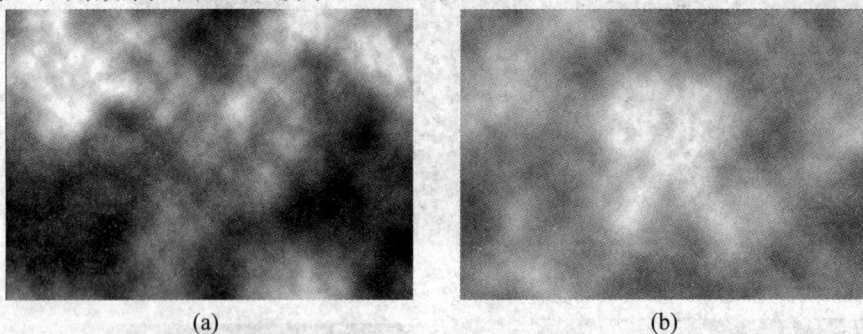

(a)　　　　　　　　　　　　　　(b)

图 9-128　云彩滤镜

9.3.10　杂色滤镜组

杂色滤镜组主要为图像添加或者移除随机分布色阶的像素，包含有 5 种滤镜：减少杂色、蒙尘与划痕、去斑、添加杂色、中间值。可创建纹理或移去图像中有问题的区域，如划痕和灰尘等。

1. 减少杂色

该滤镜通过给图像做降噪处理，减少图像中的杂色，会褪去原图的一些明暗或色彩差，使图像更平滑。如图 9-129 所示，参数设置对话框中有基本设置和高级设置。高级设置中可调整红、绿、蓝通道。"强度"主要调整明暗色差；"保留细节"用于调整图像的细节；"减少杂色"用于设置杂色减少的程度；"锐化细节"用于调整图像轮廓的清晰度。应用效果如图 9-130 所示。

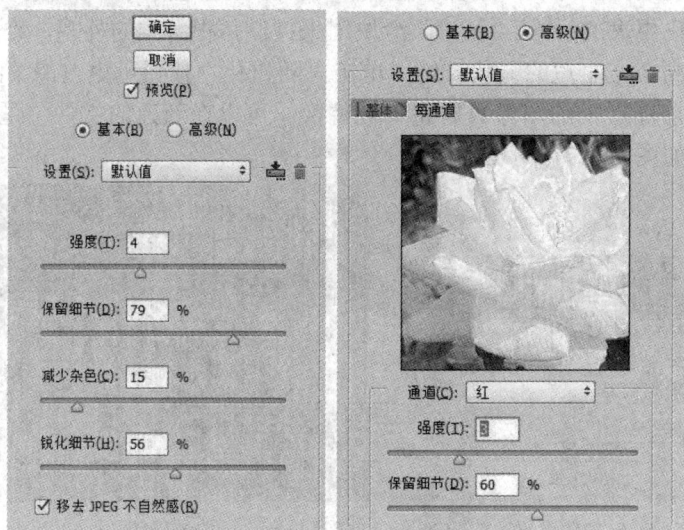

图 9-129　参数设置

(a) 原图像　　　　　　　　　　(b) 减少杂色

图 9-130　减少杂色效果

2. 蒙尘与划痕

该滤镜可以通过修改图像中具有差异化的像素来减少杂色，有效消除杂点和划痕。应用时可以利用选区，只去除局部的杂色，如图 9-131 所示。

(a) 原图像　　　　　　　　　　(b) 参数设置

图 9-131　蒙尘与划痕效果

3. 去斑

该滤镜可以模糊图像中除边缘外的区域，同时可以去掉图像中的杂色而保留细节。该滤镜没有参数设置。应用效果如图 9-132 所示。

(a) 原图像　　　　　　　　　　(b) 去斑

图 9-132　去斑效果

4. 添加杂色

该滤镜可以在图像上添加随机像素点，也可以使经过重大修饰的区域看起来更真实。有两种分布模式："平均分布"是使用随机数值分布杂色获得细微效果；"高斯分布"是沿一条钟形曲线分布杂色，效果更明显。勾选"单色"选项，添加的杂色将只影响图像的色调，不会改变图像颜色。应用效果如图 9-133 所示。

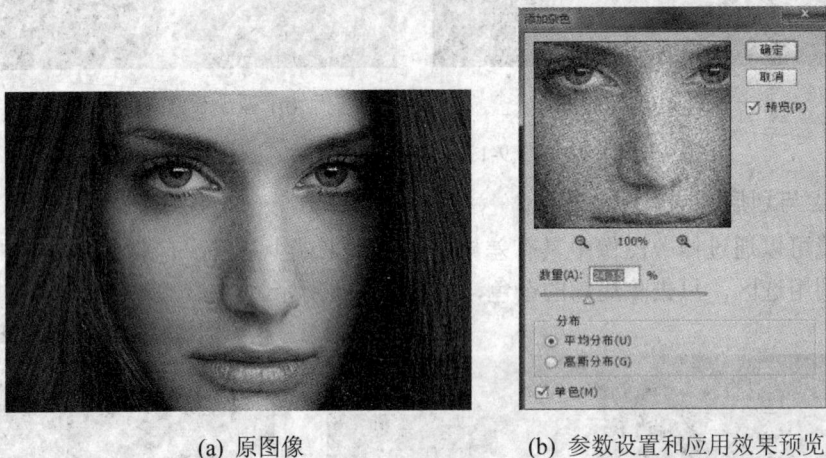

　　　　(a) 原图像　　　　　　　　　　　(b) 参数设置和应用效果预览

图 9-133　添加杂色效果

5. 中间值

该滤镜可以通过混合选区中像素的亮度来减少图像的杂色。该滤镜会搜索像素选区的半径范围来查找亮度相近的像素，并且扔掉差异太大的像素，然后用搜索到的像素的中间亮度值替换中心像素。应用效果如图 9-134 所示。

　　　　(a) 原图像　　　　　　　　　　　(b) 中间值

图 9-134　中间值效果

9.3.11　其他滤镜组

这组滤镜可以让用户创建自己的滤镜，并使用滤镜修改蒙版，可以修饰图像的某些细节部分。

1. HSB/HSL

该滤镜主要通过调整色相、饱和度和亮度来提升画面的色彩表现。应用效果如图 9-135 所示。

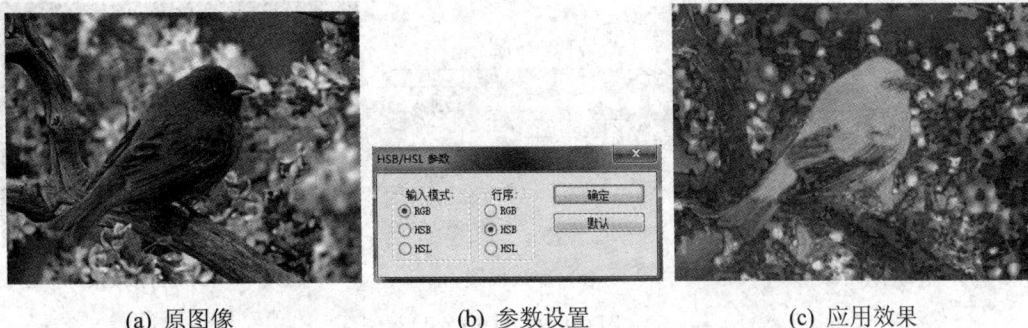

(a) 原图像　　　　　　　(b) 参数设置　　　　　　　(c) 应用效果

图 9-135　HSB/HSL 效果

2. 高反差保留

该滤镜可以在具有强烈颜色变化的地方按指定的半径来保留边缘细节，也就是保留图像上像素与周围反差比较大的部分，其他的部分都变为灰色。应用效果如图 9-136 所示。

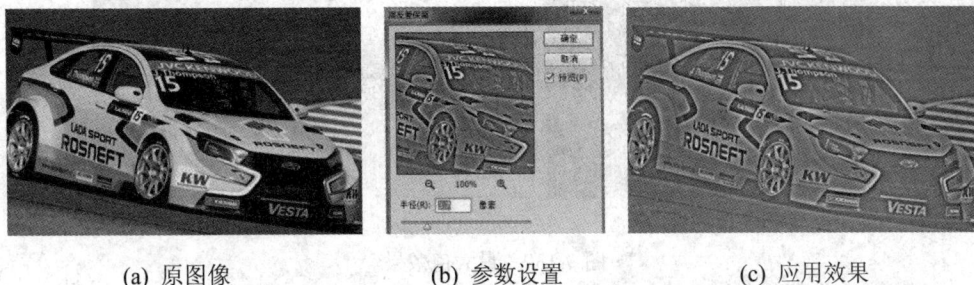

(a) 原图像　　　　　　　(b) 参数设置　　　　　　　(c) 应用效果

图 9-136　高反差保留效果

3. 位移

该滤镜可以按照指定的水平方向或垂直方向移动像素，而图像或者选区原来的位置变成空白区域。应用效果如图 9-137 所示。

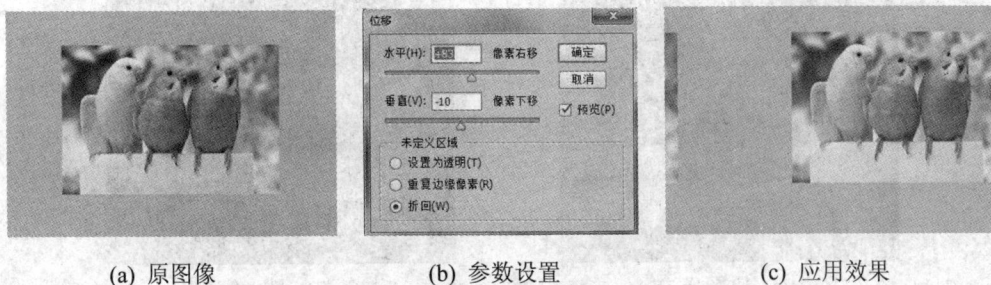

(a) 原图像　　　　　　　(b) 参数设置　　　　　　　(c) 应用效果

图 9-137　位移效果

4. 自定

自定滤镜可以建立一个像素网格，通过数学运算来更改图像中每个像素的亮度值。取样中的中心像素点代表图像中所有的像素点，中心点的周边代表每一个关联像素点的变化。中心点数值代表所有像素的亮度乘积，数值为 1 时图像无变化，为 2 时变亮，为负值时图像变黑。应用效果如图 9-138 所示。

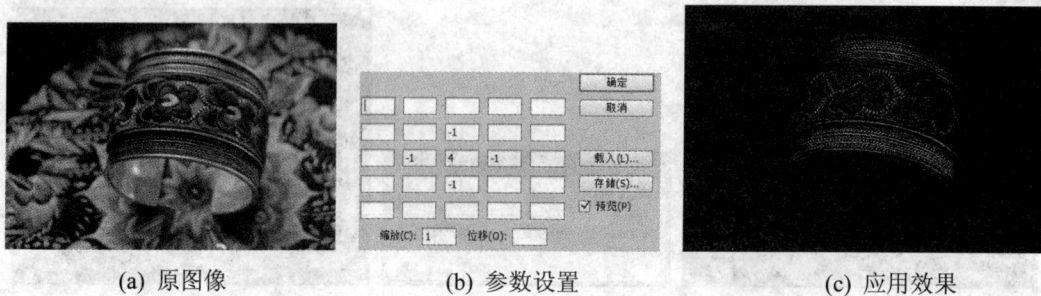

(a) 原图像　　　　　　　(b) 参数设置　　　　　　　(c) 应用效果

图 9-138　自定效果

5. 最大值

最大值滤镜可以在指定的半径范围内扩大画面中的亮部区域，对画面中的暗部区域进行缩小。应用效果如图 9-139 所示。

(a) 原图像　　　　　　　　　　　(b) 最大值

图 9-139　最大值效果

6. 最小值

该滤镜可以扩展黑色区域，收缩白色区域，对于修改蒙版很有用。应用效果如图 9-140 所示。

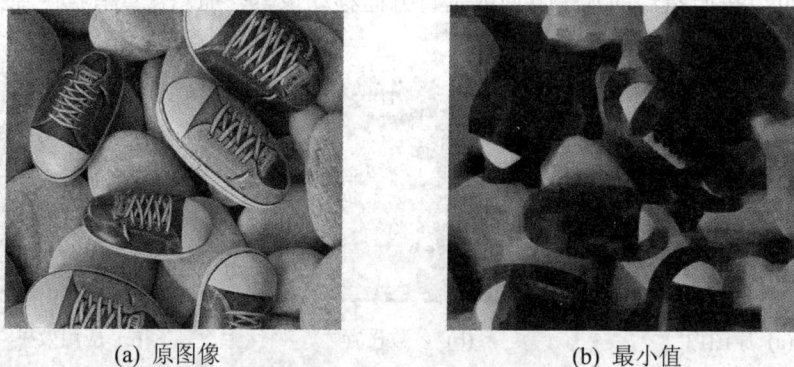

(a) 原图像　　　　　　　　　　　(b) 最小值

图 9-140　最小值效果

9.3.12　自适应广角滤镜

自适应广角滤镜用于校正由于使用广角镜头而造成的镜头扭曲，可以快速拉直在全景图或采用鱼眼镜头和广角镜头拍摄的照片中看起来弯曲的线条。参数设置对话框如图 9-141 所示。"校正"包含了鱼眼、透视、自动、完整球面。左边的工具中包括"约束工具""多边形约束工具""移动工具""抓手工具""缩放工具"。

图 9-141 自适应广角滤镜参数设置对话框

9.3.13 镜头校正滤镜

该滤镜可以根据各种相机与镜头的测量进行自动校正，可以消除桶状和枕状变形、照片边缘出现的暗角及色差。参数设置对话框如图 9-142 所示，左边的工具包括"移去扭曲工具""拉直工具""移动网格工具""抓手工具""缩放工具"。例如应用"拉直工具"在图像中绘制一条线，则图像会自动调整角度，效果如图 9-143 所示。

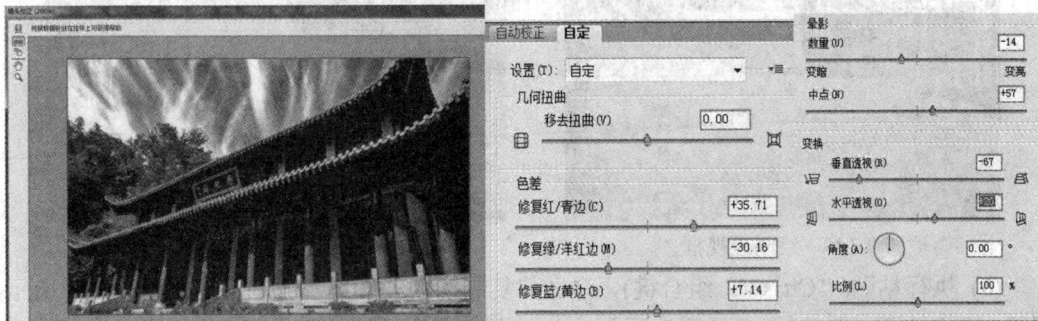

图 9-142 镜头校正滤镜参数设置对话框

(a) 原图像   (b) 镜头校正

图 9-143 镜头校正效果

9.3.14 消失点滤镜

使用消失点滤镜，可以在图像中指定平面，然后应用诸如绘画、仿制、拷贝、粘贴以

及变换等操作。应用案例如下:

(1) 打开原图像并复制一层,如图 9-144 所示。

(2) 打开印花图案素材图片,如图 9-145 所示。执行全选("Ctrl+A"组合键),复制("Ctrl+C"组合键),然后关闭素材文件。

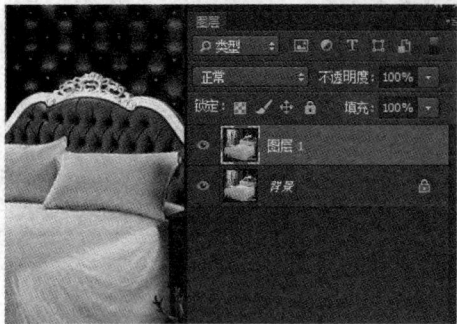

图 9-144 打开原图像

图 9-145 打开印花图案素材

(3) 执行"滤镜→消失点"命令,进入编辑界面。用"创建平面"工具(▦)绘制一个透视框并调整网格大小,如图 9-146 所示。

(4) 用选框工具(▢)在属性中设置参数并绘制选区,如图 9-147 所示。

图 9-146 绘制透视框

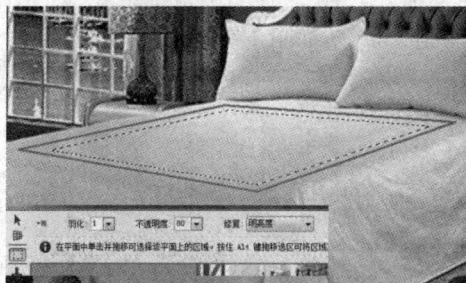

图 9-147 设置参数

(5) 执行粘贴("Ctrl+V"组合键),将之前复制的印花图案粘贴进来,如图 9-148 所示。用"变换"工具(▦)把图案拉到选区内,此时图案会自动与透视选区相适应。

(6) 适当调整图案大小。完成效果如图 9-149 所示。

图 9-148 印花图案

图 9-149 完成效果

9.3.15 液化滤镜

液化滤镜可用于推、拉、旋转、扭曲、收缩和膨胀图像的任意区域,但是该滤镜只能应用于 8 位/通道或 16 位/通道图像。液化滤镜的参数设置对话框如图 9-150 所示。

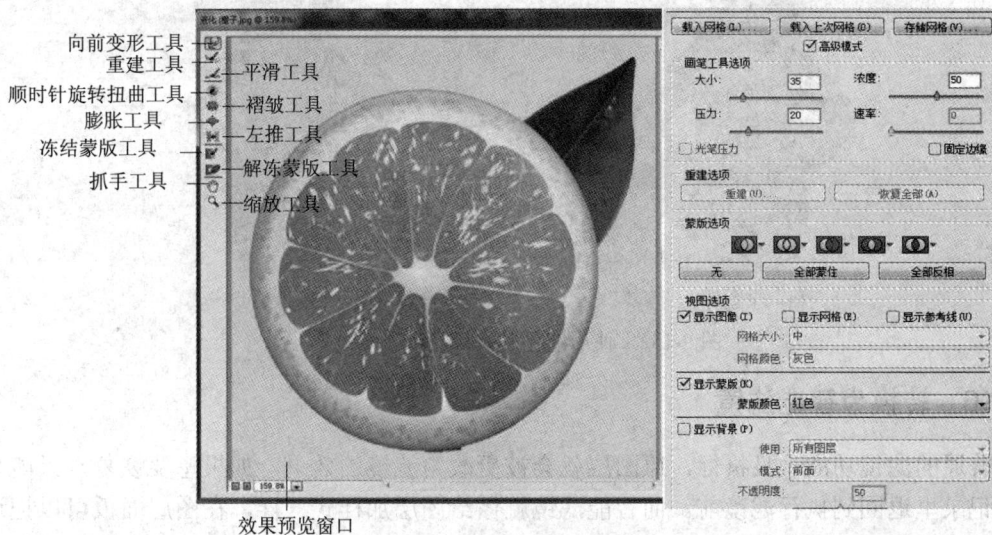

向前变形工具
重建工具
顺时针旋转扭曲工具
膨胀工具
冻结蒙版工具
抓手工具

平滑工具
褶皱工具
左推工具
解冻蒙版工具
缩放工具

效果预览窗口

图 9-150 液化滤镜参数设置对话框

(1) "向前变形"工具( )和普通的涂抹工具类似，将图像沿着鼠标行进的方向拉伸。

(2) "顺时针旋转扭曲"工具( )是将图像呈 S 形扭曲，按住 Alt 键可切换为逆时针方向，在一点上持续按住鼠标将加倍效果。

(3) "褶皱"工具( )是将图像从边缘向中心挤压，就是缩小。

(4) "膨胀"工具( )与褶皱相反，是将图像从中心向四周扩展，也就是放大。

(5) "左推"工具( )是将一侧的图像向另一侧移动，也就是将画笔范围内的一侧推向另一侧。鼠标移动的方向决定推移的方向，鼠标从上往下移动时图像从左往右推，鼠标从左往右移动时图像从下往上推。工具的作用范围以画笔大小为准。

(6) "重建"工具( )是撤销各个液化工具的效果，持续按下可加倍效果。

(7) 如果希望有些区域不受液化作用的影响，可使用"冻结蒙版"工具( )将其保护起来。

(8) "解冻蒙版"工具( )的作用则是解除不受液化作用影响区域的保护。这两个冻结蒙版和解冻蒙版其实和图层蒙版不同。

应用该滤镜得到的图像效果如图 9-151 所示。通常应用该滤镜还可以为模特"瘦身"，效果如图 9-152 所示。

(a) 向前变形   (b) 顺时针旋转扭曲   (c) 膨胀

图 9-151 液化效果

(a) 原图像　　　　　　　　　　　　(b) "瘦身后"

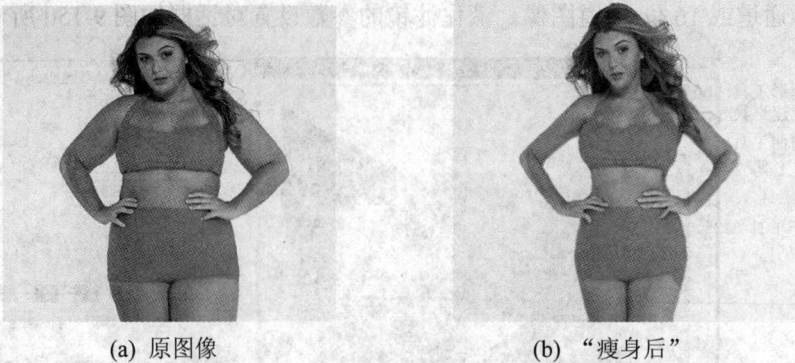

图 9-152　使用液化滤镜为模特"瘦身"

9.3.16　转换为智能滤镜

普通的滤镜功能一旦执行，原图层就会被更改为滤镜的效果，如果想要恢复，只能从历史记录里退回到执行滤镜前。而智能滤镜就像给图层加样式一样，在图层面板可以把这个滤镜隐藏、删除或者重新修改。

应用于智能对象的任何滤镜都是智能滤镜。智能滤镜不是直接设置在智能图层中的，所以是非破坏性的。

转换为智能滤镜的操作如下：

(1) 打开一张素材图像，执行"滤镜→转换为智能对象"(或者在背景图层上单击鼠标右键，选择"转换为智能对象")，此时图层如图 9-153 所示。

图 9-153　背景层转换为智能对象

(2) 执行"滤镜→风格化→浮雕"效果，适当调整参数，效果如图 9-154 所示。此时在智能对象"图层 0"的下方出现"智能滤镜"，如图 9-155 所示。

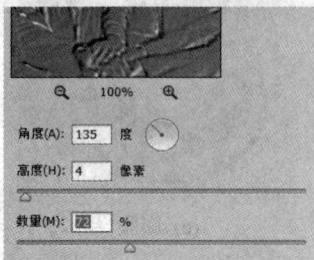

图 9-154　风格化/浮雕效果　　　　　　　　　图 9-155　图层面板

(3) 此时鼠标左键双击智能滤镜下方的(浮雕效果)即可打开浮雕效果对话框调整参数，如图 9-156 所示。双击(至)打开混合选项，设置混合模式，如图 9-157 所示。单击"确定"按钮，得到的图像效果如图 9-158 所示。

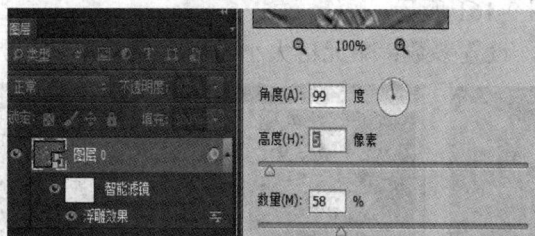

图 9-156 调整参数

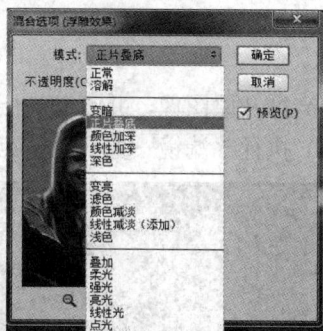

图 9-157 混合选项

图 9-158 图像效果

(4) 将鼠标光标放置在智能滤镜上单击右键，在弹出的对话框中可以选择停用智能滤镜、删除滤镜蒙版、清除智能滤镜。鼠标右键单击浮雕效果，在弹出的对话框中也可以进行修改编辑，如图 9-159 所示。单击智能滤镜的(👁)隐藏智能滤镜，可将图像恢复到原始状态。如图 9-160 所示。

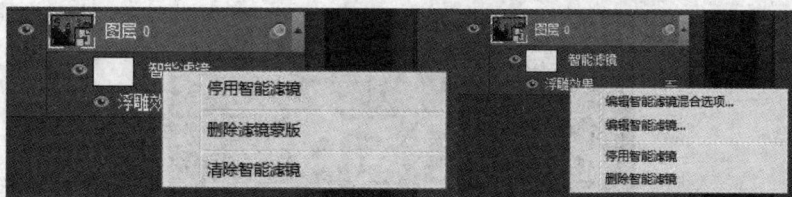

图 9-159 停用、删除或编辑

图 9-160 隐藏智能滤镜

9.3.17　渐隐滤镜效果

渐隐的意思就是逐渐消隐，渐隐命令在"编辑"菜单下。渐隐滤镜效果可以更改任何滤镜、绘画工具、橡皮擦工具或颜色调整的不透明度和混合模式。渐隐滤镜效果的操作如下：

(1) 打开原图像，并复制一层，如图 9-161 所示。

(2) 执行"滤镜→像素化→点状化"，设置参数：单元格大小为 10，如图 9-162 所示。

图 9-161　复制图层　　　　　　　　　　　　图 9-162　点状化

(3) 执行"编辑→渐隐点状化"，在弹出的对话框中设置不透明度及混合模式，如图 9-163 所示。

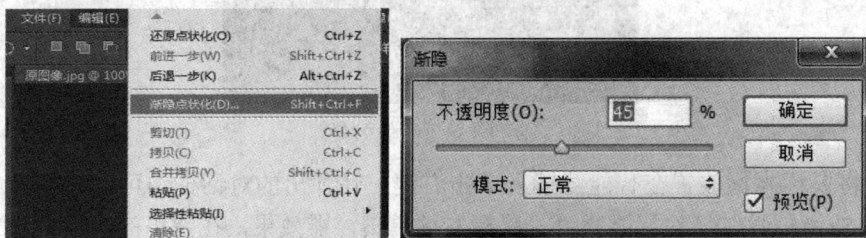

图 9-163　渐隐点状化并设置参数

(4) 设置好之后单击"确定"按钮，得到的图像效果如图 9-164 所示。

图 9-164　渐隐点状化效果

9.3.18　Camera Raw 滤镜

Camera Raw 滤镜最早是以"插件"的形式出现于 Photoshop 当中的，后来于 Photoshop CS5 版本正式加入到主体功能中。该滤镜最早是针对图像摄影的，主要功能有调色、气氛渲染、增加质感、磨皮、后期图像校正。其参数设置对话框如图 9-165 所示。

图 9-165　Camera Raw 滤镜参数设置对话框

(1)"白光平衡"工具(✐)：吸取图像上的任意颜色，色温与色调的数值都有变化。

(2)"颜色取样器"工具(✐)：显示图像上任意位置的颜色值，如图 9-166 所示。

(3)"目标调整"工具(◉)：不可单独使用，要结合功能面板使用，对色相、饱和度、亮度调整。

(3)"污点去除"工具(✐)：可去除图像上的污点、杂质，用于修复和仿制图像。

(4)"红眼去除"工具(◉)：可以调节瞳孔的大小和眼睛的明暗。

(5)"调整画笔"工具(✐)：对图像局部区域进行调节，比如色温、颜色、对比度、饱和度、杂色等，如图 9-167 所示为调整草地的色调。

图 9-166　颜色取样

图 9-167　调整图像中草地的色调

(5)渐变滤镜(▭)：在图像上拉出一个区域，对区域的起点和终点进行调节，通过调整参数设置颜色和对比度，如图 9-168 所示。

(6)径向滤镜(◯)：拉出一个圆圈，通过对四周的点进行调节，改变局部的色调，如图 9-169 所示。

图 9-168　渐变滤镜 　　　　　　　　　图 9-169　径向滤镜

(7) 基本设置(图标)：包括基本、色调曲线、细节、HSL/灰度、分离色调、镜头校正、效果、相机校准、预设。

应用 Camera Raw 滤镜调色要确定图像的基本色调，要有目的性，准确地把控色调。滤镜应用完成后会增加图像的大小。应用 Camera Raw 滤镜调整色调效果如图 9-170 所示。

原图像 　　　　　　　　　　　应用 Camera Raw 滤镜调色

图 9-170　Camera Raw 效果

9.4　综合实训——制作逼真的棒棒糖和黑板粉笔字

1. 制作逼真的棒棒糖

本实例将制作逼真的棒棒糖效果，主要运用旋转扭曲滤镜，结合图层样式、剪贴蒙版技巧等完成制作。效果如图 9-171 所示。

图 9-171　逼真的棒棒糖效果

具体操作如下：

(1) 新建一个文件，大小为 600×600 像素，分辨率为 72 像素/英寸，颜色模式为 RGB 模式，背景内容为白色，名称为"逼真的棒棒糖"，如图 9-172 所示。

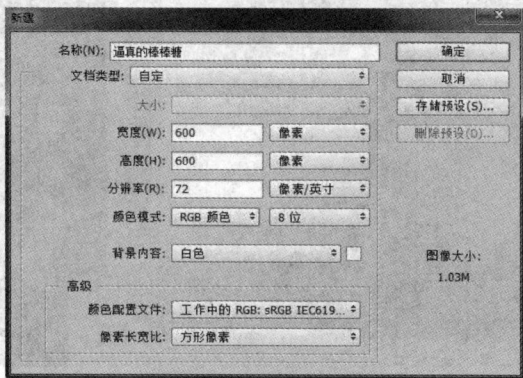

图 9-172 新建文件

(2) 在背景图层上填充喜欢的颜色，选择工具箱中的"矩形"工具在画布中按住 Shift 键用鼠标绘制一个矩形，如图 9-173 所示。

图 9-173 绘制矩形

(3) 用鼠标双击矩形图层，打开图层样式面板。选择渐变叠加，设置样式为角度，渐变颜色为紫色(R: 168，G: 0，B: 255)和白色渐变，如图 9-174 和图 9-175 所示。设置完成后单击"确定"按钮，得到效果如图 9-176 所示。

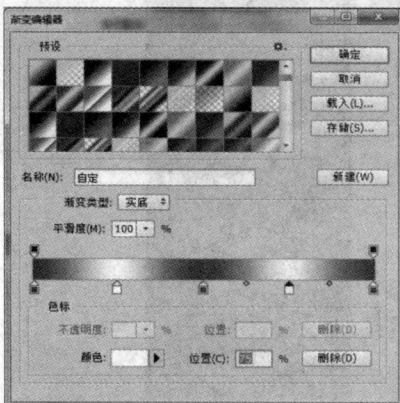

图 9-174 设置渐变色

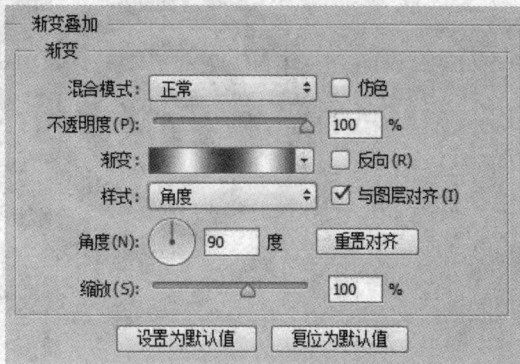

图 9-175 参数设置

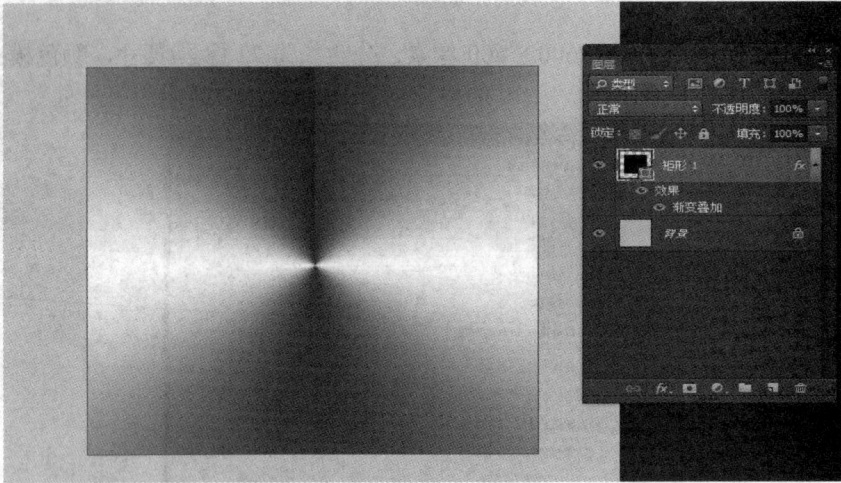

图 9-176　设置渐变叠加

(4) 在矩形图层上单击鼠标右键将其转换为智能对象，如图 9-177 所示。执行"滤镜→扭曲→旋转扭曲"命令，设置参数如图 9-178 所示，得到的图形效果如图 9-179 所示。

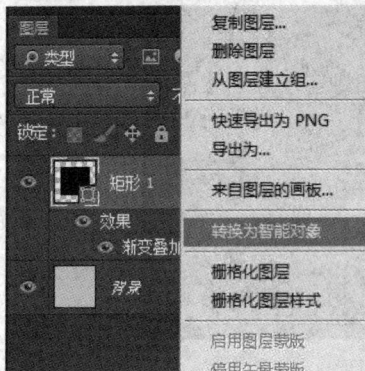

图 9-177　转为智能对象

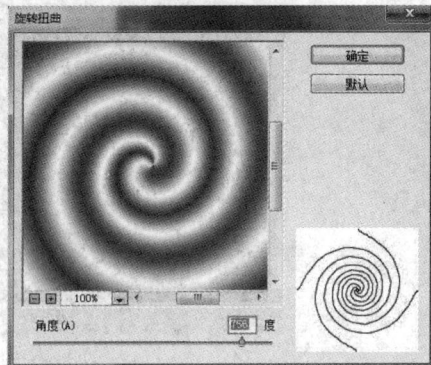

图 9-178　旋转扭曲

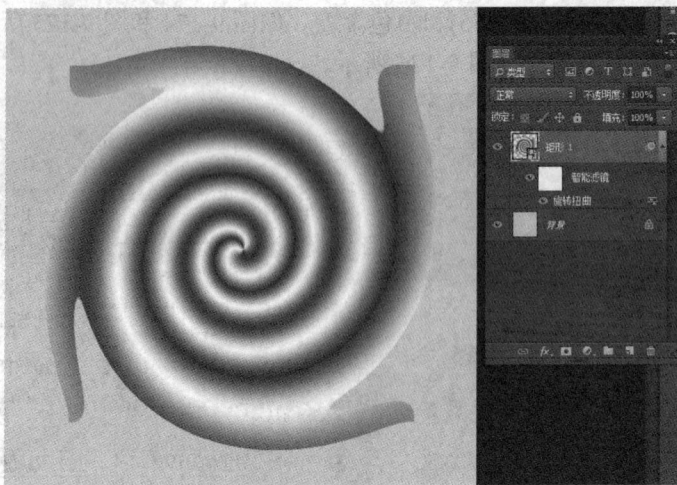

图 9-179　旋转扭曲效果

(5) 选择"椭圆形状"工具，按住 Shift 键使用鼠标绘制正圆形，并调整至矩形图层的下方，如图 9-180 所示。

图 9-180　绘制圆形、调整图层顺序

(6) 选择矩形 1 图层，单击鼠标右键创建剪贴蒙版，适当调整大小及位置，得到效果如图 9-181 所示。

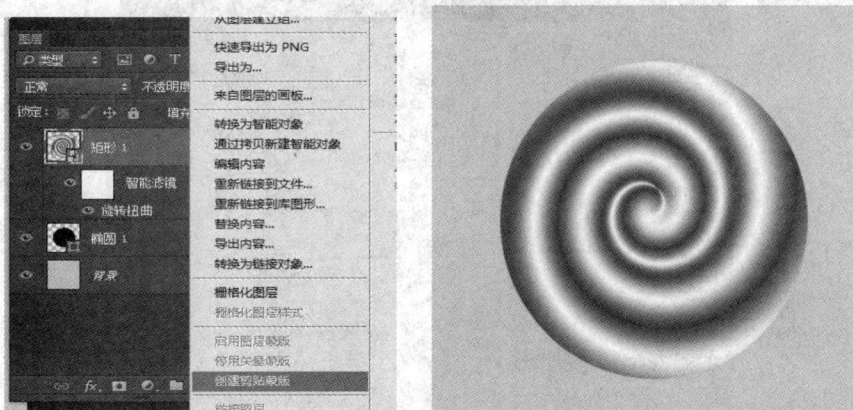

图 9-181　创建剪贴蒙版效果

(7) 选择"矩形"工具创建一个大小为 20×400 像素的矩形，为它设置渐变叠加图层样式，渐变颜色为浅咖色(R: 174，G: 147，B: 138)和白色渐变，参数设置如图 9-182 所示，调整图层顺序，得到的效果如图 9-183 所示。

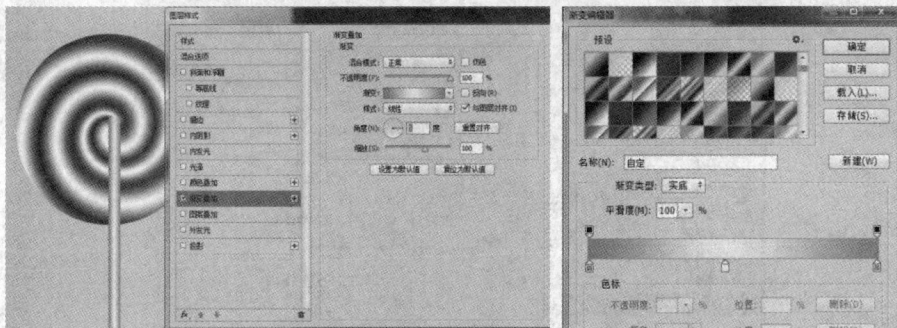

图 9-182　添加渐变叠加样式

图 9-183　调整图层顺序

(8) 鼠标双击椭圆 1 图层，添加投影样式，设置阴影颜色值为 R: 89，G: 6，B: 147，其他参数设置如图 9-184 所示。

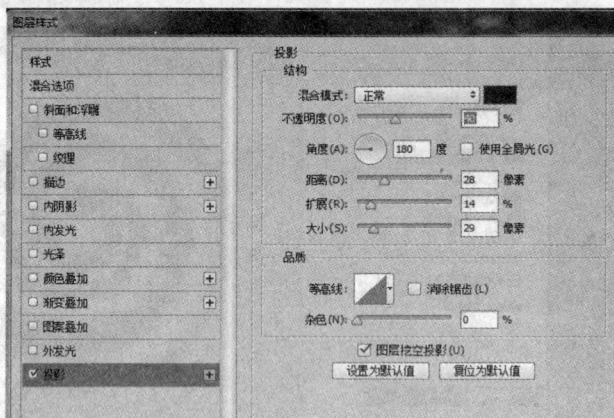

图 9-184　添加投影

(9) 鼠标双击矩形 2 图层，添加投影样式，设置阴影颜色值为 R: 89，G: 6，B: 147，其他参数设置如图 9-185 所示。

图 9-185　为矩形添加投影

(10) 完成之后的效果如图 9-171 所示。

2．制作黑板粉笔字

本实例将制作黑板粉笔字的效果，主要运用添加杂色、纤维、动感模糊滤镜并结合文字工具、剪贴蒙版技巧等完成制作。效果如图 9-186 所示。

图 9-186　黑板粉笔字效果

具体操作如下：

(1) 新建一个文件，大小为 800×600 像素，分辨率为 72 像素/英寸，颜色模式为 RGB 模式，背景内容为白色，名称为"黑板粉笔字"，如图 9-187 所示。

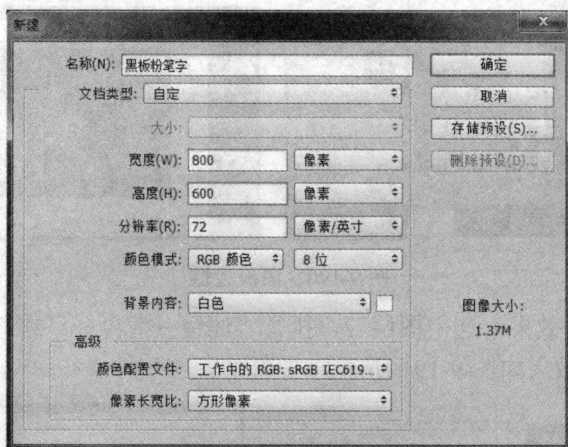

图 9-187　新建文件

(2) 制作黑板。新建图层 1，用"矩形选框"工具拉出一个矩形选区，在工具箱中打开拾色器，设置前景色为深绿色(R: 5, G: 90, B: 50)，并填充(快捷键：Alt+Delete)，如图 9-188 所示。

(3) 为黑板添加质感。执行"滤镜→杂色→添加杂色"命令，如图 9-189 所示。注意，先不要取消选区。

图 9-188　填充颜色

图 9-189　添加杂色

(4) 制作黑板边框。选择"矩形选框"工具属性中的"从选区中减去"命令，拉出一个选区，减去中间大部分区域。新建图层 2，填充颜色值为(R:90，G:51，B:8)的棕色，取消选区(快捷键：Ctrl+D)，如图 9-190 所示。

图 9-190　黑板边框

(5) 制作边框木纹效果。选中图层 2，执行"滤镜→渲染→纤维"，设置参数，也可点击随机化，得到木纹效果如图 9-191 所示。

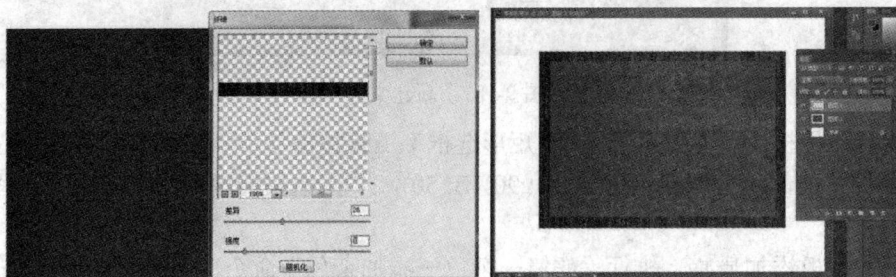

图 9-191　黑板边框效果

(6) 制作粉笔字。选中文字工具，输入文字"天天向上"，并设置字体样式与字号大小(案例中字体样式为方正大黑简体，字号为 90 像素，颜色值为 R:2，G:73，B:37 的接近黑板的深绿色)，如图 9-192 所示。

图 9-192　输入文字

(7) 鼠标左键双击文字图层，打开图层样式面板，勾选描边，设置大小为 3 像素、位置为外部、混合模式为正常、不透明度为 100%、填充颜色为白色，如图 9-193 所示。

图 9-193　字体描边

(8) 新建图层 3，拉出一个矩形选区并填充白色。执行"滤镜→杂色→添加杂色"命令，点击高斯分布，设置数值，勾选单色，点击确定按钮(可执行快捷键：Ctrl+F，重复操作)，取消选区，如图 9-194 所示。

图 9-194　添加杂色

(9) 执行"滤镜→模糊→动感模糊"命令，设置角度和距离，如图 9-195 所示。

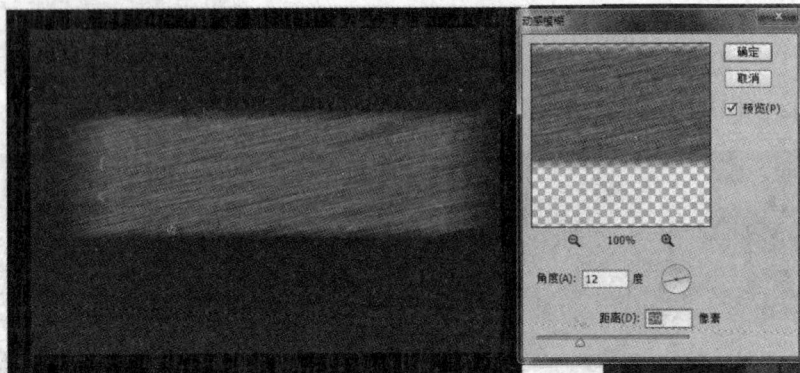

图 9-195　动感模糊

(10) 使用鼠标右键单击矩形图层，选择"创建剪贴蒙版"，如图 9-196 所示。

图 9-196　创建剪贴蒙版

(11) 按 "Ctrl+L" 组合键，调整色阶，如图 9-197 所示。设置图层混合模式为滤色，如图 9-198 所示。

图 9-197　调整色阶　　　　　　　　图 9-198　混合模式

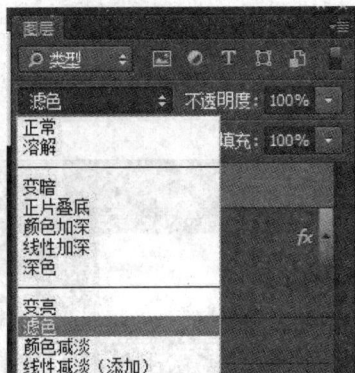

(12) 适当调整不透明度，使用 "Ctrl+T" 组合键自由变换，适当调整除背景图层外的其他图层，得到最终效果，如图 9-186 所示。

9.5 习　　题

1. 填空题

(1) 海洋波纹滤镜可以将随机产生的_____应用于图像，使图像看起来像在水中。

(2) _____滤镜能在图像中产生不规则的颗粒状纹理。

(3) 位图、_____颜色模式不能应用滤镜。

(4) _____是应用于智能对象的任何滤镜，属于非破坏性滤镜。

(5) 文字图层应用滤镜一定要_____才能用。

2. 选择题(可多选)

(1) 下列属于像素化滤镜的是(　　)。

A. 点状化　　　　　　　B. 晶格化　　　　　　　C. 极坐标

(2) 想要再次使用刚用过的滤镜，快捷键是(　　)。

A. Ctrl+F　　　　　　　B. Alt+F　　　　　　　C. Shift+F

(3) 下列滤镜中可以简化图像，模拟橡皮或者木制图章效果的是(　　)。

A. 影印滤镜　　　　　　B. 撕边滤镜　　　　　　C. 图章滤镜

(4) 可以让图像按照指定的方向，以指定的距离进行模糊，产生沿某一方向运动的模糊效果的是(　　)滤镜。

A. 表面模糊　　　　　　B. 动感模糊　　　　　　C. 高斯模糊

3. 实训题

(1) 制作素描人物，效果如图 9-199 所示。

(2) 制作发光图案，效果如图 9-200 所示。

图 9-199　素描人物

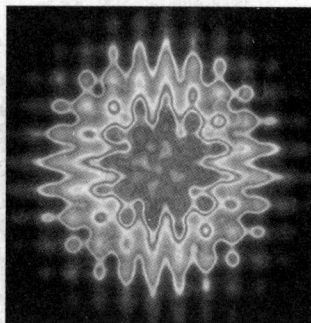

图 9-200　发光图案

第 10 章　文字的应用

在数字艺术设计中，应用 Photoshop 不但可以处理图像，还可以进行文字的设计与制作。在图像处理中，通过运用文字及各种文字属性，不但可以突出作品的主题，还可以使图像作品更富有艺术性。

☞ 知识与技能目标：

(1) 理解文字选项参数的意义。

(2) 掌握文字的输入与格式设置。

(3) 熟练掌握文字的编辑操作。

10.1　文字的魅力

文字是文化的载体，也是文化的重要组成部分。文字和图片作为两大主体几乎出现在了所有的视觉艺术中。在图像中输入文字可以表述画面中的含义，巧妙地使用文字能够点缀、丰富画面的效果，对作品起到画龙点睛的作用。如图 10-1 所示为广告作品中的文字。

图 10-1　广告作品中的文字

10.2　输　入　文　字

在 Phtotoshop CC 中，使用文字工具可以通过 3 种途径来在图像中输入文字：在点上创建、在段落上创建和沿路径创建。

10.2.1　输入横排点文字

点文字是一个水平或垂直文本行，主要用于创建和编辑内容较少的文本信息。输入横排点文字的具体操作如下：

(1) 选择工具箱中的"横排文字"工具(T)，设置其选项栏参数，如图 10-2 所示。通常需要设置的文字属性包括文字的字号、字体、颜色及对齐方式等。

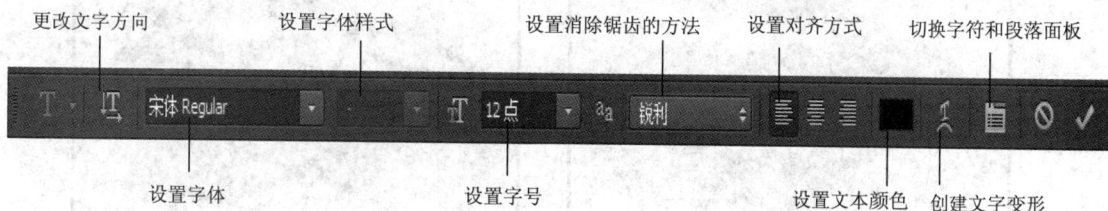

图 10-2　　"横排文字"工具选项栏

(2) 使用"横排文字"工具(T)在图像上单击一次鼠标左键，这时"图层"面板中将自动添加一个文本图层，如图 10-3 所示。在文本光标后输入要添加的文字，效果如图 10-4 所示。

图 10-3　添加文字图层

图 10-4　输入横排文字

(3) 如果需要换行，可以按 Enter 键，使光标出现在下一行。

(4) 输入文字后可以单击工具选项栏中的"提交所有当前编辑"按钮(✓)，确认已输入的文字。如果单击"取消所有当前编辑"按钮(⊘)，则可以取消输入文字的操作。

提示：

在默认情况下，Photoshop 会根据前景色来设置文字颜色，用户可以先设置前景色后输入文字。

10.2.2　输入直排点文字

输入直排的文字和输入横排的文字基本相似，只是方向发生了改变。

单击工具箱中的"直排文字"工具(IT)，然后在画面中单击插入文本光标，再在文本光标后输入文字，即可得到垂直排列的文字。

10.2.3　改变文字的位置与角度

在输入状态下，当输入文本后的鼠标光标处于文字区域内时显示为文本光标，如图 10-5
所示。如果将鼠标光标移出文字区域后，则光标显示为"移动"工具光标，如图 10-6 所示。

图 10-5　鼠标光标在文本区域内　　　　　　　图 10-6　鼠标光标在文本区域外

使用工具箱中的"移动"工具(　　)可以直接拖动正在输入的文本。

在文字输入状态下按住 Ctrl 键可以使文字的周围显示变换控制手柄，在此状态下既可
以改变文字大小，也可以使文字旋转，如图 10-7 所示。

图 10-7　改变大小与角度

在文字输入完成后，也可以按下"Ctrl+T"组合键，打开自由变换控制框，通过拖动
控制框四角处的控制手柄来改变文字的角度和大小，以便得到倾斜的文字。

10.2.4　转换直排或横排的文字

如果需要还可以将直排文字与横排文字的排列方向进行相互转换。

1. 将直排文字转换为横排文字

选择"文字→文本排列方向→横排"命令，将文字转换为水平排列状态，如图 10-8(a)
所示。

2. 将横排文字转换为直排文字

选择"文字→文本排列方向→竖排"命令，将文字转换为垂直排列状态，如图 10-8(b)

所示。

(a) 水平排列效果　　　　　　　　　(b) 垂直排列效果

图 10-8　直排、横排文字相互转换

10.2.5　创建文字选区

文字选区是指具有文字的外形却显示为选区的一类特殊选区。用户可以使用横排和直排文字蒙版工具创建文字选区，这也是对选区的进一步拓展。创建文字型选区的具体操作如下：

(1) 打开一幅图像文件，选择工具箱中的"横排文字蒙版"工具(图)，将鼠标光标移动到画面中单击插入一个文本光标，在工具选项栏中设置字号、字体等参数。

(2) 在文本光标后输入文字，输入的文字呈现淡红色，且文字为实心，如图 10-9 所示。在此状态下可以通过选中文字改变其字号、字体等属性。

(3) 完成输入后单击选项栏右侧的"提交所有当前编辑"按钮(图)，退出文字输入状态，即可得到如图 10-10 所示的文字型选区效果。

图 10-9　文字蒙版　　　　　　　　　图 10-10　文字型选区

(4) 在图层面板中新建一个图层，然后选择"渐变"工具，打开"渐变编辑器"对话框，选择"色谱"预设颜色，再单击"确定"按钮，如图 10-11 所示。

(5) 选择"渐变"工具选项栏中的"线性渐变"按钮，在选区中拖动鼠标做渐变填充，完成后按下"Ctrl+D"组合键取消选区，效果如图 10-12 所示。

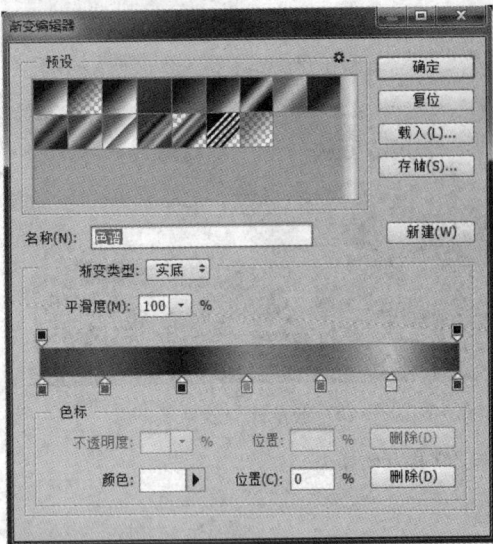

图 10-11　设置渐变颜色

图 10-12　填充文字选区

10.3　设置文字格式

　　在输入文字的时候，可以通过设置文字参数来改变文字的格式。完成文字的输入后，可以在文字被选中的情况下，使用工具选项栏里的参数和"字符"面板的参数对文字的格式进行设置。在对文字进行操作时，最常见的操作是设置字号、字体、行距等属性。使用"字符"面板对文字进行设置的操作步骤如下：

　　(1) 打开一幅图像文件，选择"横排文字"工具，在图像中输入文字，如图 10-13 所示。由于前景色默认为黑色，所以输入的文字也为黑色。

　　(2) 将鼠标光标插入最后一个文字的后方，向左拖动鼠标选择所有文字，如图 10-14 所示。

图 10-13　输入文字

图 10-14　选择文字

　　(3) 单击文字工具选项栏中的"切换字符和段落面板"按钮（），打开"字符"面板，在"设置字体样式"下拉列表中选择字体样式，在"字体大小"文本框中入数值，如图 10-15 所示。

设置字体 ——　方正舒体 Reg...　　　　　　　—— 设置字体样式

设置字体大小 ——　120 点　　 135 点　　　—— 设置行距

设置两个字符间的字距微调 ——　0　　　0　—— 设置所选字符之间的距离

设置所选字符的比例间距 ——　0%

垂直缩放 ——　100%　　　　100%　—— 水平缩放

设置基线偏移 ——　0 点　　颜色：　　—— 设置文本颜色

字符特殊样式 ——

对所选字符进行有关连字
符和拼写规则的语言设置 ——　美国英语　　锐利　—— 设置消除锯齿的方法

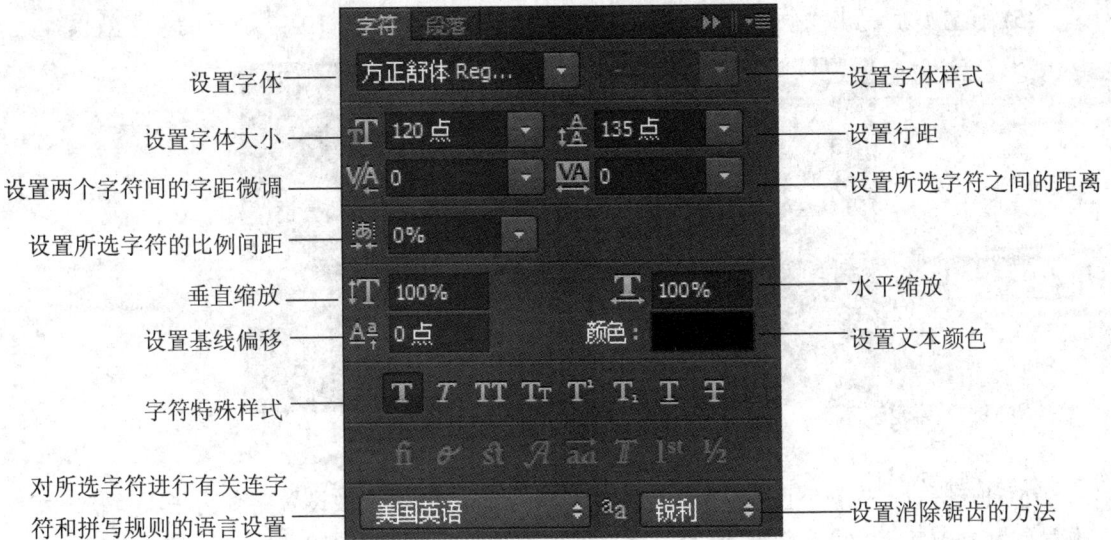

图 10-15　"字符"面板

"字符"面板中主要选项的含义如下。

① 设置基线偏移（　）：此参数仅用于所选文字的极限值。正值向上移，负值向下移。

② 设置所选字符的字距调整（　）：此参数仅用于控制所选文字的间距。数值越大，间距越大。

③ 设置行距（　）：在此下拉列表中选择一个数值或者直接输入一个数值，可以设置多行文字之间的距离。数值越大，行距越大。

④ 字体特殊样式（　...）：选中要改变字体的文字，单击其中的按钮，可以将所选文字改变为该按钮指定的特殊样式。这些按钮的作用分别为：仿粗体、仿斜体、全部大写字母、小型大写字母、上标、下标、下划线、删除线。

⑤ 垂直缩放（　）和水平缩放（　）：这两个参数能够改变文字的垂直及水平缩放的比例，得到较宽或者较高的文字效果。

⑥ 设置消除锯齿的方法（锐利　）：在此下拉列表中选择一种消除锯齿的方法即可。

(4) 然后再单击"颜色"右侧的色块，打开"拾色器"对话框，设置一种颜色即可，如图 10-16 所示。

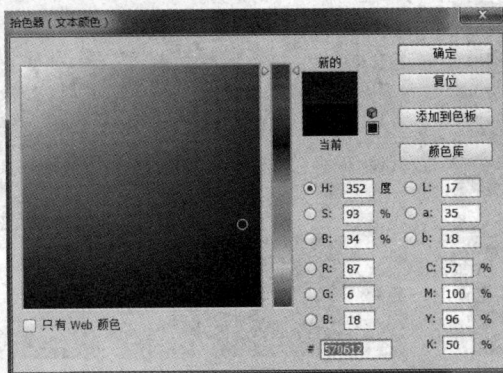

图 10-16　选择文本颜色

(5) 设置好后单击"确定"按钮回到画面中，即可得到如图 10-17 所示的文字效果。

图 10-17　文字效果

(6) 拖动鼠标选择"祖国"两个字，然后在字符面板中再次设置字体为华文行楷、字体大小为 160 点，基线偏移为 40 点，垂直缩放为 70%，如图 10-18 所示，得到的图像效果如图 10-19 所示。

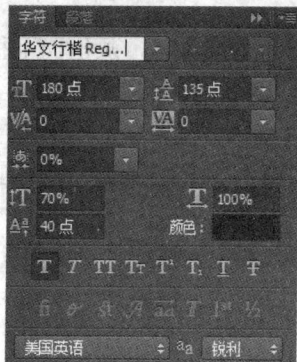

图 10-18　设置字符属性

图 10-19　文字效果

(7) 分别按下"字符"面板中的"仿斜体"按钮(T)和"下划线"按钮(T)，如图 10-20 所示。设置完成后，单击选项栏右侧的"提交所有当前编辑"按钮(✓)，退出文字输入状态，得到如图 10-21 所示的文字效果。

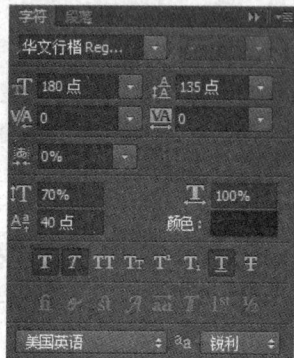

图 10-20　设置文字属性

图 10-21　文字效果

10.4　设置段落样式

在 Photoshop 中除了设置文字样式外，还可以对段落文本的对齐和缩进方式进行设置。首先创建段落文字，然后在面板组中选择"段落"面板进行设置，其操作步骤如下。

(1) 选取"横排文字"工具(**T**)，在图像窗口中使用鼠标拖出一个矩形文本框，然后在文本框中输入一段文字，创建一个段落文本，如图 10-22 所示。

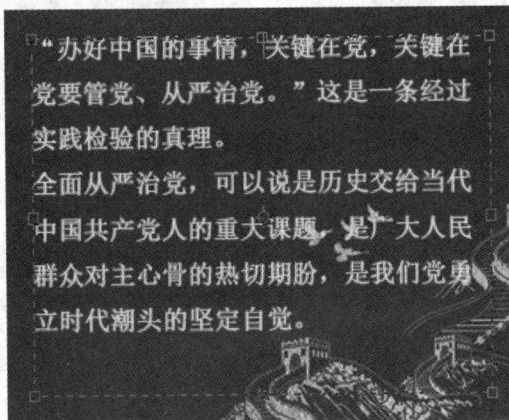

图 10-22　创建段落文字

(2) 在"字符"面板中选择"段落"选项卡，即可进入"段落"面板，如图 10-23 所示，其中文本对齐方式默认为"左对齐文本"。

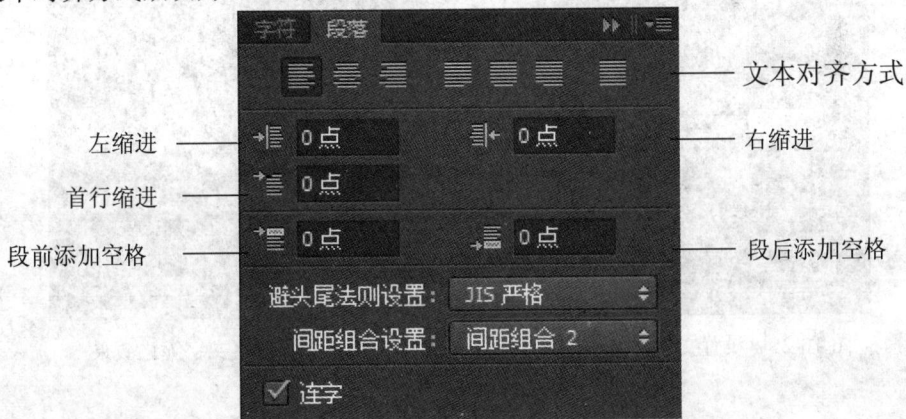

图 10-23　"段落"面板

段落面板中有如下对齐方式。

① 左对齐(**≡**)：使段落或文章中的文本沿水平方向向左对齐，使段落或文章左侧文字具有整齐的边缘。

② 居中对齐(**≡**)：使段落或文章中的文本沿水平方向中间居中对齐，使文章两侧文字整齐地向中间集中，使整个段落或整篇文章都整齐地在页面中间显示。

③ 右对齐(**≡**)：使段落或文章中的文本沿水平方向向右对齐，使段落或文章右侧文字

具有整齐的边缘。

④ 左缩进(图标)：用于设置文字段落的左侧相对于左文本框的缩进值。

⑤ 右缩进(图标)：用于设置文字段落的右侧相对于右文本框的缩进值。

⑥ 首行缩进(图标)：用于设置文字段落的首行相对于其他行的缩进值。

⑦ 段前添加空格(图标)：用于设置当前文字段落与上一文字段落之间的垂直间距。

⑧ 段后添加空格(图标)：用于设置当前文字段落与下一文字段落之间的垂直间距。

(3) 单击文本对齐方式中的"居中对齐文本"按钮(图标)，即可得到如图 10-24 所示的文字效果。

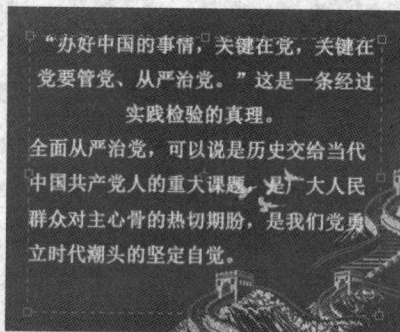

图 10-24　居中对齐文本

(4) 在段落面板中设置"左缩进"和"首行缩进"的数值，如图 10-25 所示。设置完成后，文本框中如果显示不了所有的文字，可以使用鼠标拖动文本框下方的边线扩大文本框，显示所有文字，如图 10-26 所示。

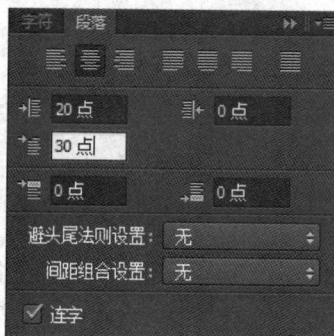

图 10-25　设置文字其他属性

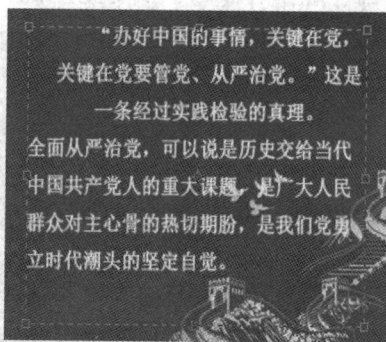

图 10-26　段落文字缩进效果

10.5　沿路径绕排与文字变形

10.5.1　沿路径绕排文字

沿路径编辑绕排文字的操作如下。

(1) 在工具箱中选择"钢笔"工具(图标)，在其选项栏的"选择工具模式"下拉列表中选择"　路径　￥"选项，然后在画布上绘制如图 10-27 所示的路径。

(2) 选择工具箱中的"横排文字"工具(T)，将鼠标指针放在路径线的中间位置，用鼠标在路径上单击一次，创建一个文本光标点，如图 10-28 所示。

图 10-27　绘制路径　　　　　　　图 10-28　在路径线的中间位置创建文本光标

(3) 在文本光标点后输入所需要的文字，得到如图 10-29 所示的沿路径绕排的文字效果。

(4) 选择工具箱中的"路径选择"工具(▷)，把鼠标指针放在路径点上(▶)，通过拖动鼠标可以更改路径上文字的起始位置和沿路径绕排的方式。调整后的效果如图 10-30 所示。

图 10-29　沿路径绕排文字　　　　　　　图 10-30　"路径选择"工具调整后效果

10.5.2　编辑变形文字

通过文字变形工具，可以创作艺术字体。具体操作如下。

(1) 打开一幅图像文件，选择"横排文字"工具，在图像中输入文字，如图 10-31 所示。

图 10-31　输入文字

(2) 在选项栏中单击"创建变形文字"按钮(), 弹出如图 10-32 所示的"移去属性"对话框, 单击"确定"按钮移除属性, 然后打开"变形文字"对话框, 单击样式右侧的三角形按钮, 在下拉列表中选择"凸起"样式, 然后再分别设置其他选项, 如图 10-33 所示。

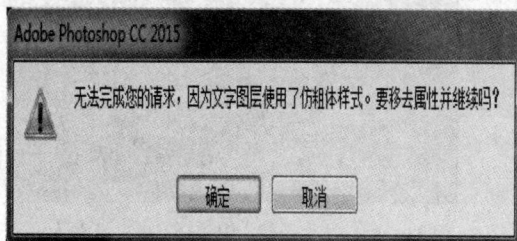

图 10-32　"移去属性"对话框

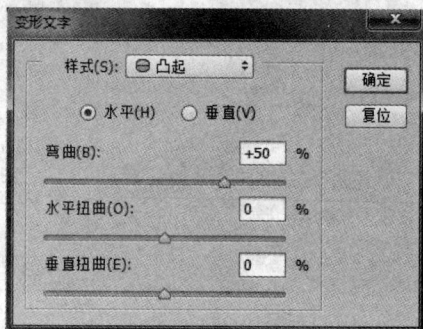

图 10-33　设置变形文字

"变形文字"对话框中各选项含义如下：

① ⦿ 水平(H)　◯ 垂直(V)：用于设置文本是沿水平方向还是垂直方向进行变形, Photoshop 默认为水平方向变形。

② 弯曲：用于设置文本弯曲的程度, 值为 0%时没有任何弯曲。

③ 水平扭曲：用于设置文本在水平方向上的扭曲程度。

④ 垂直扭曲：用于设置文本在垂直方向上的扭曲程度。

(3) 单击"确定"按钮回到画面中, 文字已经变成凸起形状, 效果如图 10-34 所示。

图 10-34　文字效果

10.6　文 字 转 换

10.6.1　将文字图层转换为形状图层

将文字转换为图形, 主要是为了对文字进行更加精确的编辑。具体操作如下。

(1) 打开一幅图像文件, 在其中输入一行文字, 如图 10-35 所示。

(2) 选择"文字→转换为形状"命令, 将文字转换为与其轮廓相同的形状, 相应的文字图层也会转换为形状图层, 如图 10-36 所示。

图 10-35　输入文字

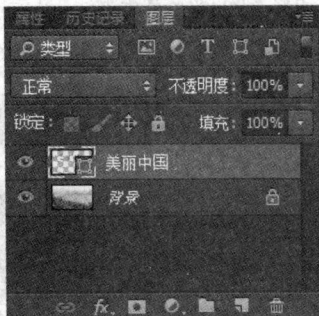

图 10-36　将文字转换为形状

注意:

在将文字转换为与其轮廓相同的形状时,如果因使用了仿粗体样式而无法转换,可先对文字图层进行创建文字变形操作移去此属性。

(3) 选择工具箱中的"直接选择"工具(　)对文字形状的部分节点进行调整,改变文字的形状,如图 10-37 所示。调整后的图像效果如图 10-38 所示。

图 10-37　调整形状节点

图 10-38　效果图

10.6.2　将文字转换为路径

将文字转换为路径后,就可以像操作任何其他路径那样进行存储和编辑,同时还能保持原文字图层不变。将文字转换为路径的具体操作如下:

(1) 打开一幅图像文件,在其中输入一行文字,如图 10-39 所示。

(2) 选择"文字→创建工作路径"命令,即可得到工作路径,隐藏文字图层,可以更好地观察路径,如图 10-40 所示。

图 10-39　输入文字

图 10-40　创建路径

(3) 切换到"路径"面板可以看到创建的工作路径，如图 10-41 所示。使用"直接选择"工具(　)调整该工作路径，原来的文字将保持不变，如图 10-42 所示。

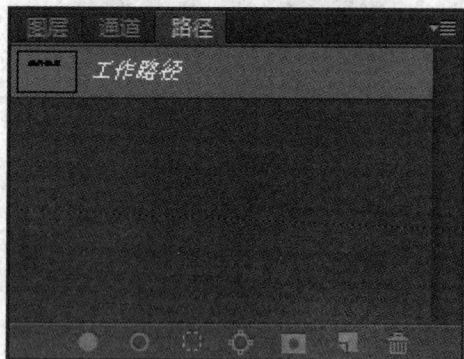

图 10-41　路径面板　　　　　　　　　图 10-42　编辑路径

说明：

　　"创建工作路径"与"转换为形状"命令的不同之处在于，当文字图层转换为形状图层后该文字图层不再存在，而生成路径后文字图层仍然存在。

10.6.3　将文字图层转换为普通图层

文字图层是不可编辑的，选择"图层→栅格化→文字"命令，将其转换为普通图层后才可以对其进行绘画等编辑操作。

图 10-43 所示为文字图层对应的"图层"面板。图 10-44 所示为将文字图层转换为普通图层的"图层"面板。

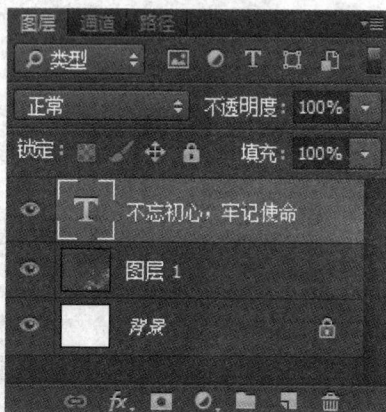

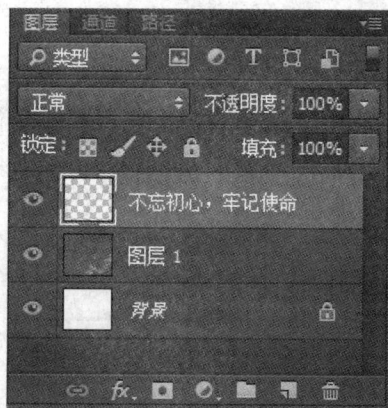

图 10-43　文字图层　　　　　　　　　图 10-44　栅格化效果

注意：

　　当一个图像文件中文字图层较多时，合并文字图层或者将文字图层与其他图像图层进行合并，一样可以将文字栅格化。

10.7　综合实训——制作个人名片

本例通过制作一张名片，练习在图像中绘制图形，输入文字，并对文字属性进行设置。主要应用"钢笔"工具绘制曲线图形，再填充颜色，并用画笔工具进行涂抹，最后输入文字并进行排版。效果如图 10-45 所示。

图 10-45　效果图

操作步骤如下：

(1) 新建一个颜色模式为 RGB 的图像文件，设置文件名称为名片，画布大小为 9 厘米 × 5.5 厘米。

(2) 新建一个图层，选择工具箱中的"矩形选框"工具，在图像底部绘制一个矩形选区，效果如图 10-46 所示。

(3) 设置前景色为蓝色(R:0，G:138，B:210)，按下"Alt+Delete"组合键填充选区，填充后按下"Ctrl+D"组合键取消选区，效果如图 10-47 所示。

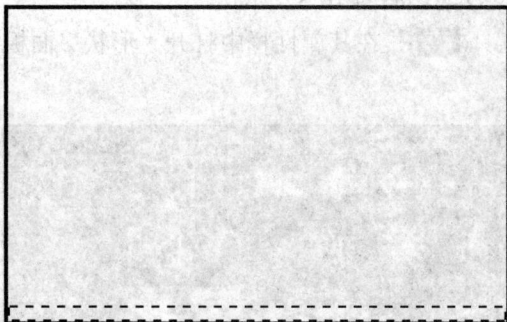

图 10-46　绘制矩形选区

图 10-47　填充颜色

(4) 新建一个图层，选择"钢笔"工具，在名片顶部绘制一个曲线路径，如图 10-48 所示。

(5) 按下"Ctrl+Enter"组合键将路径转换为选区，填充为蓝色(R:0，G:138，B:210)，如图 10-49 所示。

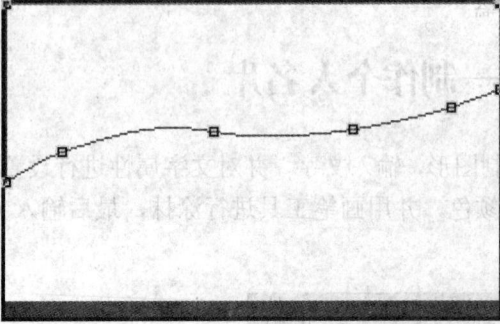

图 10-48　绘制曲线路径

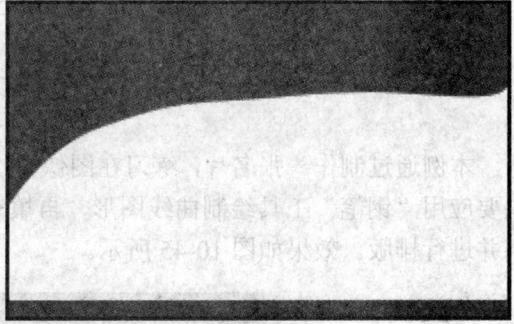

图 10-49　填充选区

(6) 新建一个图层，再次使用"钢笔"工具在名片中的蓝色与白色交接的位置绘制一个曲线路径，转换为选区后，填充为深蓝色(R: 8，G: 64，B: 134)，如图 10-50 所示。

(7) 选择"钢笔"工具，在深蓝色图形中再次绘制一个较小的曲线路径，按下"Ctrl+Enter"组合键将路径转换为选区，如图 10-51 所示。

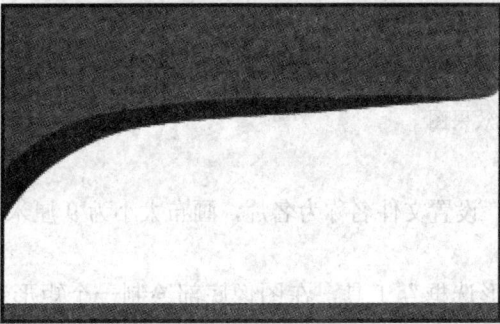

图 10-50　再次绘制路径

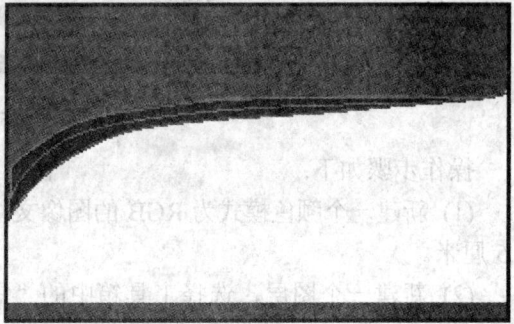

图 10-51　绘制小路径

(8) 选择"画笔"工具，分别使用天蓝色(R:8，G:112，B:178)和浅蓝色(R:236，G:245，B:254)在选区中进行涂抹，得到较为立体的图像效果，如图 10-52 所示。

(9) 新建一个图层，选择"自定义形状"工具(　)，在其属性栏中打开"形状"面板，选择"拼贴 4"图形(　)，如图 10-53 所示。

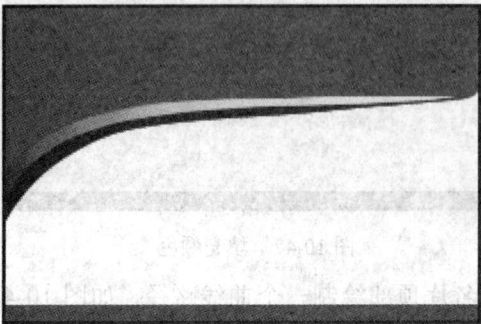

图 10-52　涂抹图像

图 10-53　形状填充

(10) 在名片左上方绘制出该图形，绘制时设置其大小为 20 像素 × 20 像素，按下"Ctrl+Enter"组合键将路径转换为选区，填充白色，如图 10-54 所示。

(11) 选择"横排文字"工具,在图像右侧输入一行文字,在选项栏中设置文字颜色为白色,字体为宋体,再次创建一图层,在本层上创建一矩形选区,并填充浅蓝色,效果如图 10-55 所示。

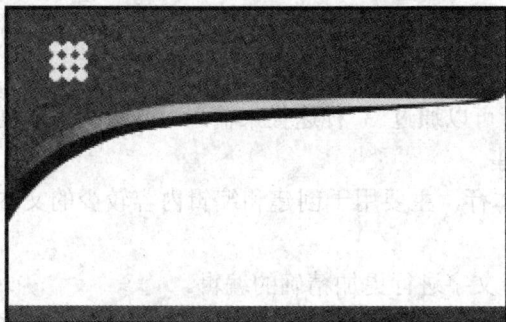

图 10-54 绘制图形

图 10-55 输入文字

(12) 使用"横排文字"工具在画面左侧输入人名和职务,设置人名字体为华文行楷,职务字体为黑体,颜色都为黑色,如图 10-56 所示。

(13) 使用"横排文字"工具在人名下方拖动鼠标绘制一个文本框,然后输入相关信息,并设置字体为黑体,如图 10-57 所示。

图 10-56 输入人名和职务

图 10-57 输入相关信息

(14) 新建一个图层,然后打开一幅图标图像,如图 10-58 所示,将其粘贴到新建的本图层中,再通过自由变换命令调整大小,使用移动工具(▶∔)调整其位置,最后的效果如图 10-45 所示。

图 10-58 图标图像

10.8 习　题

1. 填空题

(1) 使用文字工具可以在图像中输入文字，可以通过 3 种途径来输入，既_____创建、_____创建、_____创建。

(2) 点文字是一个_____或_____文本行，主要用于创建和编辑内容较少的文本信息。

(3) 将文字转换为_____，主要是为了对文字进行更加精确的编辑。

(4) 当文字图层转换为_____图层后该文字图层不再存在，而生成路径后文字图层仍然存在。

2. 判断题

(1) 如果需要可以将直排文字与横排文字的排列方向进行相互转换。(　　)

(2) 文字选区是指具有文字的外形却显示为选区的一类特殊选区。(　　)

(3) 在 Photoshop 中除了设置文字样式外，还可以对段落文本的对齐和缩进方式进行设置。(　　)

(4) 将文字转换为路径后，就可以像对任何其他路径那样进行存储和编辑该路径。(　　)

第 11 章 动作与动画

Photoshop 的动作是一系列操作步骤的组合，它可以将 Photoshop 中的操作录制下来反复使用，这样可以使较为烦琐的工作变得简单易行。同时还可以对多个文件进行批处理操作，从而大幅度的提高工作效率。动画是在一段时间内显示的一系列图像或帧，每一帧较前一帧都有轻微的变化，当连续、快速地显示这些帧时就会产生运动或变化的错觉。

☞ **知识与技能目标：**

(1) 熟悉动作面板的结构。

(2) 熟练掌握动作面板的基本操作。

(3) 熟悉帧模式时间轴面板的结构。

(4) 熟练掌握时间轴面板的基本操作。

11.1 动 作

11.1.1 "动作"面板

在学习动作的基本操作之前，先认识一下"动作"面板。在"动作"面板中可以实现对动作的创建、播放、修改和删除。选择"窗口→动作"命令(快捷键：Alt+F9)，在工作界面的右侧可以看到"动作"面板，如图 11-1 所示。

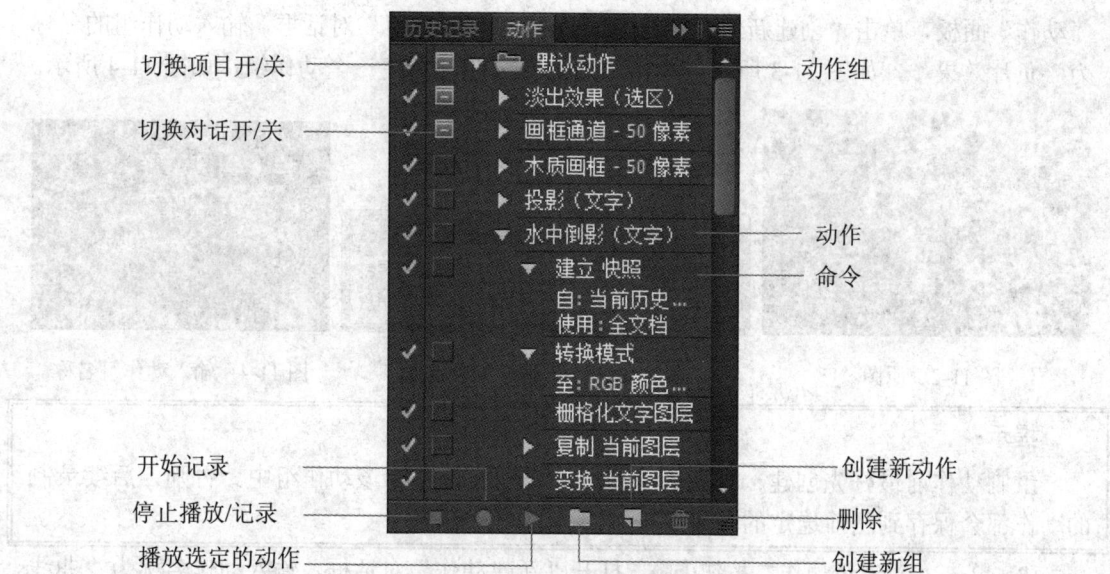

图 11-1 "动作"面板

"动作"面板中的各项含义如下：

(1) "动作组/动作/命令"：动作一般情况下分为三级结构：动作组、动作和命令。动作组是一系列动作的集合，动作是一系列命令的集合，命令则是 Photoshop 的具体操作。单击动作组前的三角按钮，可以展开或收起其包含的动作；单击动作前的三角按钮，可以展开或收起其包含的命令；单击命令前的三角按钮可以展开或收起其包含的命令列表，显示或隐藏命令的具体参数。

(2) "切换项目开/关"(☑)：如果动作组、动作和命令前显示有该图标，表示这个动作组、动作或命令可以执行；如果动作组、动作或命令前没有该图标，表示该动作组、动作或命令不能被执行。

(3) "切换对话开/关"(▤)：如果命令前显示该图标，表示动作执行到该命令时会暂停，并打开相应命令的对话框，此时可设置命令的参数，单击"确定"按钮可继续执行后面的动作。如果动作组和动作前出现该图标，则表示该动作中有部分命令设置了暂停。

(4) "停止播放/记录"(■)：用来停止播放动作和停止记录动作。

(5) "开始记录"(●)：单击该按钮，可录制动作。

(6) "播放选定的动作"(▶)：选择一个动作后，单击该按钮可播放该动作。

(7) "创建新组"(▢)：可创建一个新的动作组，以保存新建的动作。

(8) "创建新动作"(▧)：单击该按钮，可以创建一个新的动作。

(9) "删除"(🗑)：在选择动作组、动作和命令后，单击该按钮可将其删除。

11.1.2　动作的基本操作

1. 录制动作与播放动作

录制一个将照片处理为负片效果的动作，并且用该动作处理其他需要处理为负片效果的图片。具体操作如下：

(1) 打开一幅图片，如图 11-2 所示。选择"窗口→动作"(快捷键：Alt+F9)命令，打开"动作"面板，单击"创建新组"按钮(▢)，打开"新建组"对话框，输入动作组的名称为"负片效果"，如图 11-3 所示，单击"确定"按钮，新建一个动作组，如图 11-4 所示。

图 11-2　原图　　　　图 11-3　"新建组"对话框　　　　图 11-4　输入动作组名称

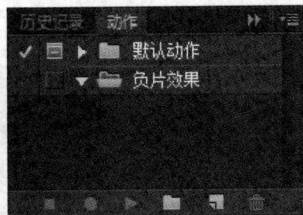

提示：

录制动作前最好先创建一个新的动作组，将动作保存到该动作组中。否则，后续录制的动作都会保存到当前选定的动作组中。

(2) 单击"创建新动作"按钮(▧)，打开"新建动作"对话框，输入动作名称为"曲线调整"，如图 11-5 所示。单击"记录"按钮，开始自动录制动作，此时面板中的开始记录按钮会变为红色(■)，如图 11-6 所示。

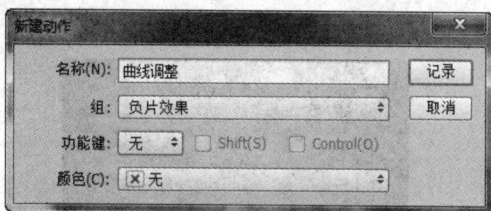

图 11-5 "新建动作"对话框

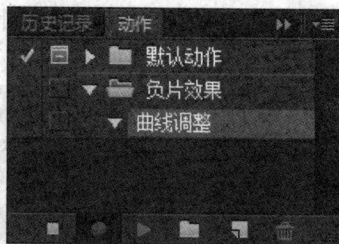

图 11-6 单击"记录"按钮

(3) 选择"图像→调整→曲线"命令(快捷键：Ctrl+M)，打开"曲线"对话框，在"预设"下拉列表中选择"负片(RGB)"，如图 11-7 所示。单击"确定"按钮关闭对话框，将该命令记录为动作，如图 11-8 所示，图像效果如图 11-9 所示。

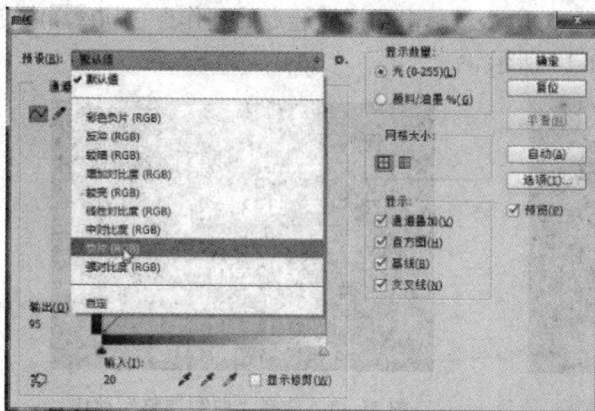

图 11-7 "曲线"对话框

图 11-8 记录动作

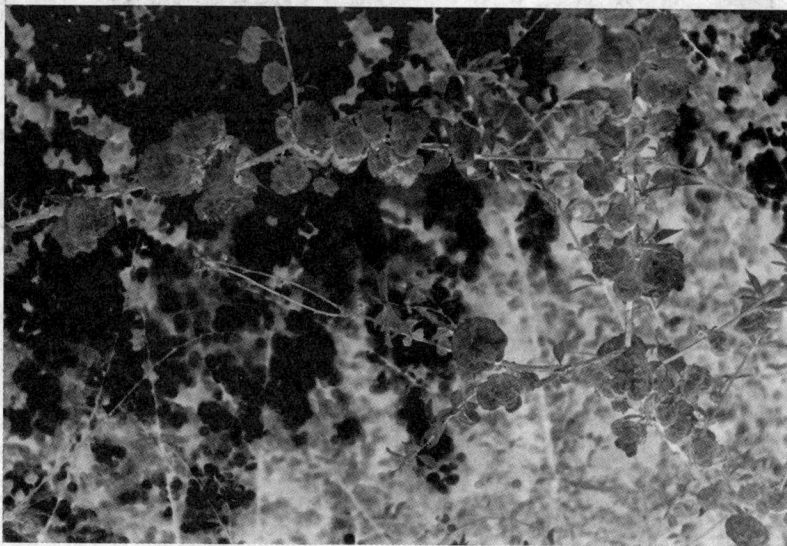

图 11-9 图像效果

(4) 选择"文件→存储为"命令(快捷键：Shift+Ctrl+s)，将文件另存，然后关闭该文件。存储文件和关闭文件的操作都会被录制为动作，如图 11-10 所示。

(5) 单击"动作"面板中的"停止播放/记录"按钮(■)，完成动作的录制，"开始记录"按钮由红色变为灰色，如图 11-11 所示。

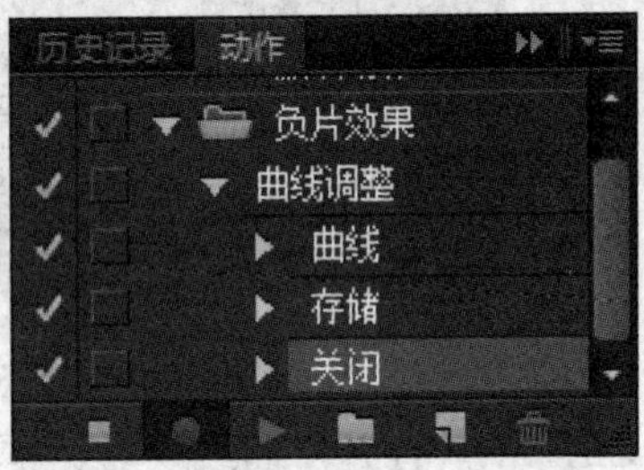

图 11-10　录制动作 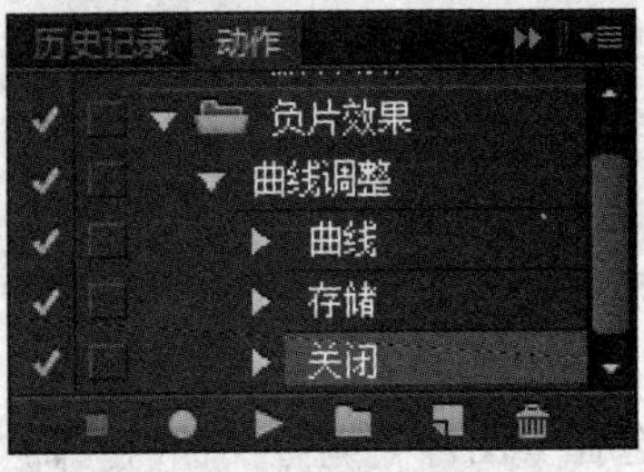　　　　　　　　图 11-11　完成动作录制

(6) 接着使用录制的"曲线调整"动作处理其他图像。打开另一张图片，如图 11-12 所示。选择"曲线调整"动作，如图 11-13 所示。单击"播放选定的动作"按钮(■)播放动作，经过动作处理的图像效果如图 11-14 所示。

图 11-12　原图 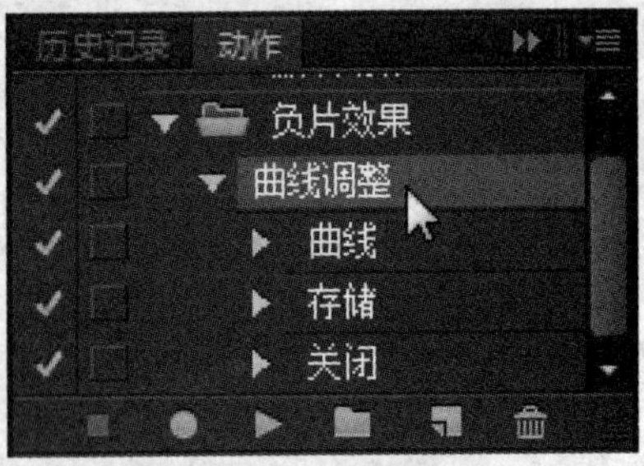　　　　　　　　图 11-13　选择"曲线调整"动作

图 11-14　图像效果

提示：

(1) 选择一个动作，单击"播放选定的动作"按钮(▶)，可按照顺序播放该动作中的所有命令。

(2) 选择一个命令，单击"播放选定的动作"按钮(▶)，可以播放该命令以及后面的命令，它之前的命令不会播放。

(3) 按住 Ctrl 键双击面板中的一个命令，可单独播放该命令。

(4) 在命令前的"切换项目开/关"按钮(✔)上单击取消该图标，命令便不能播放。

(5) 在动作前的"切换项目开/关"按钮(✔)上单击，该动作中的所有命令都不能播放。

(6) 在一个动作组前的"切换项目开/关"按钮(✔)上单击，则该动作组中的所有动作和命令都不能播放。

2. 在动作中插入命令

在动作中插入命令的具体操作如下：

(1) 打开任意一个图像文件，单击"动作"面板中的"曲线"命令，将该命令选择，将在它后面添加新的命令，如图 11-15 所示。

(2) 单击"开始记录"按钮(●)录制动作，执行"滤镜→风格化→浮雕效果"命令，对图像进行处理，按"确定"按钮关闭对话框，如图 11-16 所示。

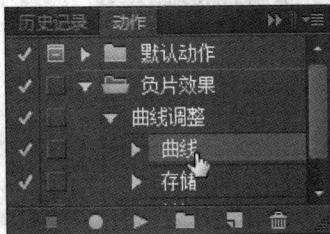

图 11-15　单击"曲线"命令　　　　　　图 11-16　对图像进行处理

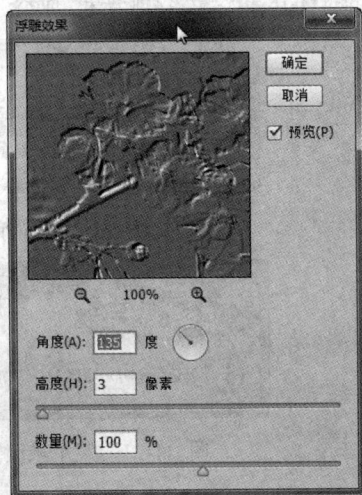

(3) 单击"停止播放/记录"按钮(■)停止录制，即可将图像浮雕化的操作插入到"曲线"命令后面，如图 11-17 所示。

图 11-17　将浮雕化操作插入到"曲线"命令后

3. 在动作中插入菜单项目

插入菜单项目是指在动作中插入菜单中的命令，这样就可以将许多不能录制的命令插入到动作中，如绘画和色调工具、"视图"和"窗口"菜单中的命令。具体操作如下：

(1) 选择"动作"面板中的"浮雕效果"命令，在它后面插入菜单项目，如图 11-18 所示。

(2) 执行面板菜单中的"插入菜单项目"命令，如图 11-19 所示。打开"插入菜单项目"对话框，如图 11-20 所示。执行"视图→显示→网格"命令，"插入菜单项目"对话框中的菜单项会出现"菜单项：显示：网格"字样，如图 11-21 所示。然后单击"插入菜单项目"对话框中的"确定"按钮，关闭对话框，显示网格的命令便会插入到动作中，如图 11-22 所示。

图 11-18　选择"浮雕效果"命令　　　　　图 11-19　执行"插入菜单项目"命令

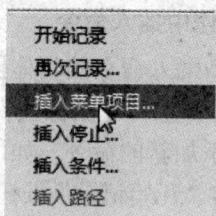

图 11-20　"插入菜单项目"对话框

图 11-21　菜单项出现"菜单项：显示：网格"

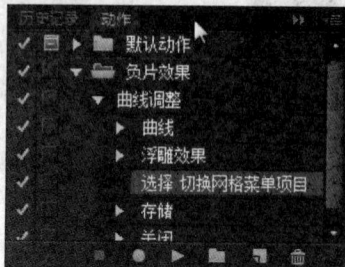

图 11-22　显示网格的命令插入到动作中

4. 在动作中插入停止

插入停止是指让动作播放到某一步时自动停止，这样就可以手动执行无法录制为动作

的任务, 如使用绘画工具进行绘制等。具体操作如下:

(1) 选择"动作"面板中的"浮雕效果"命令, 下面在它后面插入停止, 如图 11-23 所示。

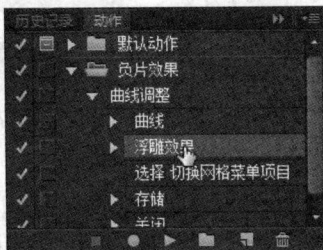

图 11-23 选择"浮雕效果"命令

(2) 执行面板菜单中的"插入停止"命令, 打开"记录停止"对话框, 输入提示信息, 并勾选"允许继续"选项, 如图 11-24 所示。单击"确定"按钮关闭对话框, 可将停止插入到动作中, 如图 11-25 所示。

图 11-24 "记录停止"对话框

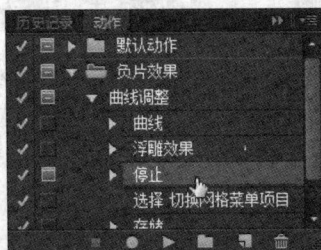

图 11-25 将停止插入到动作中

(3) 播放动作时, 执行完"浮雕效果"命令后动作就会停止, 并弹出我们在"记录停止"对话框中输入的提示信息, 如图 11-26 所示。单击"停止"按钮停止播放, 就可以使用绘画工具等编辑图像, 编辑完成后可单击"播放选定的动作"按钮(▶)继续播放后面的命令。如果单击对话框中的"继续"按钮, 则动作不会停止而是继续播放后面的动作。

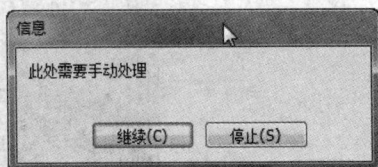

图 11-26 提示信息

5. 重排、复制与删除动作

在"动作"面板中, 将动作或命令拖曳至新位置, 即可重新排列动作和命令。按住 Alt 键移动动作和命令, 或者将动作和命令拖曳至"创建新动作"按钮(🔲)上, 可以将其复制。

将动作或命令拖曳至"动作"面板中的"删除"按钮(🗑)上,可以将其删除。执行面板菜单中的"清除全部动作"命令,则会删除所有的动作。如果需要将面板恢复为默认的动作,可以执行面板菜单中的"复位动作"命令。

6. 修改动作的名称和参数

如果要修改动作组的名称,可以将其选中,如图 11-27 所示,然后执行面板菜单中的"组选项"命令,打开"组选项"对话框进行设置,如图 11-28 所示。如果要修改动作的名称和参数,可以将其选中,如图 11-29 所示,然后执行面板菜单中的"动作选项"命令,打开"动作选项"对话框进行设置,如图 11-30 所示。如果要修改命令的参数,可以直接双击命令,打开命令的对话框修改参数。

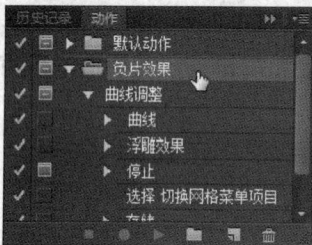

图 11-27　选中动作组

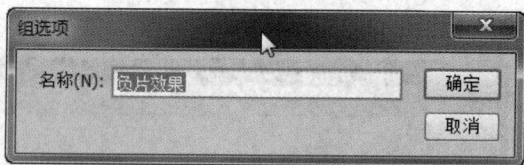

图 11-28　"组选项"对话框

图 11-29　选中动作

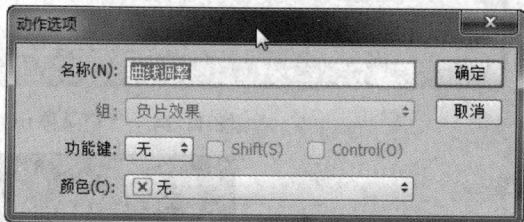

图 11-30　"动作选项"对话框

7. 载入外部动作库

载入外部动作库的具体操作如下:

(1) 打开一张图片,如图 11-31 所示。

图 11-31　原图

　　(2) 打开"动作"面板，在面板菜单中选择"载入动作"命令，选择本地的一个动作文件，单击"载入"按钮，将它载入"动作"面板中，如图 11-32 所示。此时，"动作"面板中载入了一个名为"30-Photo-Effects"的动作组，如图 11-33 所示。

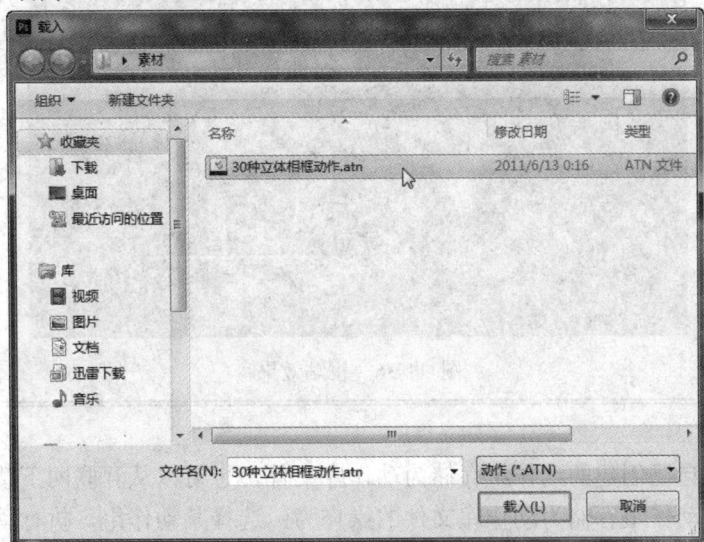

图 11-32　选择本地动作文件

图 11-33　动作面板中载入动作组

　　(3) 任意选择其中的一个动作，此处选择"effect 01"动作，如图 11-34 所示。单击"播放选定的动作"按钮(▶)播放动作，用该动作处理照片，处理过程需要一定的时间。此动作中含有一个停止命令，可单击"继续"按钮继续执行后续的命令，如图 11-35 所示。如图 11-36 所示为创建的拼贴效果。

图 11-34　选择"effect 01"动作

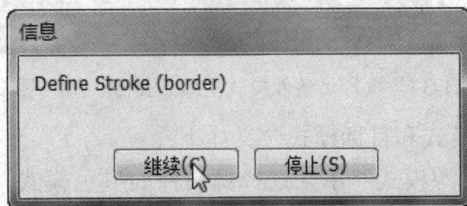

图 11-35　单击"继续"按钮

图 11-36　拼贴效果

> **提示：**
> 　　用户可以将自己创建的动作组存储为动作库文件，也可以从互联网下载别人制作好的
> 动作库文件。将动作组存储为动作库文件的操作为：选择某动作组，执行动作面板菜单中
> 的"存储动作"命令，保存的文件后缀名为".atn"。

8. 条件模式更改

　　使用动作处理图像时，如果在某个动作中，有一个步骤是将源模式为 RGB 的图像转换
为 CMYK 模式，并且当前处理的图像为非 RGB 模式(如灰度模式)时，就会导致出现错误。
为了避免这种情况，可在记录动作时使用"条件模式更改"命令为源模式指定一个或多个
模式，并为目标模式指定一个模式，以便在动作执行过程中进行转换。

　　执行"文件→自动→条件模式更改"命令，如图 11-37 所示，打开"条件模式更改"
对话框，如图 11-38 所示。

图 11-37　执行"条件模式更改"命令　　　图 11-38　"条件模式更改"对话框

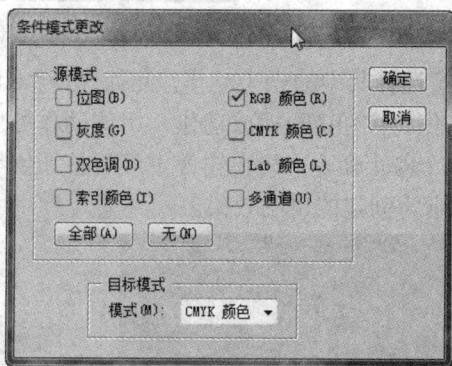

源模式和目标模式含义如下：

　　(1) 源模式：用来选择源文件的颜色模式，只有与选择的颜色模式相同的文件才可被
更改。单击"全部"按钮，可选择所有可选的模式；单击"无"按钮，则不选择任何模式。

　　(2) 目标模式：用来设置图像转换后的颜色模式。

11.2　批处理与图像编辑自动化

批处理是指将动作应用于目标文件，它可以帮助用户完成大量的、重复性的操作，以节省时间，提高工作效率，并实现图像处理的自动化。例如，要对一大批图像文件进行相同的处理，如调整照片的大小和分辨率，或者进行锐化、模糊等，就可以先将其中一张照片的处理过程录制为动作，再通过批处理将该动作应用于其他图像文件。

11.2.1　处理一批图像文件

在进行批处理前，首先应该将需要批处理的文件保存到一个文件夹中，然后在"动作"面板中录制好动作或者载入外部动作，用录制或载入的动作批量处理文件夹中的图像文件。具体操作如下：

(1) 打开文件夹中任意一张图片，如图 11-39 所示。选择"窗口→动作"命令(快捷键：Alt+F9)，打开"动作"面板，单击"创建新组"按钮(　)，打开"新建组"对话框，输入动作组的名称为"批量调整图片"，单击"确定"按钮，新建一个动作组，如图 11-40 所示。

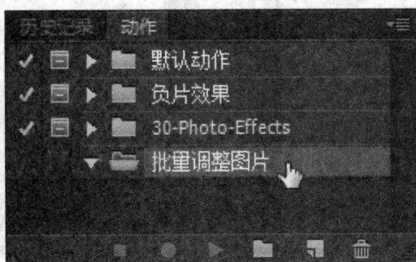

图 11-39　原图像　　　　　　　　　　　　　图 11-40　新建动作组

(2) 单击"创建新动作"按钮(　)，打开"新建动作"对话框，输入动作名称为"图片大小和亮度"，如图 11-41 所示。单击"记录"按钮，开始录制动作，此时面板中的开始记录按钮会变为红色(　)。

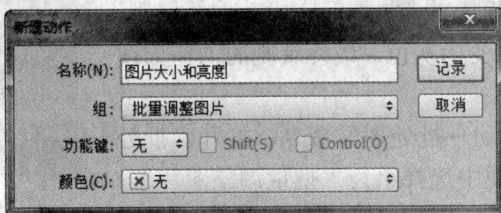

图 11-41　"新建动作"对话框

(3) 选择"图像→图像大小"命令(快捷键：Alt+Ctrl+I)，打开"图像大小"对话框，设置宽度为 400 像素，高度为 300 像素，如图 11-42 所示。单击"确定"按钮关闭对话框，将该命令记录为动作。

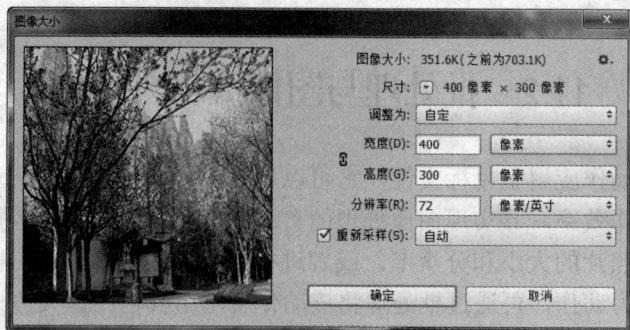

图 11-42　图像大小对话框

(4) 选择"图像→调整→曲线"命令(快捷键 Ctrl+M)，打开"曲线"对话框，在"预设"的下拉列表中选择"较亮(RGB)"，如图 11-43 所示。单击"确定"按钮关闭对话框，将该命令记录为动作。

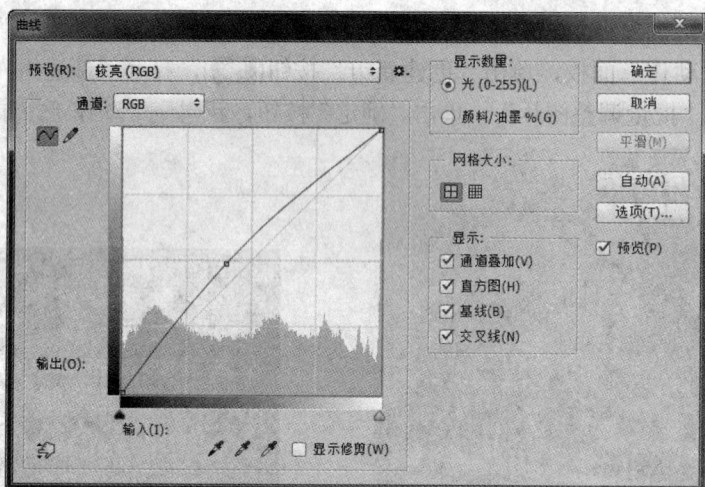

图 11-43　"曲线"对话框

(5) 选择"文件→存储为"命令(快捷键：Shift+Ctrl+S)，将文件另存，然后关闭打开的文件。存储文件的操作和关闭文件的操作都会被录制为动作。

(6) 单击"动作"面板中的(▣)按钮完成动作的录制，"开始记录"按钮由红色变为灰色，最终录制的动作如图 11-44 所示。

(7) 执行"文件→自动→批处理"命令，打开"批处理"对话框。在"播放"选项中选择组为"批量调整图片"，动作为"图片大小和亮度"，源为"文件夹"，然后单击

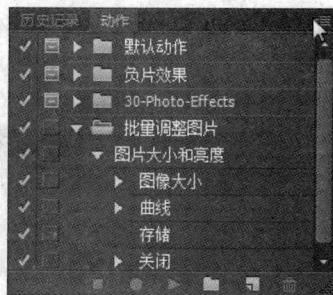

图 11-44　最终录制的动作

"选择"按钮，打开"浏览文件夹"对话框，选择图像所在的文件夹，在"目标"下拉列表中选择"文件夹"，单击"选择"按钮，在打开的对话框中指定完成批处理后文件的保存位置，然后关闭对话框，勾选"覆盖动作中的存储为命令"选项，如图 11-45 所示。

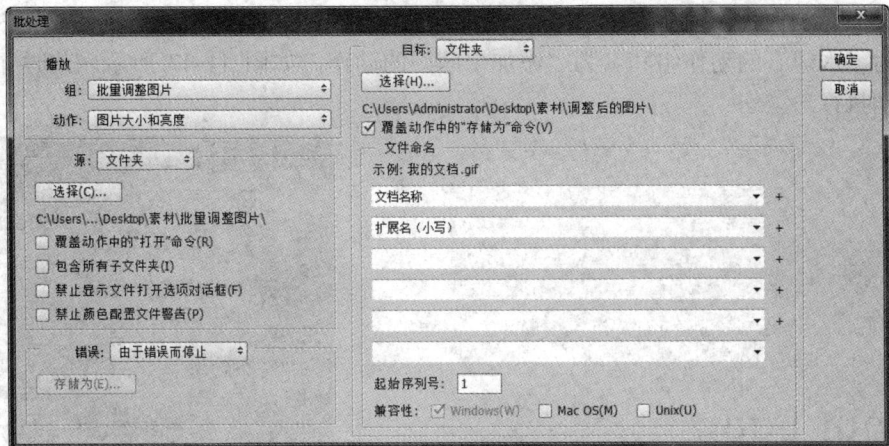

图 11-45　"批处理"对话框

"批处理"对话框各选项含义如下：

①　源：在"源"下拉列表中可以指定要处理的文件。选择"文件夹"并单击下面的"选择"按钮，可在打开的对话框中选择一个文件夹，批处理该文件夹中的所有文件；选择"导入"，可以处理来自数码相机、扫描仪或 PDF 文档的图像；选择"打开的文件"，可以处理当前所有打开的文件；选择"Bridge"，可以处理 Adobe Bridge 中选定的文件。

②　覆盖动作中的"打开"命令：在批处理时忽略动作中记录的"打开"命令。

③　包含所有子文件夹：将批处理应用到所选文件夹中包含的所有子文件夹。

④　禁止显示文件打开选项对话框：批处理时不会打开文件选项对话框。

⑤　禁止颜色配置文件警告：关闭颜色方案提示的信息。

⑥　目标：在"目标"下拉列表中可以选择完成批处理后文件的保存位置。选择"无"，表示不保存文件，文件仍为打开状态；选择"存储并关闭"，可以将文件保存在原文件夹中并覆盖原始文件。选择"文件夹"并单击选项下面的"选择"按钮，可指定用于保存文件的文件夹。

⑦　覆盖动作中的"存储为"命令：如果动作中包含"存储为"命令，则勾选该项后，在批处理时动作中的"存储为"命令将引用批处理的文件，而不是动作中指定的文件名和位置。

⑧　文件命名：将"目的"选项设置为"文件夹"后，可以在该选项组的 6 个选项中设置文件的命名规范，指定文件的兼容性，包括 Windows、Mac OS 和 Unix。

(8)　单击"确定"按钮，Photoshop 就会执行批处理操作，将所选文件夹中的所有图像文件都处理为大小均为 400 像素×300 像素且亮度较亮的图像文件。在批处理的过程中，如果要终止操作，可以按 ESC 键。

11.2.2　通过批处理为照片批量加水印

通过批处理为照片批量加水印的具体操作如下：

(1)　新建一个透明背景的文件，在该文件中加入用户的水印，如图 11-46 所示。

(2)　执行"文件→存储为"命令，将文件保存为 PSD 格式，然后关闭该文件。

(3) 打开动作面板,单击该面板底部的"创建新组"按钮(■)和"创建新动作"按钮(■),创建名为"水印"的动作组和名为"添加水印"的动作,如图 11-47 所示。此时开始记录动作自动执行。

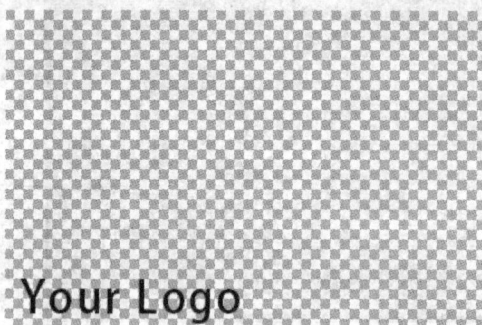

图 11-46   加入水印

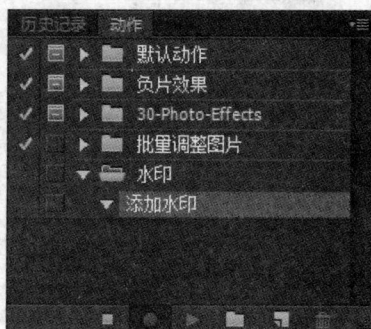

图 11-47   创建动作组和动作

(4) 打开任意一张图片文件。执行"文件→置入嵌入的智能对象"命令,选择刚刚保存的水印文件,如图 11-48 所示。将它置入当前文档中,回车确定,如图 11-49 所示。执行"图层→拼合图像"命令,将图层合并。单击"动作"面板底部的(■)按钮,完成动作的录制,如图 11-50 所示。

图 11-48   选择置入嵌入的智能对象

图 11-49   置入水印文件

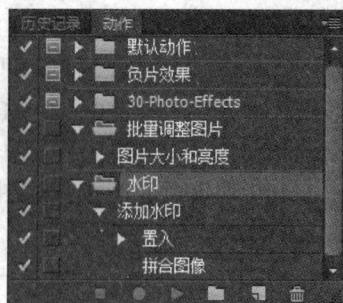

图 11-50   完成动作录制

(5) 执行"文件→自动→批处理"命令,打开"批处理"对话框,在"播放"选项组中选择刚刚录制好的动作,单击"源"选项组中的"选择"按钮,在打开的对话框中选择要添加水印的文件夹。在"目标"下拉菜单中选择"文件夹",然后单击"选择"按钮,在打开的对话框中为处理后的图片指定保存位置,这样就不会破坏原始图片了,如图 11-51 所示。

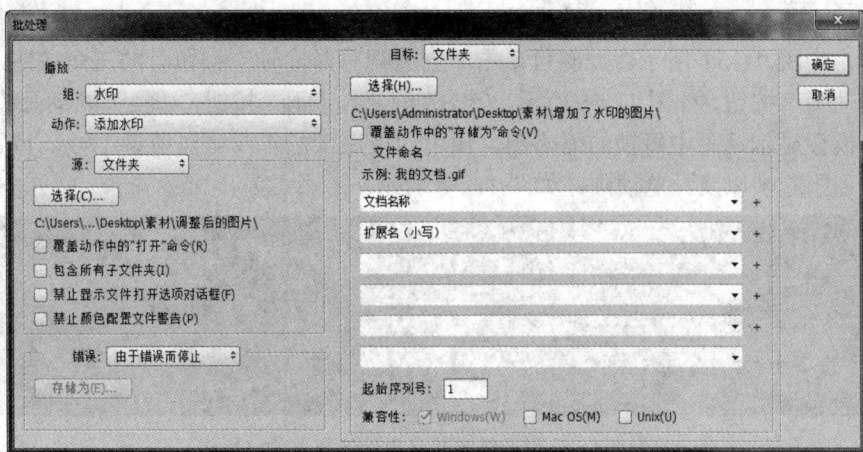

图 11-51 "批处理"对话框

(6) 单击"确定"按钮,开始批处理,Photoshop 会为源文件夹中的每一张图片都添加水印,并将处理后的图片保存到指定的目标文件夹中,如图 11-52 所示。

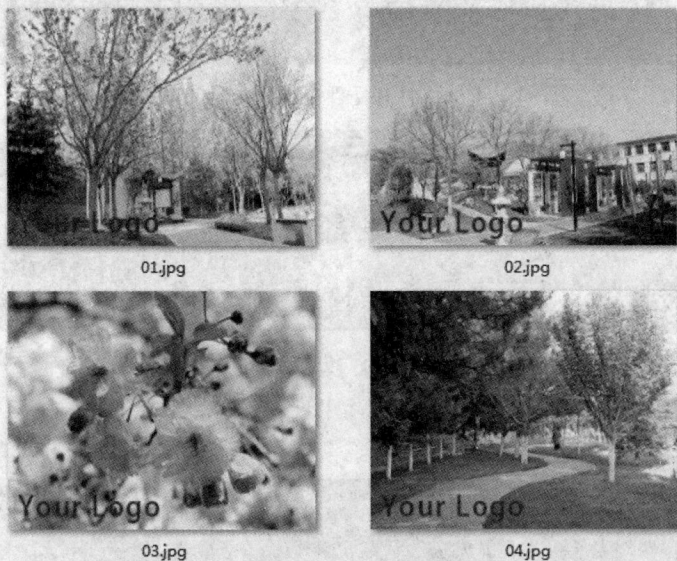

图 11-52 批处理图片

11.3 动 画

动画是在一段时间内显示的一系列图像或帧。每一帧较前一帧都有轻微的变化,当连续、快速地显示这些帧时就会产生运动或变化的错觉。

11.3.1　帧模式时间轴面板

选择"窗口→时间轴"命令，打开"时间轴"面板，默认情况下为编辑视频的时间轴模式，且分为两种情况：在没有新建或打开文件的情况下，如图 11-53 所示；在打开文件的情况下，如图 11-54 所示。此时可单击"创建视频时间轴"按钮旁的三角按钮，切换为"创建帧动画"按钮，如图 11-55 所示。单击"创建帧动画"按钮，切换为帧动画模式。"时间轴"面板会显示动画中每帧的缩略图，使用面板底部的工具可浏览各个帧，设置循环选项，添加和删除帧以及预览动画，如图 11-56 所示。

图 11-53　没有新建或打开文件情况下的时间轴

图 11-54　打开文件情况下的时间轴

图 11-55　切换为"创建帧动画"按钮

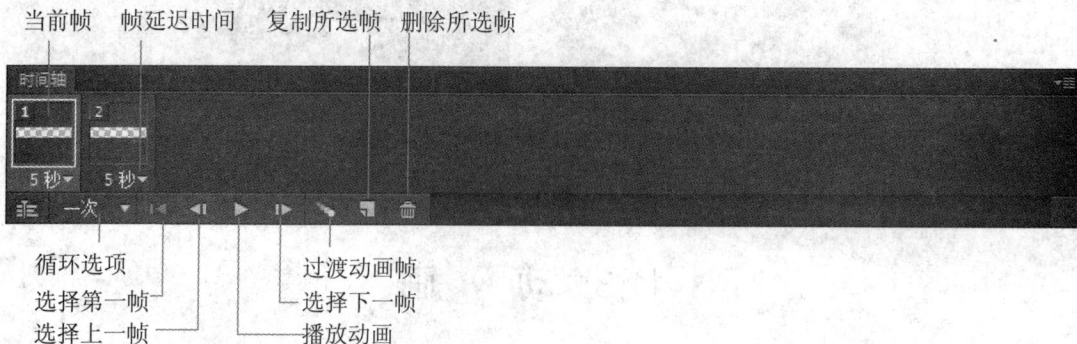

图 11-56　"时间轴"面板

帧动画模式时间轴面板各项含义如下：

(1) 当前帧：当前选择的帧。

(2) 帧延迟时间：用于设置帧的持续时间。

(3) 循环选项：用于设置动画的播放次数。

(4) 选择第一帧：单击该按钮，可自动选择序列中的第一帧作为当前帧。

(5) 选择上一帧：单击该按钮，可选择当前帧的前一帧。

(6) 播放动画：单击该按钮，可在窗口中播放动画，再次单击则停止播放。

(7) 选择下一帧：单击该按钮，可选择当前帧的下一帧。

(8) 过渡动画帧：如果要在两个现有帧之间添加一系列过渡帧，并让新帧之间的图层属性均匀变化，可单击该按钮，打开"过渡"对话框进行设置。

11.3.2 制作图层样式动画

制作图层样式动画的具体操作如下：

(1) 新建一个文件，大小为 600 像素 × 150 像素，背景色为黑色。添加文字图层，输入的内容为"PHOTOSHOP"，如图 11-57 所示。

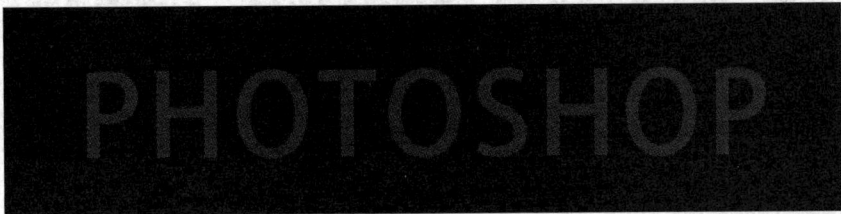

图 11-57 输入"PHOTOSHOP"

(2) 选中文字图层，打开"图层样式"对话框，添加"外发光"效果，此处设置添加的"外发光"的混合模式为"正常"，颜色为黄色，如图 11-58 所示。单击"确定"按钮完成图层样式的设置。

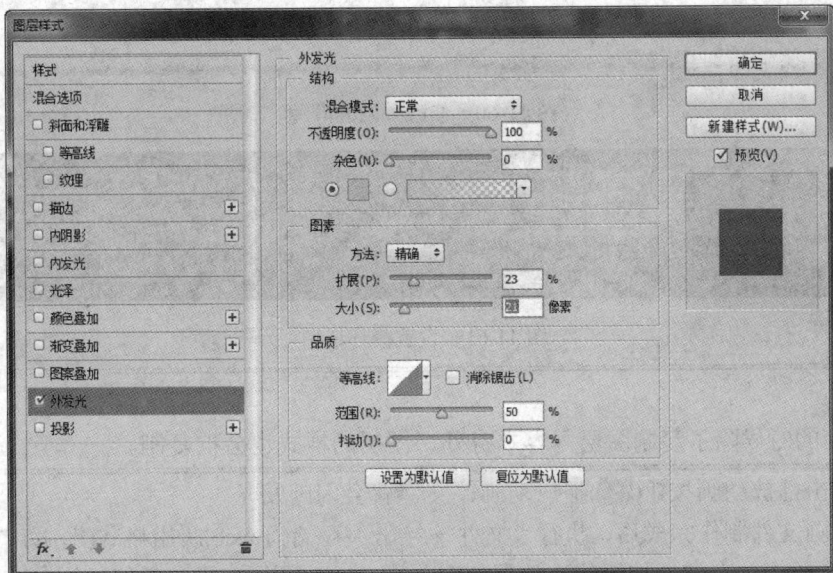

图 11-58 "图层样式"对话框

(3) 在"时间轴"面板中将帧的延迟时间设置为 0.2 秒，如图 11-59 所示。

图 11-59　设置帧的延迟时间

(4) 单击"时间轴"面板中的"复制所选帧"按钮(▣)，将第一帧复制，并且 Photoshop 会自动选择新复制的第二帧，重新打开文字图层的"图层样式"对话框，修改第二帧的"外发光"效果，此处修改外发光颜色为红色，如图 11-60 所示。单击"确定"按钮完成设置。将循环选项设置为"永远"，如图 11-61 所示。

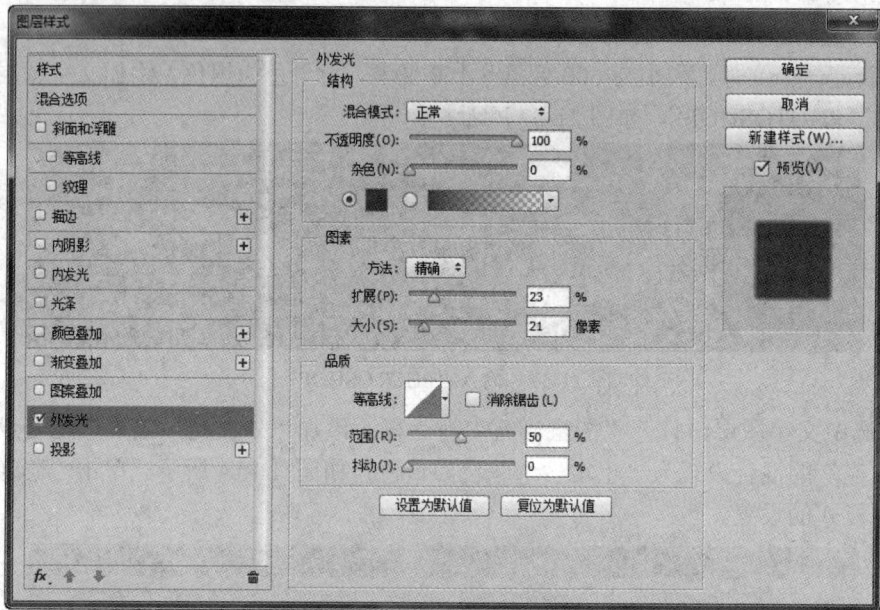

图 11-60　修改外发光颜色

图 11-61　设置循环选项

> **提示：**
> 复制帧的时候除了复制图层内容本身外，图层的样式也会被复制。

(5) 单击播放动画按钮(▶)播放动画，文字就会闪闪发光。

(6) 动画文件制作完成后，执行"文件→导出→存储为 web 所用格式(旧版)"命令，选择 GIF 格式单击"存储"按钮将文件保存，如图 11-62 所示。用户最终可以使用浏览器等工具打开 GIF 格式的图片文件观察效果。

图 11-62 选择 GIF 格式

11.4 习 题

1. 判断题

(1) 使用"动作"面板可以创建、播放、修改或删除动作。（ ）

(2) Photoshop 所有的操作都可以记录为动作。（ ）

(3) "动作"面板中的所有动作都可以执行。（ ）

2. 选择题

(1) 下列哪个命令可以对所选的所有图像进行相同的操作？（ ）

A. 批处理　　　　　B. 动作　　　　　C. 历史记录　　　　　D. 变换

(2) 按住键盘的哪个键位并且双击鼠标左键可以播放单个命令？（ ）

A. Ctrl　　　　　B. Shift　　　　　C. Alt　　　　　D. Ctrl+Alt

(3) 将动作组存储后得到的文件扩展名为（ ）。

A. ATN　　　　　B. ATG　　　　　C. ACT　　　　　D. CAN

2. 实训题

设计一个属于自己的水印，录制一个添加水印的动作，并使用批处理批量的为自己的照片添加水印。

第 12 章　平面设计综合实例

　　Photoshop 是设计类专业的一门必修软件课。现在的设计绘图工作对设计人员的要求越来越高，不仅要求设计人员能熟练地使用各种工具和命令去完成一些诸如颜色更改、填色等基础性的工作，还需要其利用 Photoshop 软件去完成诸如广告设计、图案设计、包装设计、效果图设计等比较复杂和高端的工作。而在完成这些工作的过程中，熟练地操作 Photoshop 软件是基础，将各种工具和命令良好地结合起来也是很多设计工作中的难点。一般来说，平面设计作品中主要包括字体的设计、图中人物以及背景的处理和合成、标志(logo)的设计、图中主体物体的绘制、广告设计的创意合成等五个部分。本章通过五个实例的讲解，以点带面，让读者充分了解使用 Photoshop 软件进行设计制图的过程及创意方法。

☞ **知识与技能目标：**

(1) 理解平面设计工作的分类和各个类别的制作目标。

(2) 理解各种工具参数调节的意义，增强一定的审美能力。

(3) 掌握平面设计的工作思路、流程以及使用各种工具实现效果的技能。

(4) 掌握在平面设计与制作的过程中加入创意元素的方法。

12.1　网 页 设 计

　　网页设计一般要求页面风格简洁大方、色彩对比强烈。本实例介绍如何利用 Photoshop 设计网页以及网页页面颜色的搭配与运用，旨在使读者熟练掌握参考线在网页设计中的应用。本实例的目标效果如图 12-1 所示。

图 12-1　目标效果图

操作步骤如下：

(1) 新建一个尺寸为 960 像素 × 650 像素、名称为"网页设计"的文档，如图 12-2 所示。新建图层，将前景色设置为"R:23、G:23、B:23"，按下"Alt+Delete"组合键填充前景色。

说明：

网页设计中图片分辨率为 72 像素/英寸，不可过大。

---

(2) 选择"视图→标尺"命令（"Ctrl+R"组合键），再选择工具箱中的移动工具()，在 4 cm、5.4 cm 处拖曳出两条水平方向的参考线，如图 12-3 所示。

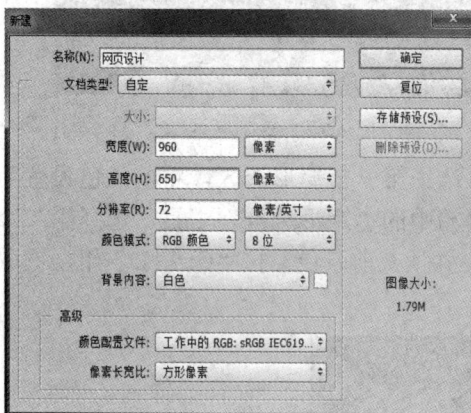

| 图 12-2　新建文档 | 图 12-3　设置参考线 |

注意：

系统默认的标尺单位为"厘米"。

---

(3) 选择工具箱中的"矩形选框"工具(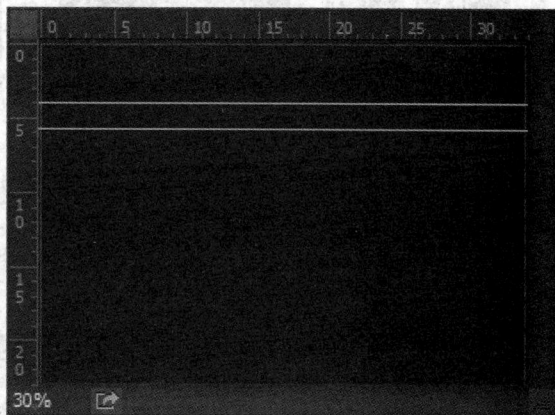)，沿着参考线的位置绘制一个矩形选区，将前景色设置为"R:205，G:165，B:48"，填充前景色，随后按"Ctrl+D"组合键取消选区，如图 12-4 所示。

(4) 选择工具箱中的"移动"工具(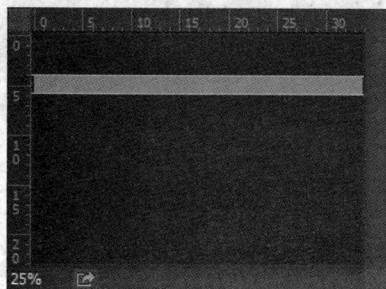)，在 6.8 cm 处拖曳出一条水平方向的参考线，再选择工具箱中的"矩形选框"工具，沿着第二条参考线至第三条参考线的区域绘制一个矩形选区，将前景色设置为"R:210，G:198，B:43"，填充前景色，随后按"Ctrl+D"组合键取消选区，如图 12-5 所示。

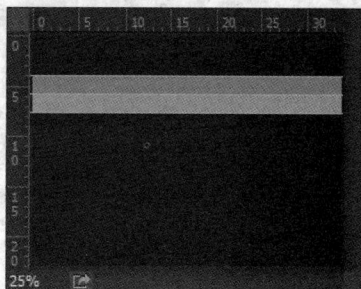

| 图 12-4　填充前景色 | 图 12-5　给第二个矩形选区填充前景色 |

(5) 选择工具箱中的"矩形选框"工具(▦)，绘制如图 12-6 所示的选区，再选择工具箱中的"移动"工具，按下"Shift+Alt"组合键的同时使用鼠标向下拖曳选区，随后按"Ctrl+D"组合键取消选区，得到如图 12-7 所示的结果。

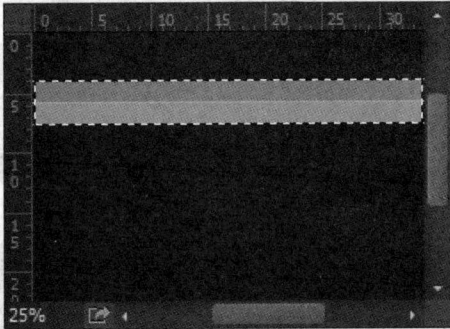

图 12-6　绘制选区

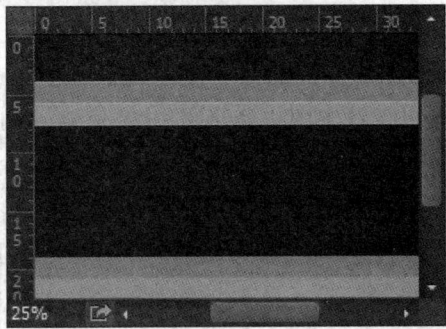

图 12-7　复制选区

(6) 选择工具箱中的"矩形选框"工具(▦)，选择第一个矩形选区，将前景色设置为"R:74，G:145，B:65"，并填充前景色。选择工具箱中的"矩形选框"工具，选择第二个矩形选区，将前景色设置为"R:44，G:76，B:43"，并填充前景色。按"Ctrl +D"组合键取消选区，效果如图 12-8 所示。

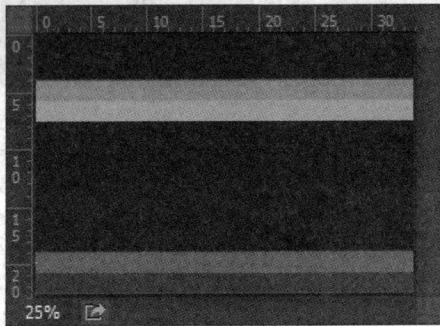

图 12-8　修改选区颜色

(7) 选择工具箱中的"移动"工具(▸✛)，在 2 cm 处拖曳出一条垂直方向的参考线，打开如图 12-9 所示的校徽图像，并将该图像拖曳到网页图像窗口中，如图 12-10 所示。

图 12-9　网页 LOGO 与名称

(8) 选择工具箱中的"移动"工具，在文字的上方和下方拖曳出两条水平方向的参考线，在文字的右侧拖曳出一条垂直方向的参考线，如图 12-11 所示。

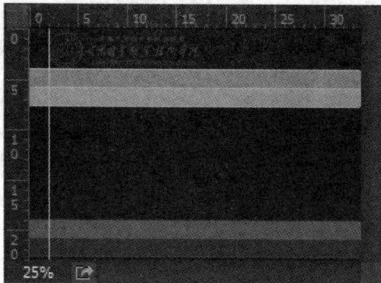

图 12-10 导入网页 LOGO

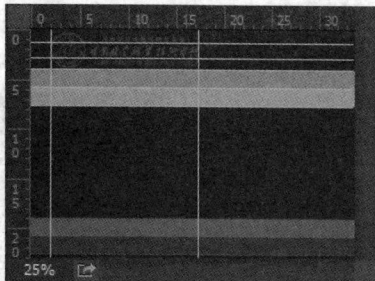

图 12-11 拖曳出参考线

(9) 选择工具箱中的"矩形"工具(▬),在其选项栏中设置 W(宽度)为 45 像素、H(高度)为 6 像素,单击鼠标左键得到矩形,将前景色设置为"R:168,G:146,B:38",并填充前景色,得到如图 12-12 所示的第一个矩形。

(10) 在第一个矩形的下方绘制一个 W(宽度)为 55 像素、H(高度)为 6 像素的矩形,将前景色设置为"R:189,G:180,B:35",并填充前景色,得到如图 12-13 所示的效果。

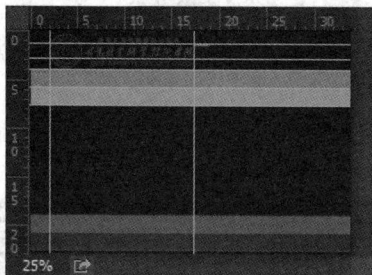

图 12-12 绘制第一个矩形

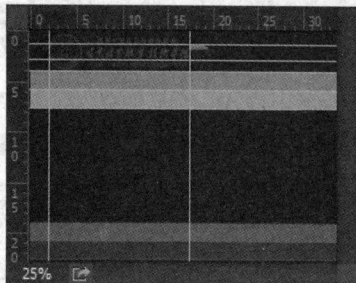

图 12-13 绘制第二个矩形

(11) 绘制第三个 W(宽度)为 40 像素、H(高度)为 6 像素的矩形选区,填充颜色为"R:158,G:178,B:40";绘制第四个 W(宽度)为 35 像素、H(高度)为 6 像素的矩形选区,填充颜色为"R:129,G:169,B:55";绘制第五个 W(宽度)为 396 像素、H(高度)为 6 像素的矩形选区,填充颜色为"R:70,G:123,B:69"。按"Ctrl+D"组合键取消选区,得到如图 12-14 所示的效果。

(12) 打开 PNG 格式的素材文件:校训.png,选择工具箱中的"移动"工具(►⊹),将校训素材文件图像移至网页图像中并调整其位置,再通过"自由变换"命令调节大小,效果如图 12-15 所示。

图 12-14 完成页面头部的图形制作

图 12-15 添加校训文字

(13) 选择工具箱中的"移动"工具，在 10 cm、18 cm、26 cm 处拖曳出三条垂直方向的参考线，得到如图 12-16 所示的效果。

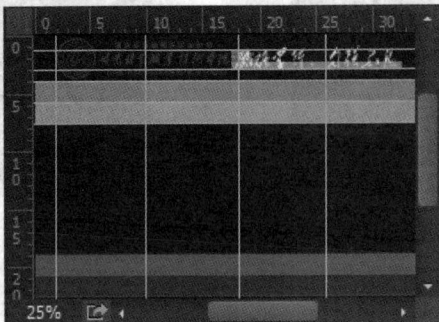

图 12-16　拖曳出三条垂直方向的参考线

(14) 选择工具箱中的"横排文字"工具，在矩形框中输入"[师资力量]""[办学条件]""[招生就业]""[精彩活动]"，设置字体为宋体、大小为 15 点、颜色为白色。单击"图层"面板下方的"添加图层样式"按钮(*fx.*)，在弹出的菜单中选择"外发光"命令，设置"颜色"为白色、"不透明度"为 20%、"大小"为 1 像素，如图 12-17 所示。单击"确定"按钮，得到如图 12-18 所示的效果。

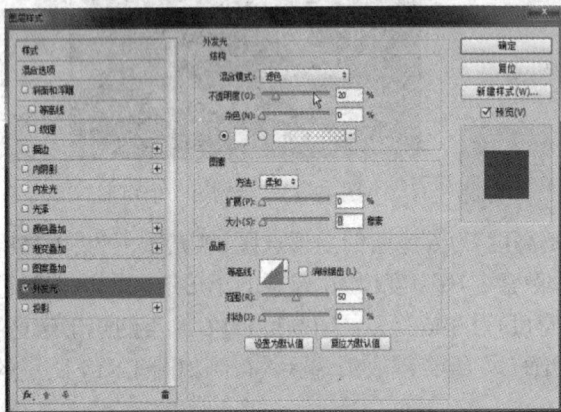

图 12-17　设置文字外发光

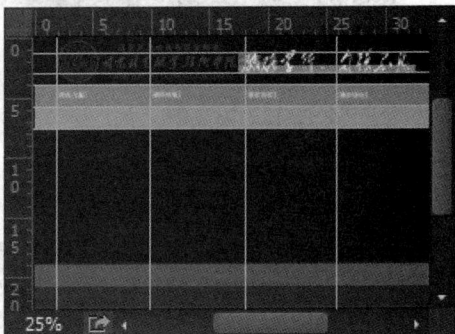

图 12-18　输入文字的效果

(15) 清除多余的参考线，选择工具箱中的"移动"工具(▶⊕)，在 12 cm 处拖曳出一条垂直方向的参考线，在 9 cm 处拖曳出一条水平方向的参考线；选择"横排文字"工具(T)，沿着参考线的位置输入文字"二级学院""活动展示"，设置字体为黑体、大小为 24 点、颜色为白色，如图 12-19 所示。

(16) 选择工具箱中的"移动"工具(▶⊕)，在 10.2 cm 处拖曳出一条水平方向的参考线，然后每隔 1 cm 拖曳出一条水平方向的参考线，共 8 条。在 2.5 cm 处拖曳出一条垂直方向的参考线，选择工具箱中的"横排文字"工具，沿参考线的位置分别输入文字"林业工程学院""园林工程学院""环境工程学院""测绘工程学院""信息工程学院""建筑工程学院""经济管理学院""机电工程学院""交通工程学院""继续教育学院"，设置字体为华文行楷、大小为 14 点、颜色为"R:251，G:251，B:251"。输入文字"[更多]"，设置字体为黑体、大小为 12 点、颜色为"R:149，G:172，B:40"，如图 12-20 所示。

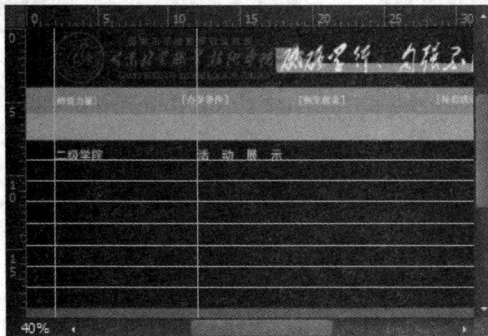

图 12-19　输入标题文字

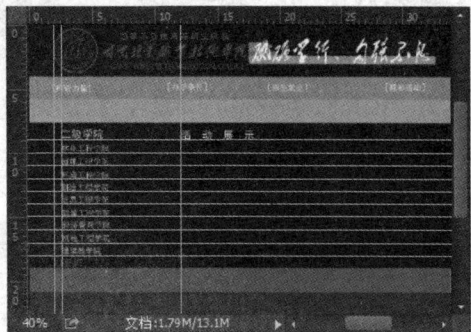

图 12-20　输入分类文字

(17) 新建"图层 4"并将其命名为"箭头",选择工具箱中的"直线"工具(　)，设置颜色为白色,绘制箭头。选择"移动"工具,按住"Shift+Alt"组合键向下拖动复制出 9 个箭头,如图 12-21 所示。在"图层"面板中将所有箭头、箭头副本图层选中,单击鼠标右键,在弹出的快捷菜单中选择"合并形状"命令,并修改图层名称为"箭头"。

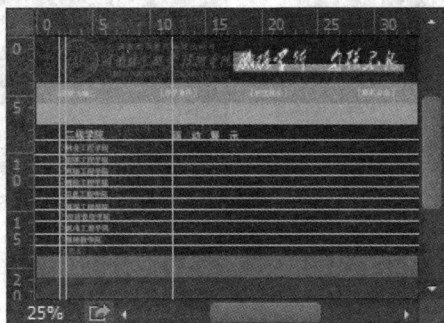

图 12-21　绘制箭头

(18) 清除多余的参考线,打开"网页设计素材 1.jpg""网页设计素材 2.jpg""网页设计素材 3.jpg"图像文件,并将 3 张素材图像拖曳到页面设计的窗口中,使用"自由变换"命令调整大小,效果如图 12-22 所示。

(19) 在 22 cm 处拖曳出一条垂直方向的参考线,打开"网页设计素材 4.jpg"、"网页设计素材 5.jpg"、"网页设计素材 6.jpg"图像文件,并将 3 张素材图像拖曳到页面设计的窗口中,使用"自由变换"命令调整大小,效果如图 12-23 所示。

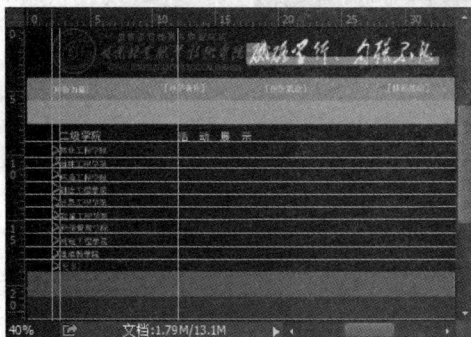

图 12-22　导入网页设计素材 1～3

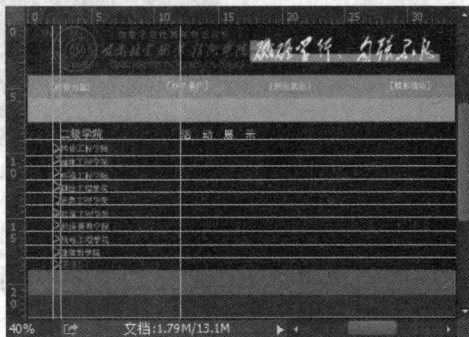

图 12-23　导入网页设计素材 4～6

(20) 选择工具箱中的"画笔"工具()，按 F5 键调出"画笔"面板，选择"画笔笔尖形状"选项，设置"大小"为"1 像素""间距"为"360%"，如图 12-24 所示。设置前景色为"R:158，G:180，B:42"，新建图层并命名为"分隔线"，按住 Shift 键绘制一条垂直的分隔线，如图 12-25 所示。

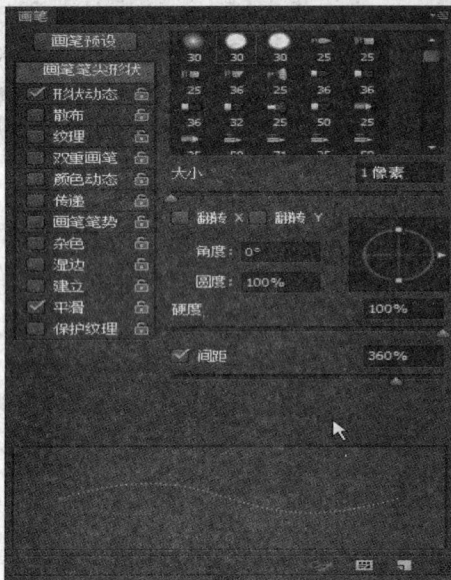

图 12-24　设置画笔

图 12-25　绘制分隔线

(21) 在 32 cm 处拖曳出一条垂直方向的参考线，新建图层并命名为"下拉滑块"，选择工具箱中的"矩形"工具(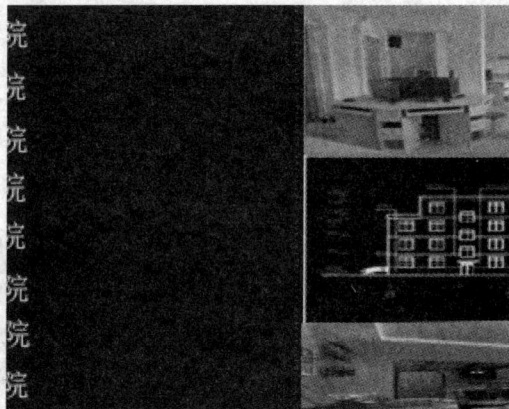)，设置前景色为"R:59，G:59，B:59"，使用鼠标在图像窗口中拖曳出一个矩形选区，随后填充颜色，效果如图 12-26 所示。

(22) 选择"视图→清除参考线"命令，得到如图 12-1 所示的效果图。

图 12-26　绘制矩形选区

12.2　制作特效字

在制作各种特效文字的时候，除了使用既有的文字字体，有相当一部分特殊的字体需要自己绘制。除了绘制文字的形状，使用特殊设置的画笔也可以制作出很多非常漂亮的文字效果。本节以制作如图 12-27 所示的特效字为例，介绍特效字的制作方法。

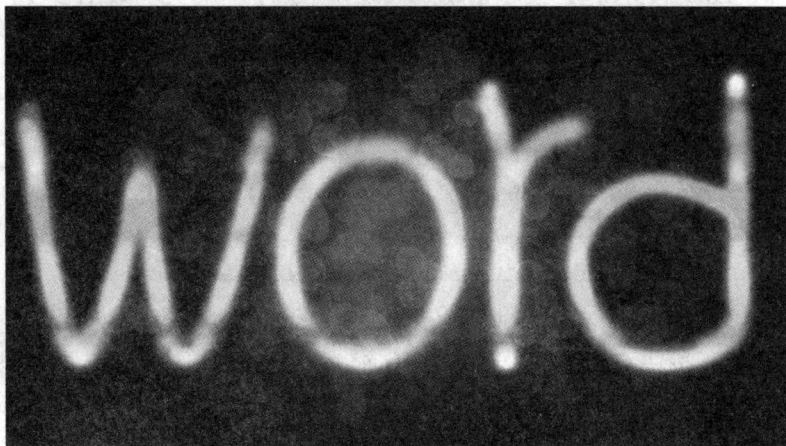

图 12-27　目标效果图

操作步骤如下：

(1) 新建一个尺寸为 760 像素×420 像素、分辨率为 200 像素/英寸、背景内容为白色的 RGB 模式的图像文件，使用径向渐变(▣)，在打开的"渐变编辑器"对话框中设置左色标的 RGB 颜色值为"R:190，G:60，B:140"，设置右色标的 RGB 颜色值为"R:110，G:0，B:46"，使用鼠标拖曳出如图 12-28 所示的图像作为背景。

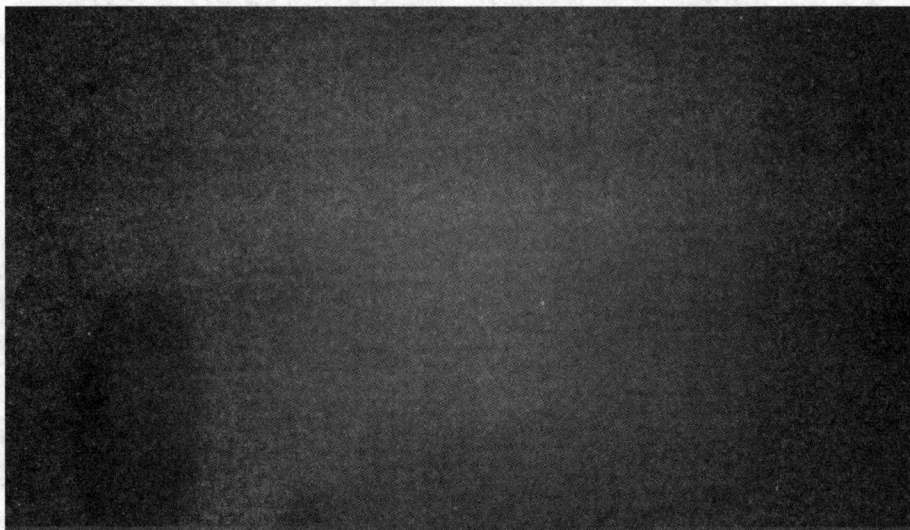

图 12-28　制作渐变背景

(2) 新建"图层 1"，单击"指示图层可见性"图标(◉)隐藏背景图层，使用"椭圆选框"工具(◉)，按住 Shift 键使用鼠标绘制正圆选区，然后填充浅灰色。选择"编辑→描边"命令，设置描边参数："宽度"为"4 像素"，"颜色"为"黑色"，"位置"为"居外"，如图 12-29 所示。

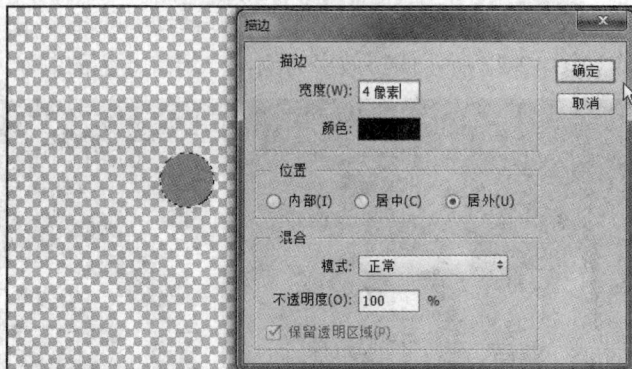

图 12-29　设置描边参数

(3) 取消选区，按住 Ctrl 键单击"图层 1"缩略图，制作描边后的选区，执行"编辑→定义画笔预设"命令，在打开的"画笔名称"对话框中输入画笔名称，单击"确定"按钮，如图 12-30 所示。

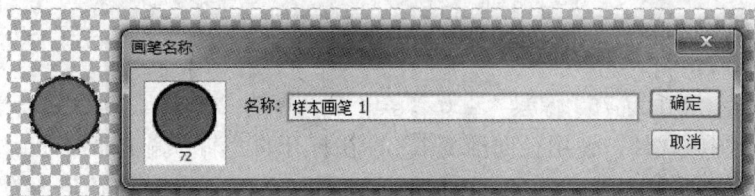

图 12-30　自定义画笔

(4) 显示背景图层，将"图层 1"删除，重新创建"图层 1"。选择"画笔"工具(　)，执行"窗口→画笔预设"命令，在打开的"画笔预设"窗口中选择刚刚定义的画笔，如图 12-31 所示。

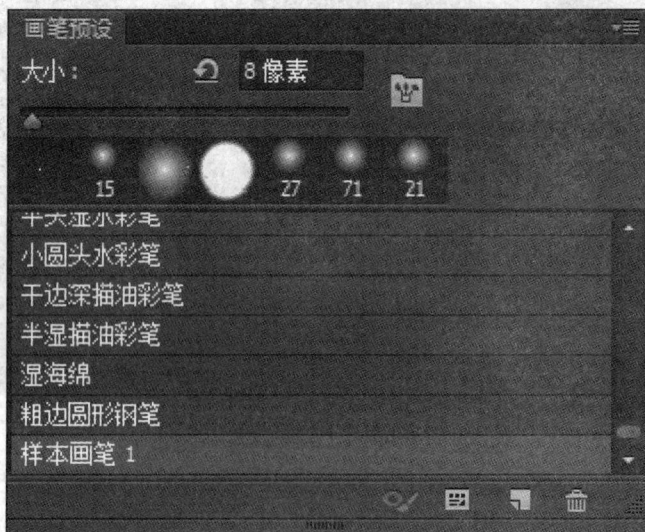

图 12-31　选择画笔

(5) 按 F5 键调出"画笔预设"面板，依次设定画笔选项。设置"画笔笔尖形状"参数：

"大小"为 144 像素,"间距"为"80%",其余参数取默认值,如图 12-32(a)所示。设置"形状动态"参数:"大小抖动"为"38%","控制"为"关",其余参数取默认值,如图 12-32(b)所示。设置"散布"参数:取消勾选,"数量"为"4",其余参数取默认值,如图 12-32(c)所示。

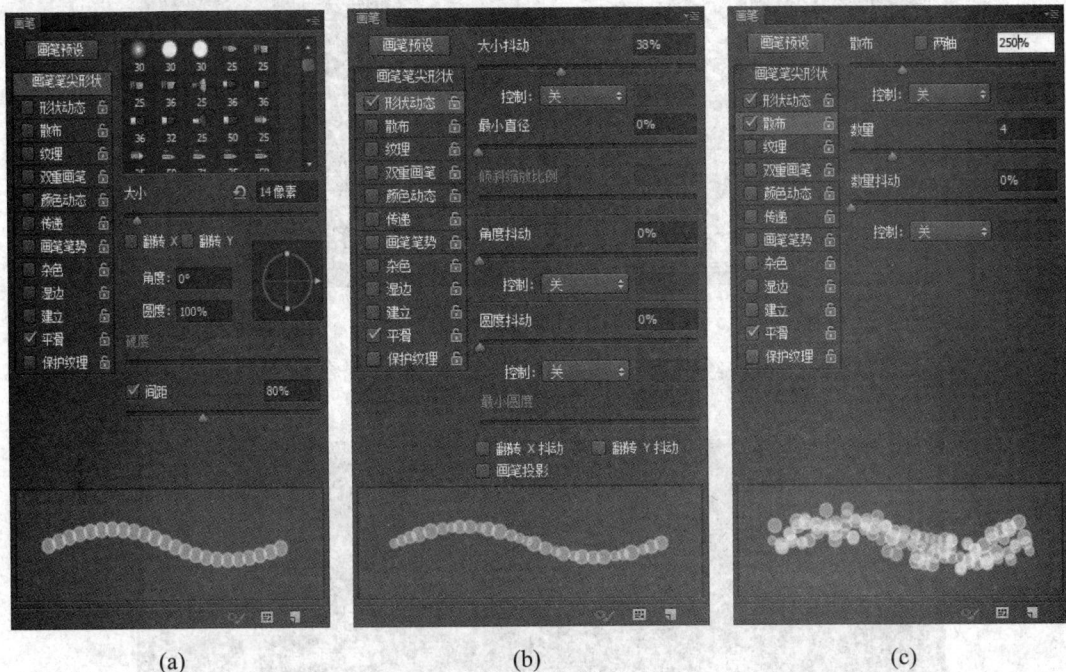

(a)　　　　　　　　　　　(b)　　　　　　　　　　　(c)

图 12-32　自定义画笔设置

(6) 将前景色设为白色,用"画笔"工具绘制出一些泡泡形状,如图 12-33 所示。

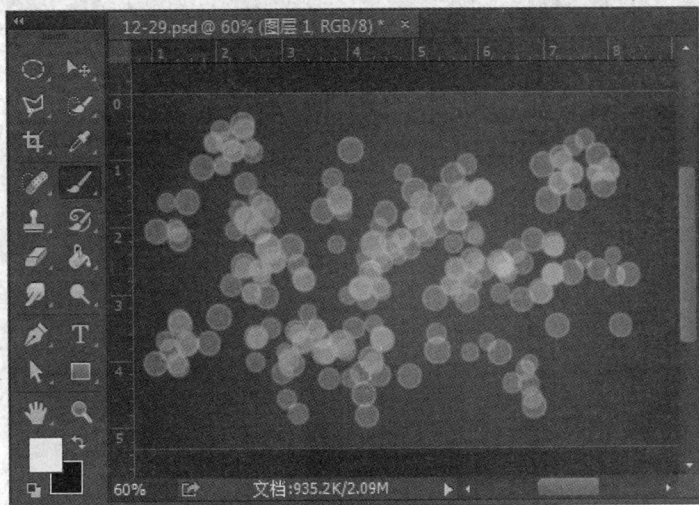

图 12-33　绘制泡泡形状

(7) 将该图层混合模式设为"柔光",执行"滤镜→模糊→高斯模糊"命令,并设置半径为 2.5 像素,如图 12-34 所示。

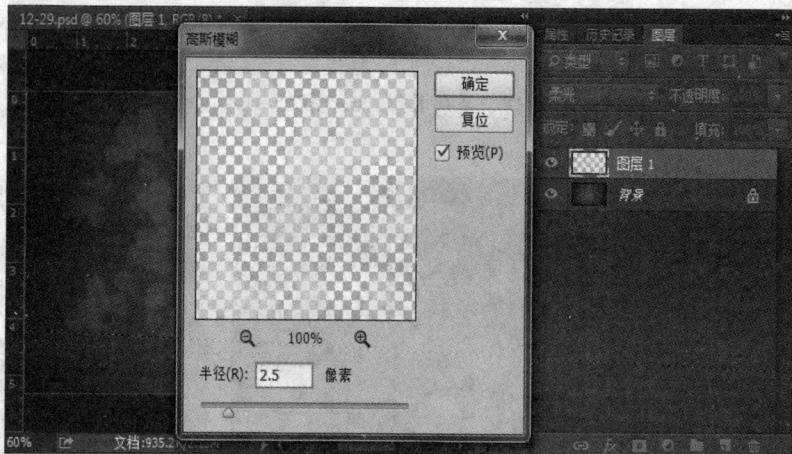

图 12-34　高斯模糊

　　(8) 新建"图层 2"，再次绘制出一些泡泡形状，将图层混合模式改为"柔光"，背景部分制作完成，如图 12-35 所示。

图 12-35　再次绘制泡泡形状

　　(9) 新建"图层 3"，选择"硬边圆"画笔，如图 12-36 所示。

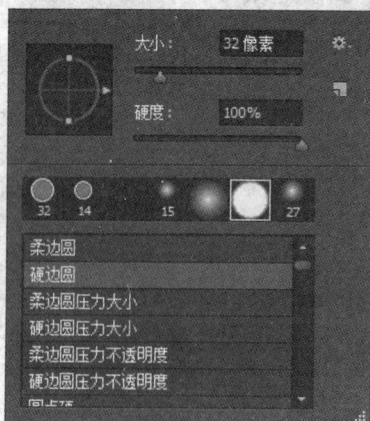

图 12-36　选择"硬边圆"画笔

　　(10) 使用"钢笔"工具(⌀)绘制出预先设计好的线条，如图 12-37 所示。

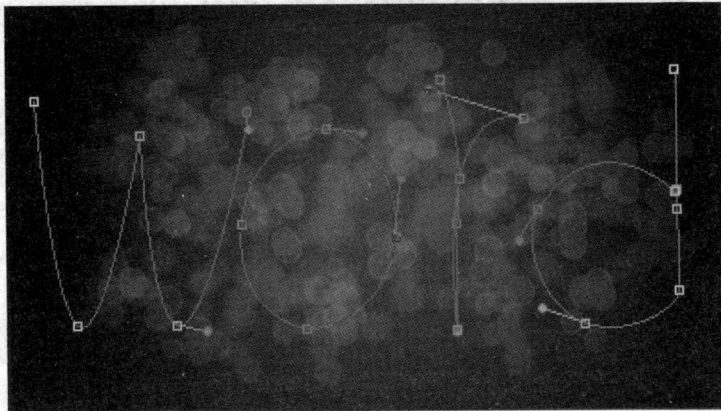

图 12-37　使用"钢笔"工具绘制线条

(11) 切换到"路径"面板，在"工作路径"上单击鼠标右键，在弹出的菜单中执行"描边路径"命令，在打开的"描边路径"对话框中设置"工具"参数为"画笔"，如图 12-38 所示。

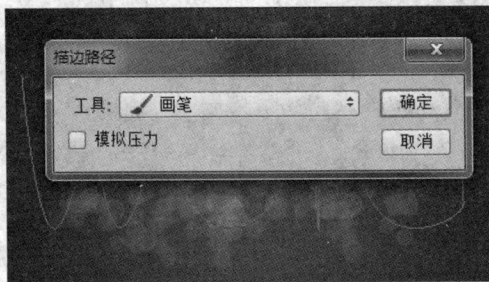

图 12-38　"描边路径"对话框

(12) 对描好边的线条执行"滤镜→模糊→高斯模糊"命令，设置"半径"为 3.5 像素，如图 12-39 所示。

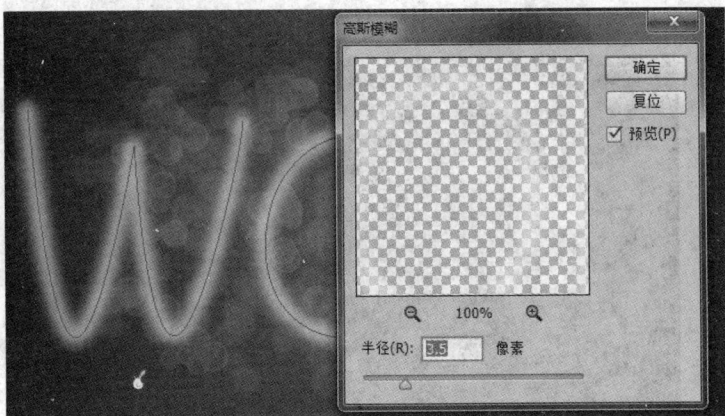

图 12-39　对线条执行高斯模糊

(13) 按下"Ctrl+J"组合键复制此线条图层(得到"图层 3 拷贝"图层)，隐藏显示后回到"图层 3"，如图 12-40 所示。

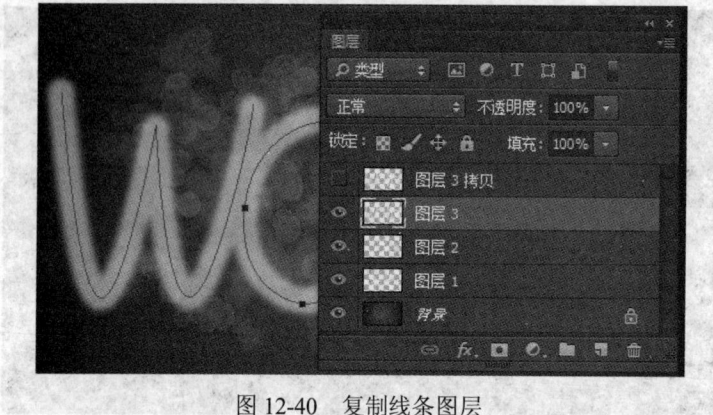

图 12-40　复制线条图层

(14) 单击"图层"面板底部的"添加图层样式"按钮(fx)，为"图层 3"添加"渐变叠加"图层样式，在打开的渐变编辑器中选择相应渐变(建议选用比较明亮的色彩)，如图 12-41 所示。

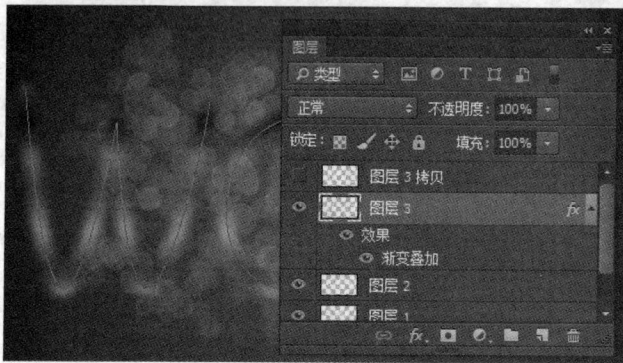

图 12-41　添加"渐变叠加"图层样式

(15) 单击"图层"面板底部的"创建新组"按钮(▭)新建"组 1"，显示"图层 3"拷贝并将其拖入"组 1"，如图 12-42 所示。

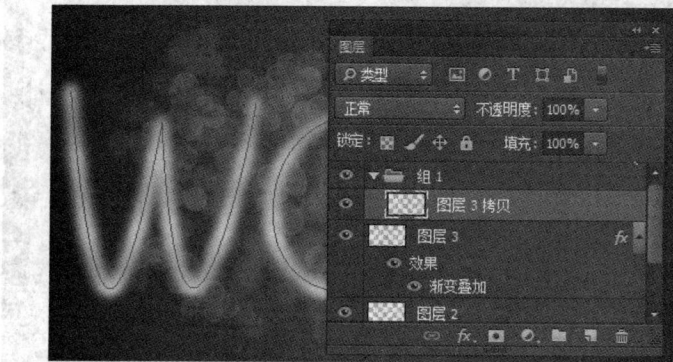

图 12-42　建立图层组

(16) 为"图层 3 拷贝"图层添加"颜色叠加"图层样式，设置"混合模式"为"叠加"，叠加颜色为白色，如图 12-43 所示。

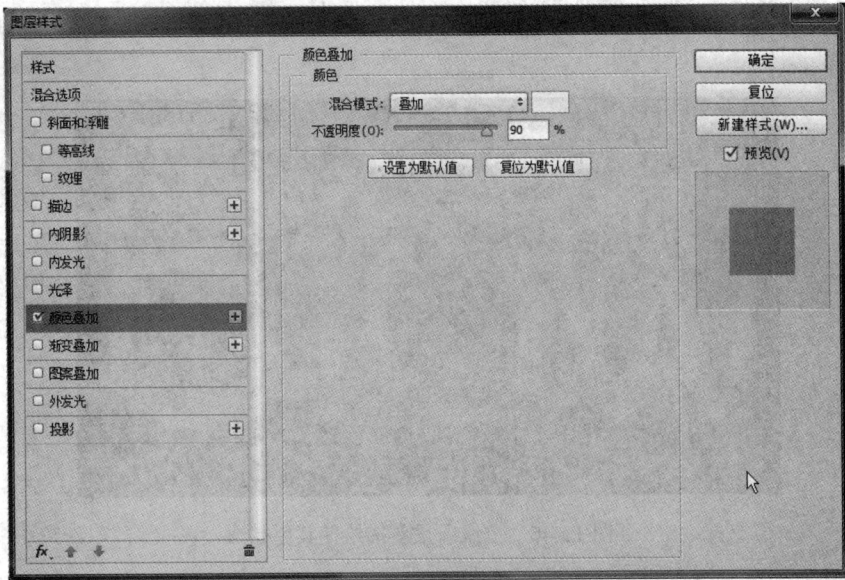

图 12-43　添加图层叠加样式

(17) 选择"图层组 1",设置"混合模式"为"颜色减淡",如图 12-44 所示。

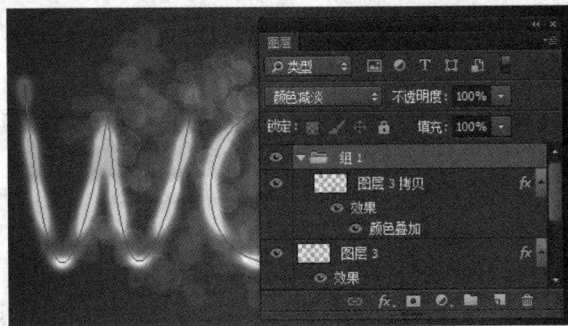

图 12-44　改变图层组的图层混合模式

(18) 新建"图层 4",将其移到顶层,同时设置图层混合模式为"叠加"模式,如图 12-45 所示。选择"柔边圆"画笔并设置"大小"为 27 像素,然后设置前景色为白色。

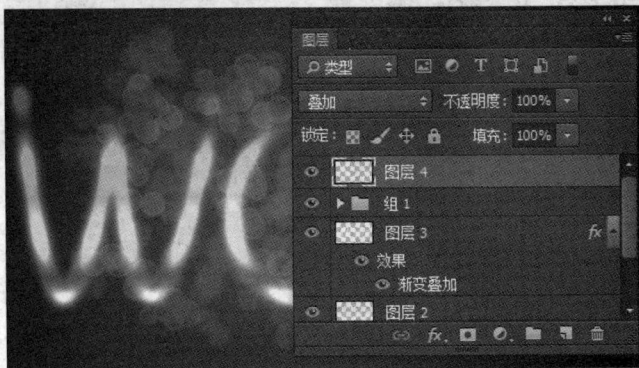

图 12-45　新建图层 4

(19) 使用"画笔"工具沿着线条描一遍,这时候会发现线条光线变得更亮了,如图 12-46 所示。

图 12-46   按线条重新描绘使其更亮

(20) 新建"图层 5",图层混合模式设为"叠加",使用"画笔"工具对图层需要加亮的部分涂画(建议在线条交界处)。制作出最后的效果,如图 12-27 所示。

> **提示:**
> 在画笔设置中,散布及大小抖动的数值设置以后,要多试验几次使效果达到最佳。在背景的制作上,色彩尽量浓重,前方字体效果才更明显。

12.3   制作园林规划图

有很多规划师和园林设计师经常使用 Photoshop 对效果图进行美化工作,本节就是利用 Photoshop 对 3D 效果渲染图进行美化的案例,最终效果如图 12-47 所示。操作步骤如下:

图 12-47   最终效果图

(1) 导入一幅 3D 渲染的背景图像(3D 渲染图本书不做介绍),如图 12-48 所示。

图 12-48　导入 3D 渲染图

(2) 首先观察这幅图需要添加哪些元素。这幅图除了房屋和道路以外，还需要添加树木、背景、田园等。

(3) 打开如图 12-49 所示的类似草地的素材图像和如图 12-50 所示的山区素材图像，然后执行"窗口→排列→平铺"命令，使素材图像在窗口中平铺排列。

图 12-49　草地图像

图 12-50　山区图像

(4) 在工具箱中选择"移动"工具(▶╈)，把山区图像拖动到 3D 背景图像中，并执行"编辑→自由变换"命令(快捷键：Ctrl+T)，调整山区图像大小并将其移动到合适位置。然后执行"图层→图层蒙版→显示全部"命令，添加图层蒙版。

(5) 按 D 键，将前景色/背景色颜色设置为黑/白，在工具箱中选择"画笔"工具，选择任意一种柔边画笔，并设置相关参数，然后单击"图层蒙版缩览"图标，用画笔在蒙版上涂抹，将下部隐藏一部分。接下来把草地图像也拖进本窗口，并向下拖动一层，同样为其添加蒙版，并用画笔涂抹，使房子可见，然后单击"指示图层可见性"图标(👁)将其隐藏，如图 12-51 所示。

(6) 打开树木 1 素材图像，将其拖入当前窗口，然后按"Ctrl+T"组合键调整其大小与位置，如图 12-52 所示。

(7) 按住 Alt 键拖动复制树木 1 素材图像(注意：复制的时候每一个树木最好大小有别)，如图 12-53 所示。

图 12-51　添加蒙版并隐藏一部分

图 12-52　树木 1 素材图像

图 12-53　复制树木 1 素材图像

(8) 在"图层"面板中，选择 3D 渲染底图，使用选区工具将房屋和道路选中（"选取"工具、"套索"工具、"魔棒"工具都可以视情况选择），使用"Ctrl+J"组合键将选择的房屋形成新图层，使用"Ctrl+]"组合键将图层顺序调整到最上层，将房屋形成遮挡树木的效果，如图 12-54 所示。

(9) 打开树木 2 素材图像，将其拖入当前窗口，调整大小并复制，如图 12-55 所示。

图 12-54　使用选区工具选出道路和房屋

图 12-55　打开树木 2 素材图像并复制

(10) 打开灰色房屋图像并将其移入渲染底图(此房屋为非重点房屋，可不添加)，通过自由变换(快捷键：Ctrl+T)和执行"编辑→变换→变形"命令，调整大小与形状，如图 12-56 所示。

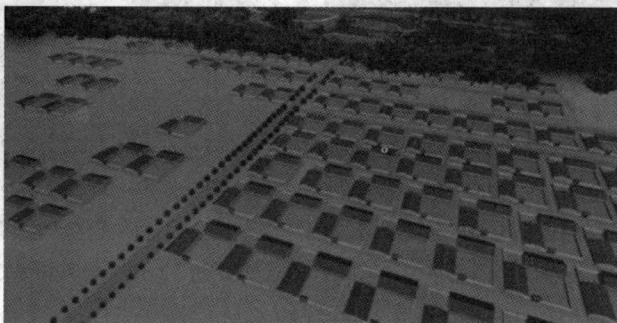

图 12-56　移入灰色房屋(可不添加)

(11) 选中一棵树木的图层，按下"Ctrl+J"组合键复制这棵树木，在图层缩略图上单击鼠标左键制作选区，填充深灰色，按"Ctrl+T"组合键进行变换，调整顺序到树木下方，为树木添加阴影，如图 12-57 所示。

图 12-57　添加树木的阴影

(12) 复制阴影图层，如图 12-58 所示。

(13) 导入树木 3 素材图像，用同样方法制作，如图 12-59 所示。

图 12-58　复制阴影图层

图 12-59　导入树木 3 素材图像

(14) 导入云素材，使用"Ctrl+T"组合键配合鼠标放大，并将其移动到画面的四周，如图 12-60 所示。

图 12-60　导入云素材图像

(15) 按 Alt 键拖动云，复制云，形成云层笼罩的效果(注意：适当地转变云的角度，不要重复使用云的一部分)，如图 12-61 所示。

图 12-61　复制云

(16) 新建图层，使用"Ctrl+Alt+Shift+E"组合键盖印图层，执行"图像→调整→曲线"命令，设置"曲线"为"自定"，为这个图层添加曲线调整图层，将亮度增加，如图 12-62 所示。制作的最终效果如图 12-47 所示。

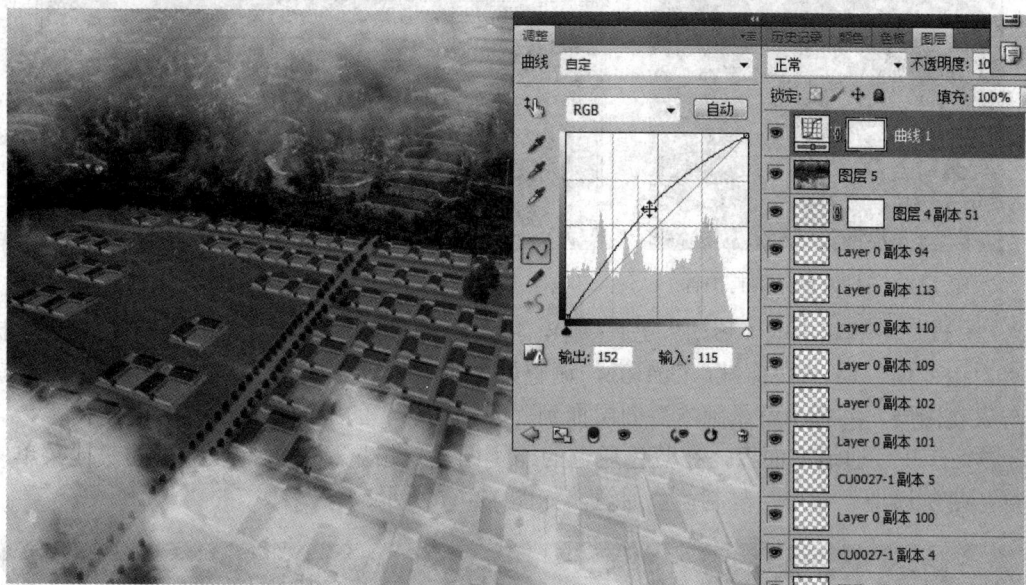

图 12-62　调整亮度

12.4　抠出人物制作特效图片

在大量的图片处理中，经常需要为已有的人物或者物体换背景以达到特殊效果，而在这些抠图的工作中，最困难的就是细小毛发的抠取。在本节这个例子中，使用了通道和图层混合模式的方法来抠取图片，实例最终效果如图 12-63 所示。

图 12-63　最终效果图

操作步骤如下：

(1) 打开如图 12-64 所示的风景素材图像，然后打开人物素材图像，执行"窗口→排列→平铺"命令，如图 12-65 所示。

图 12-64　打开风景素材图像

图 12-65　窗口平铺

(2) 选择工具箱中的"移动"工具(▶+)，将人物素材图像移入"风景图像"窗口中，执行"自由变换"命令(快捷键：Ctrl+T)，调整好大小与位置。按下"Ctrl+J"组合键复制背景与人物图层，并把"背景副本"图层拖到"人物图层"的上面，如图 12-66 所示。

(3) 打开"通道"面板，在蓝色通道的缩览图上单击鼠标右键，在弹出的快捷菜单中执行"复制通道"命令，复制蓝色通道，如图 12-67 所示。

图 12-66　复制图层

图 12-67　复制蓝色通道

(4) 执行"图像→调整→曲线"命令(快捷键：Ctrl+M)，打开"曲线"面板，拖动曲线使得背景和人物头发边缘尽量分开，如图 12-68 所示。

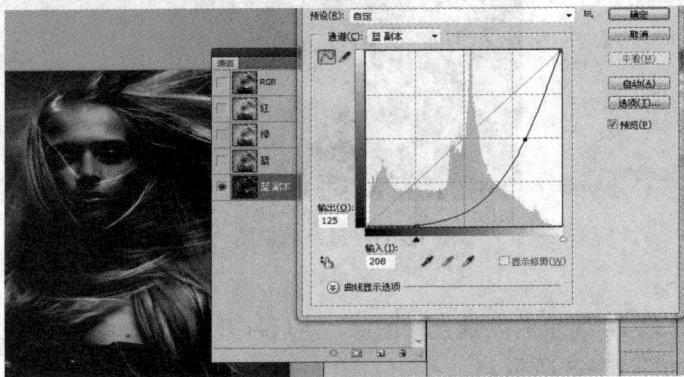

图 12-68　使用"曲线"工具区别头发和背景

(5) 执行"图像→调整→色阶"命令(快捷键：Ctrl+L)，设置色阶黑场，把左下角的背景变成暗色，如图 12-69 所示。

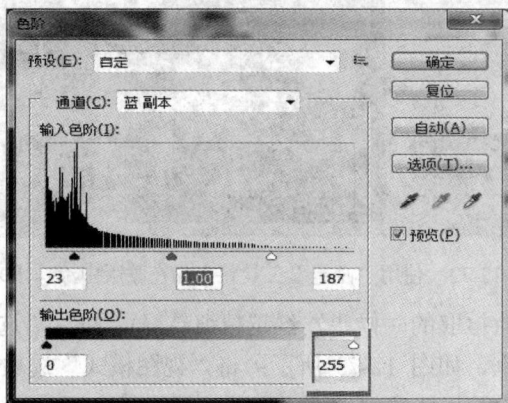

图 12-69　设置色阶黑场

(6) 执行"图像→调整→反相"命令(快捷键：Ctrl+I)，使得颜色反转，如图 12-70 所示。

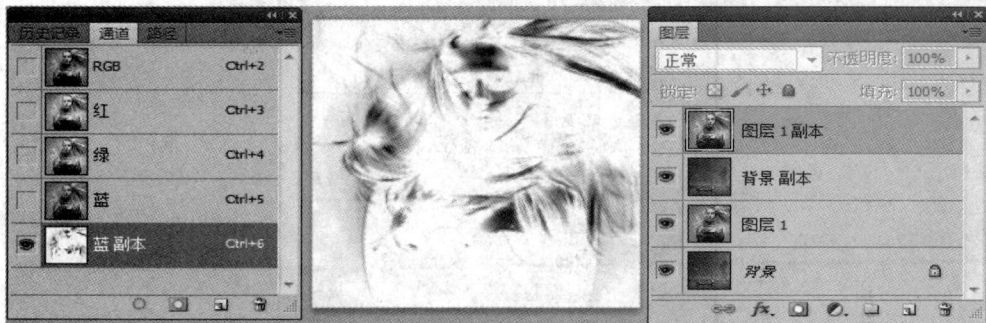

图 12-70　反相

(7) 拖动"背景副本"图层到顶层，并执行"图层→图层蒙版→显示全部"命令为其添加蒙版，单击蒙版缩览图以选中蒙版，执行"图像→应用图像"命令，在打开的对话框中设置"通道"选项为"蓝 副本"，然后单击"确定"按钮，如图 12-71 所示。

　　　　　(a)　　　　　　　　　　　　　　　　　　(b)

图 12-71　应用到蒙版

(8) 单击 D 键，将前景色/背景颜色设置为黑/白，使用"画笔"工具把人物涂抹出来，注意绕在图样上的头发，如图 12-72 所示。

图 12-72　使用"画笔"工具将人物在蒙版中涂抹出来

(9) 接下来抠出图样(抠取的时候头发丝越精细越好)。执行"选择→调整蒙版"命令，打开"调整蒙版"对话框，如图 12-73 所示；将"视图模式"选项中的"视图"参数设置为背景图层，在"边缘检测"选项中勾选"智能半径"复选框(半径数值越大，边缘透明度越小，可以通过边看图像边拖动滑块来调整)。

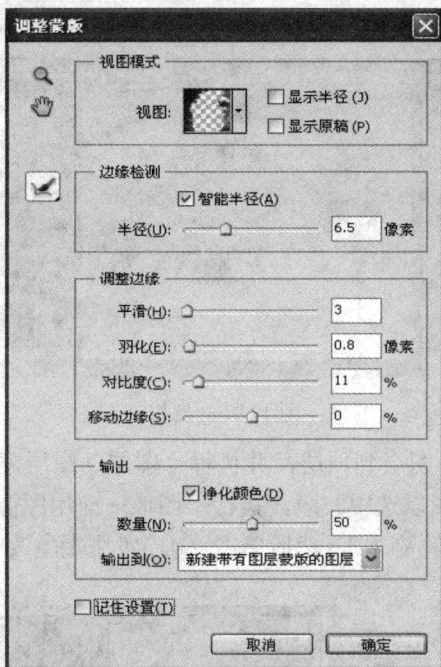

图 12-73　"调整蒙版"对话框

提示：

在"边缘检测"模块左边有个笔状的图标(🖌)，按下鼠标左键会出现两支笔🖌 调整半径工具 E／🖌 抹除调整工具 E，上面那支笔用来添加被抠掉的部分和删除多余的杂色，下面那支笔用来擦除抠出图中多余的部分。抠图的关键是如何使用这两支笔。

(10) 用"边缘检测"模块左边的两支笔(🖌)在图像头发边缘涂抹，当涂抹结束时，原来没有选择进来的发丝被重新选择进来了，原来多余的颜色消失了。

(11) 在"调整边缘"选项中设置参数："平滑"为"3"，"羽化"为 0.8 像素，"对比度"为 11%。

> **提示：**
>
> 　　如果抠出的对象边缘不平整，可以增加平滑度和羽化值；如果希望边缘更实一些，可以增加对比度。如果原来的选区比原图小，可以增加移动边缘值。

(12) 在"输出"选项中，勾选"净化颜色"，以便抠出对象的色彩与背景整合得更好，必要时可以调节数量。将"输出到"设置为"新建带有图层蒙版的图层"，抠出的对象如图 12-74 所示。

图 12-74　抠出的对象

(13) 新建"图层 2"，按"Ctrl+Shift+Alt+E"组合键盖印图层，如图 12-75 所示。

图 12-75　盖印图层

(14) 按"Ctrl+J"组合键复制该图层为"图层 2 副本"，执行"滤镜→模糊→高斯模糊"命令，如图 12-76 所示。

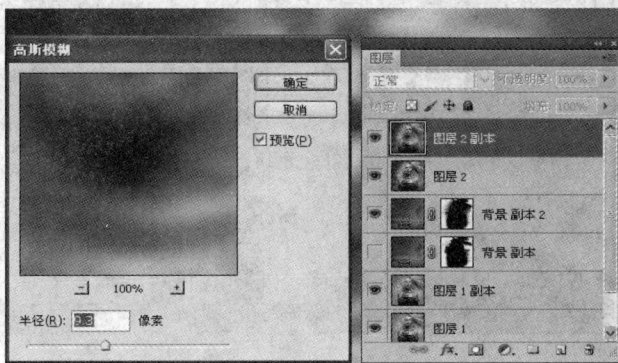

图 12-76　高斯模糊

(15) 单击"指示图层可见性"图标(👁),隐藏模糊后的图层,选择"图层 2",按"Ctrl+B"组合键设置色彩平衡,在打开的"色彩平衡"对话框中设置参数:"色阶"为 3、0、-3,单选"阴影",勾选"保持明度"。这样可以将图样的红色抽掉一点,使得色彩平衡,如图 12-77 所示。

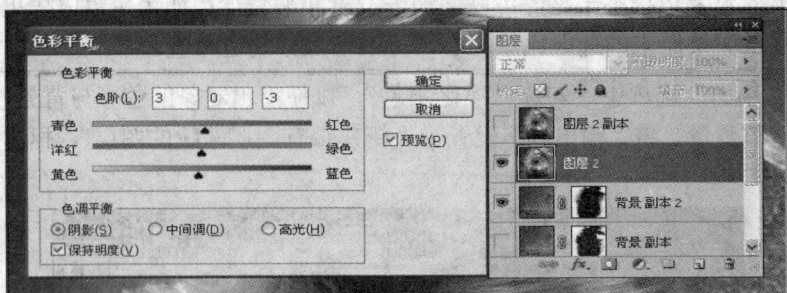

图 12-77 "色彩平衡"对话框

(16) 按"Ctrl+L"组合键打开"色阶"对话框,设置"输入色阶"值,通过拖动色相色标(🔺)使得图样整体色调变亮,如图 12-78 所示。

图 12-78 设置色阶

(17) 单击"指示图层可见性"图标(👁),使高斯模糊后的图层可见,并添加蒙版,如图 12-79 所示。

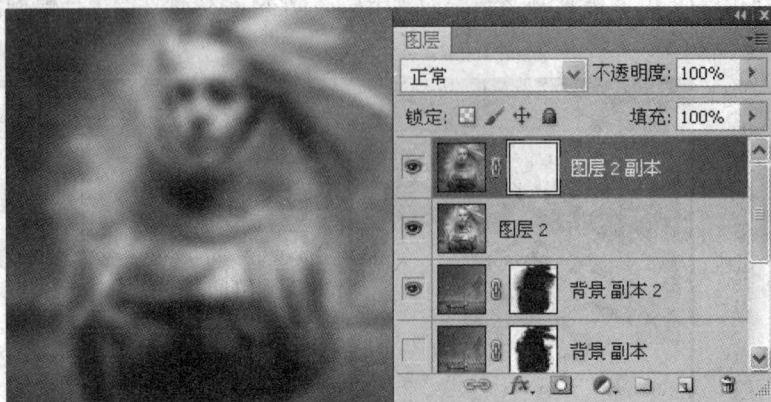

图 12-79 为高斯模糊后的图层添加蒙版

(18) 将模糊后的图层的"不透明度"设置为"85%"，同时设置前景色为黑色，并使用画笔涂抹出"图层 2 副本"的蒙版(注意，在画笔属性栏中要将流量和不透明度适当缩小)，如图 12-80 所示。

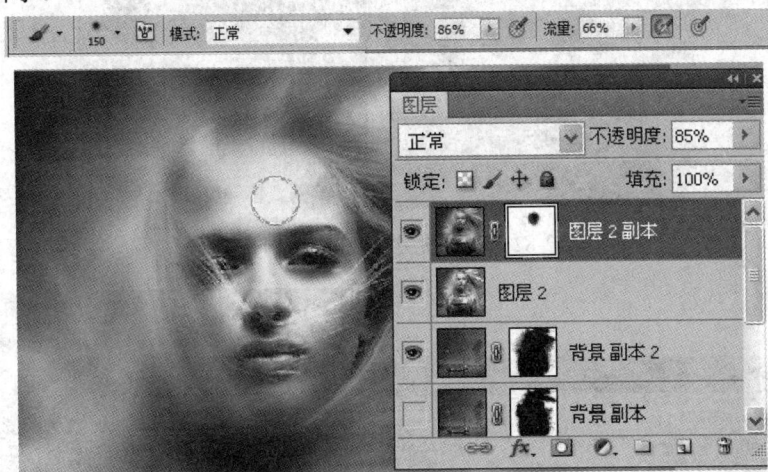

图 12-80　在蒙版图层上涂抹出"图层 2 副本"的蒙版

(19) 用画笔涂抹时，要把眼睛和其他五官部分的不透明度和流量调至最大，以便将完整的五官轮廓涂抹出来，如图 12-81 所示。

图 12-81　在蒙版图层上涂抹出五官

(20) 涂抹完毕之后，新建"图层 3"，再次按"Ctrl+Shift+Alt+E"组合键盖印图层，然后按"Ctrl+J"组合键复制图层，将"图层 3 副本"的混合模式设置为"滤色"，图层的"不透明度"设置为"60%"，如图 12-82 所示。

(21) 新建"图层 4"，再次按"Ctrl+Shift+Alt+E"组合键盖印图层，执行"图像→应用图像"命令，如图 12-83 所示。

图 12-82　改变图层混合模式和不透明度

图 12-83　应用图像

(22) 按"Ctrl+J"组合键，复制图层为"图层 4 副本"，执行"滤镜→其他→自定"命令，直接单击"确定"按钮，体现皮肤的质感，如图 12-84 所示。为"图层 4 副本"添加图层蒙版，使用画笔在蒙版的五官位置上涂抹，露出下边比较柔和的"图层 4"，如图 12-85 所示。

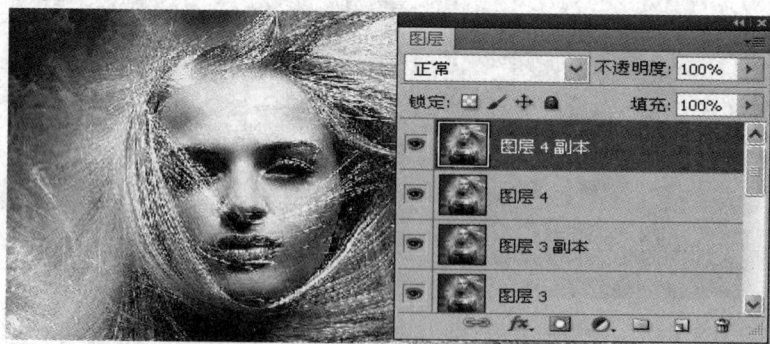

图 12-84　执行"滤镜→其他→自定"命令

(23) 新建"图层 5"，选择"画笔"工具，按 F5 键打开"画笔"面板，设置画笔参数："画笔笔尖形状"中，"大小"为"94px"，"间距"为"67%"；"形状动态"中，"大小抖动"为"82%"，"最小直径"为"38%"；"散布"中，"数量"为"2"，"数量抖动"为"57%"；"颜色动态"中，"前景/背景抖动"为"74%"，"色相抖动"为"29%"，用画笔在"图层 5"上绘制出光点，如图 12-86(a)~(d)所示。绘制完毕，得到如图 12-63 所示的最终效果。

图 12-85　在蒙版图层上涂抹出比较柔和的"图层 4"

(a)

(b)

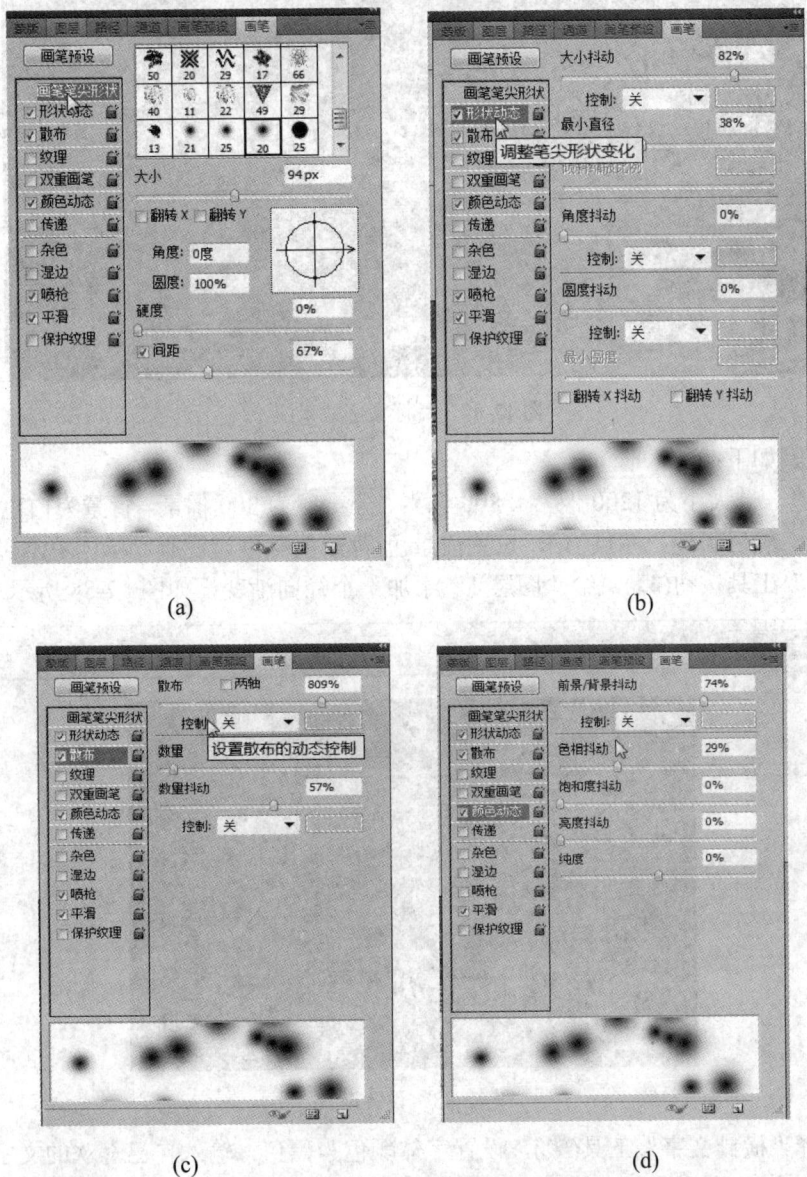

(c)

(d)

图 12-86　画笔参数设置

12.5　制作彩色粒子立体字特效

Photoshop CC 2015 在原来版本的基础上增加了许多功能，"模拟 3D"效果就是其中一项。本节的实例就是利用一些滤镜命令，加上画笔的设置以及"模拟 3D"命令来制作效果非常绚丽的彩色粒子立体字特效。目标文字效果如图 12-87 所示。这里面有三部分，一部分是背景，另外两个部分是文字特效以及文字周围的光晕效果。

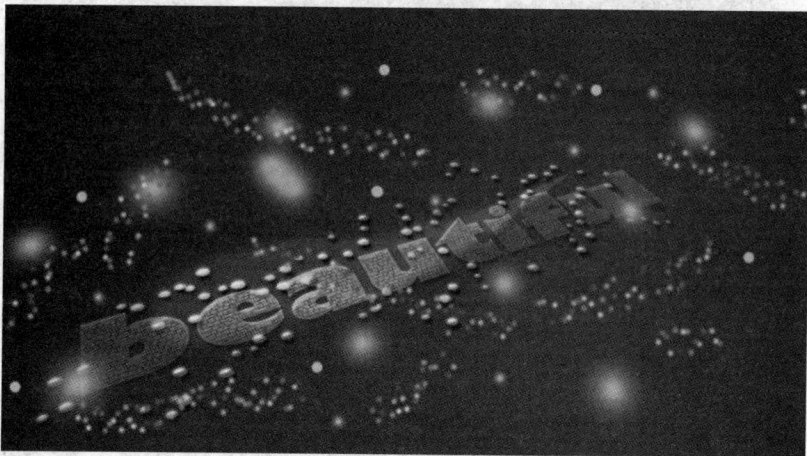

图 12-87　目标文字效果图

操作步骤如下：

(1) 新建一个大小为 1200 像素 × 800 像素、分辨率为 300 像素、背景为白色的 RGB 模式图像文件，然后新建"图层 1"，设置前景色/背景色颜色为浅蓝色/深蓝色，选择工具箱中的"渐变"工具按钮(■)，给"图层 1"添加一个径向渐变，如图 12-88 所示。

图 12-88　设置渐变

(2) 选择"横排文字"工具(T)，设置字体颜色为黑色，输入自己喜欢的文字，字体最好粗一点，这样效果更明显，如图 12-89 所示。

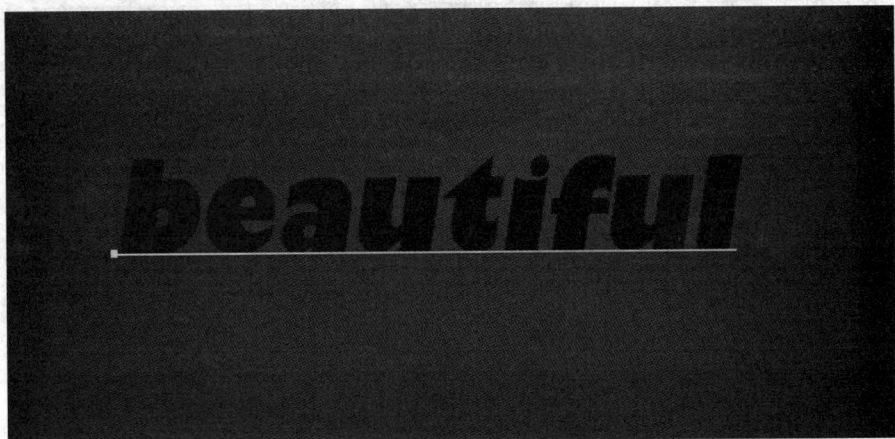

图 12-89 输入文字

(3) 执行"图层→栅格化→文字"命令，把文字栅格化，然后按下"Ctrl+J"组合键复制"beautiful"图层，并把前景色/背景色颜色设置为白色/黑色，如图 12-90 所示。

图 12-90 复制图层并设置前景色/背景色

(4) 对"beautiful 副本"图层执行"滤镜→纹理→染色玻璃"命令，在打开的"染色玻璃"对话框中设置参数："单元格大小"为"2"，"边框粗细"为"2"，"光照强度"为"0"，如图 12-91 所示。单击"确定"按钮后，效果如图 12-92 所示。

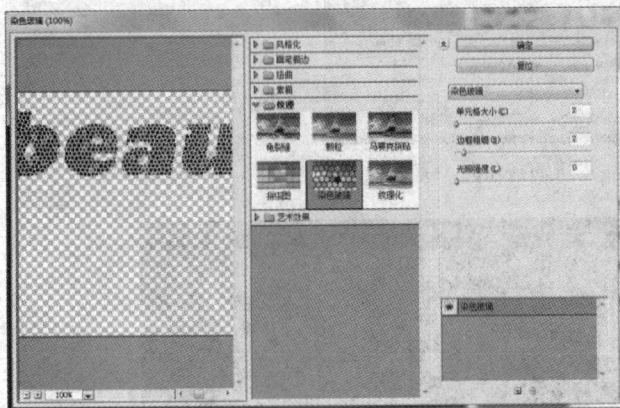

图 12-91 "染色玻璃"对话框

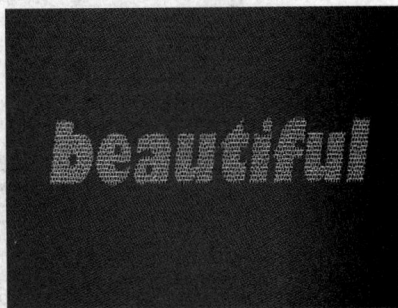

图 12-92 执行染色玻璃效果

(5) 执行"选择→色彩范围"命令，在其对话框中设置参数："颜色容差"为"200"。用吸管在色彩范围窗口的选择范围中的文字上多次单击，吸取黑色使其变白，如图 12-93 所示。单击"确定"按钮，得到相应的选区。

图 12-93　利用色彩范围得到选区

(6) 保持选区，再执行"选择→调整边缘"命令，在其对话框中设置参数："平滑"为"1"，"移动边缘"为"−8%"，勾选"净化颜色"，"数量"为"100%"，勾选"记住设备"，如图 12-94 所示。单击"确定"按钮后得到一个带有蒙版的图层，并且白色边线都消失了，如图 12-95 所示。

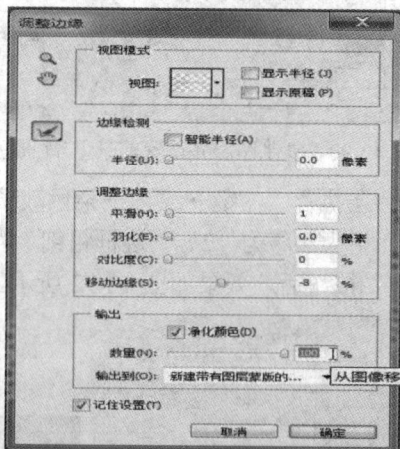

图 12-94　"调整边缘"对话框

图 12-95　白色边线消失

(7) 在"图层"面板底部单击"添加图层样式"按钮(*fx.*)，在弹出的菜单中选择"图案叠加"命令，打开如图 12-96 所示的对话框，效果如图 12-97 所示。

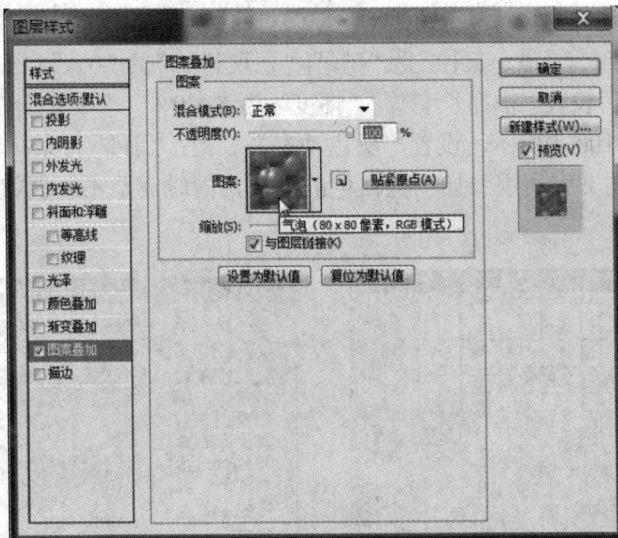

图 12-96　图层样式中的"图案叠加"对话框

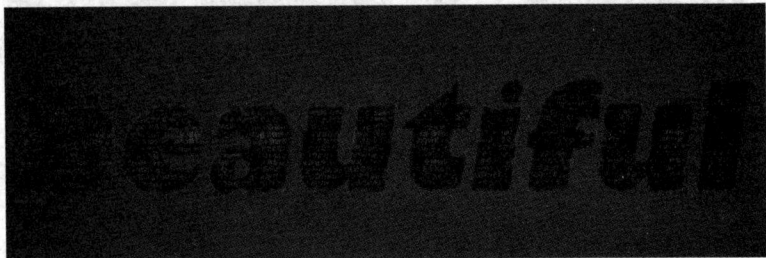

图 12-97　设置图案叠加

(8) 把前景色/背景色颜色设置为黑色/白色，再执行"滤镜→纹理→染色玻璃"命令，在其对话框中设置参数："单元格大小"为"3"，"边框粗细"为"2"，"光照强度"为"0"，如图 12-98 所示。执行"图像→调整→色阶"命令(快捷键：Ctrl+L)，设置"输入色阶"的参数为 52，1.19，216，如图 12-99 所示。

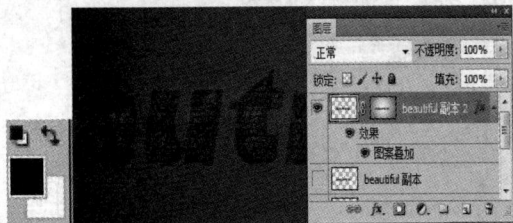

图 12-98　执行染色玻璃滤镜

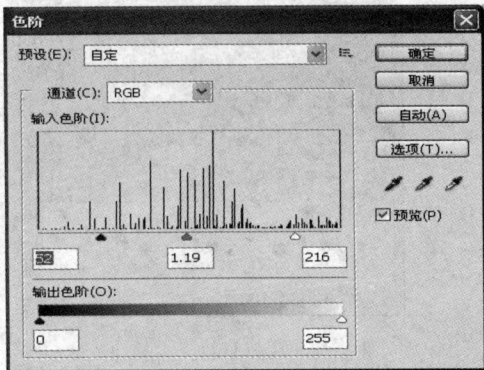

图 12-99　色阶参数设置

(9) 新建"图层 2",把前景色设置为白色,在工具箱中选择"画笔"工具,按下 F5 键打开"画笔"面板。如图 12-100(a)所示,设置"画笔笔尖形状"参数:"大小"为"13px","硬度"为"85%","间距"为"194%"。如图 12-100(b)所示,设置"形状动态"参数:"大小抖动"为"48%","最小直径"为"0%","角度抖动"为"0%","圆度抖动"为"0%"。如图 12-100(c)所示,设置"散布"参数:"幅度"为"489%","数量"为"1","数量抖动"为"0%"。如图 12-100(d)所示,设置"颜色动态"参数:"前景/背景抖动"为"48%",其余为"0%"。然后在文字周围添加一些白色的小点,同时需要不断调整画笔的不透明度,如图 12-101 所示。

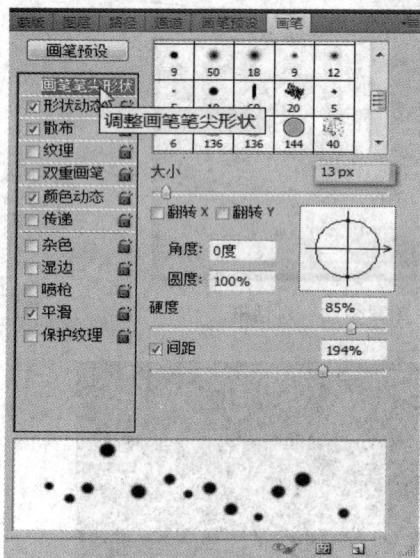

(a)

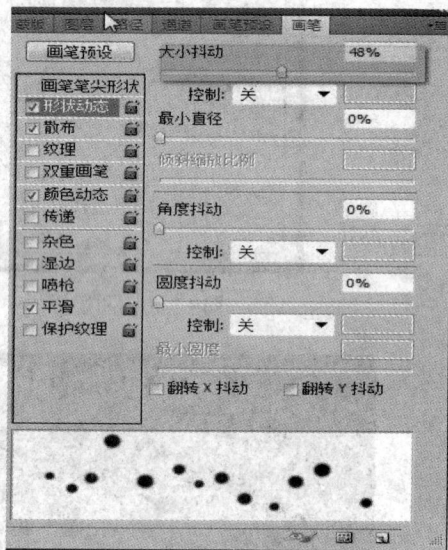

(b)

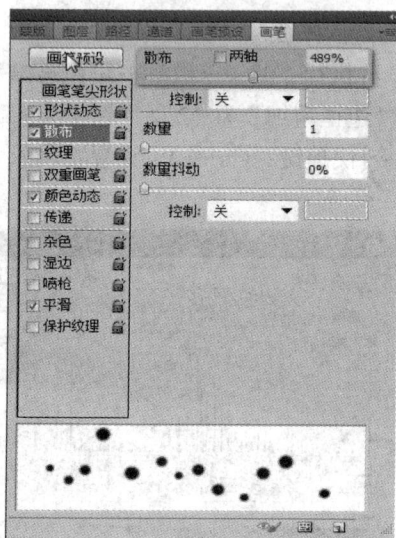

(c)

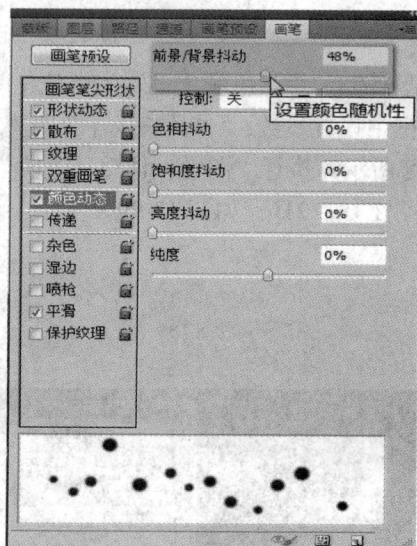

(d)

图 12-100　设置画笔

图 12-101　在文字周围绘出白点

(10) 对绘制了小点的"图层 2"执行"滤镜→纹理→彩色玻璃"命令。

(11) 按住 Shift 键单击"beautiful 副本 2"图层和"图层 2",如图 12-102 所示。然后执行"图层→合并图层"命令(快捷键:Ctrl+E),如图 12-103 所示。对合并后的图层再复制一层,对副本图层执行"3D →从图层新建 3D 明信片"命令,创建 3D 明信片。

图 12-102　选取两个图层

图 12-103　合并图层

(12) 对 3D 图层进行旋转并添加透视。在工具箱中单击"3D 对象平移"工具按钮(✛),在其属性栏中设置"位置"参数:"X"为"0.17","Y"为"0.0399","Z"为"0.1598";在工具箱中单击"3D 对象滚动"工具按钮(◎),在其属性栏中设置"方向"参数:"X"为"−51","Y"为"34","Z"为"18";在工具箱中单击"3D 对象比例"工具按钮(🔄),在其属性栏中设置"方向"参数:"X"为"1","Y"为"1","Z"为"1",如图 12-104(a)~(c)所示。通过鼠标单击"指示图层可见性"图标,使文字图层和"图层 2"不可见,图像效果如图 12-105 所示。

(a)

(b)

(c)

图 12-104　3D 对象工具属性栏中的选项设置

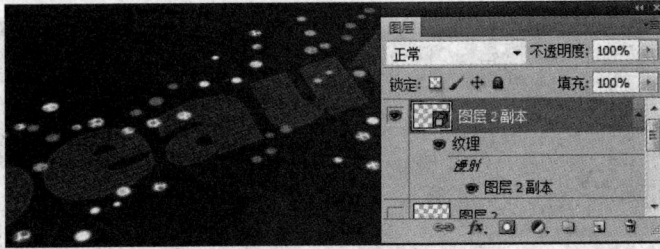

图 12-105　设置 3D 参数后的图像

(13) 新建一个图层，按住 Shift 键再单击 3D 图层，选取两个图层后执行"图层→合并图层"命令，把新建图层与文字图层合并。

(14) 给当前图层添加图层样式。首先添加投影样式，如图 12-106 所示。其次添加渐变叠加样式，在打开的"渐变编辑器"中设置 5 个色标的颜色，从左至右依次为浅蓝、粉红、淡黄、橘红和淡绿，如图 12-107 所示。单击"确定"按钮后，在其"图层"面板中把"填充"设置为"0%"，效果如图 12-108 所示。

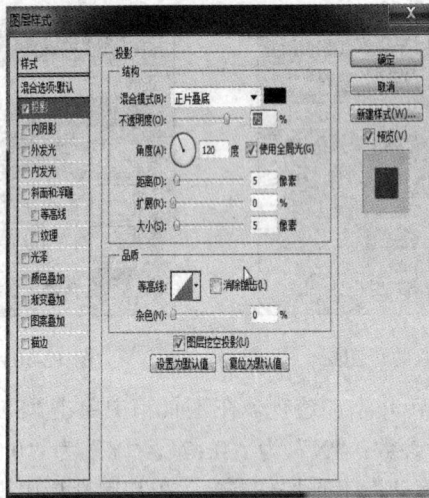

图 12-106　"投影样式"对话框

图 12-107　渐变编辑器

图 12-108 设置图层样式后的效果

(15) 按下"Ctrl+J"组合键，把当前图层复制一层，然后添加图层样式，选择"斜面和浮雕"及等高线，如图 12-109 所示。

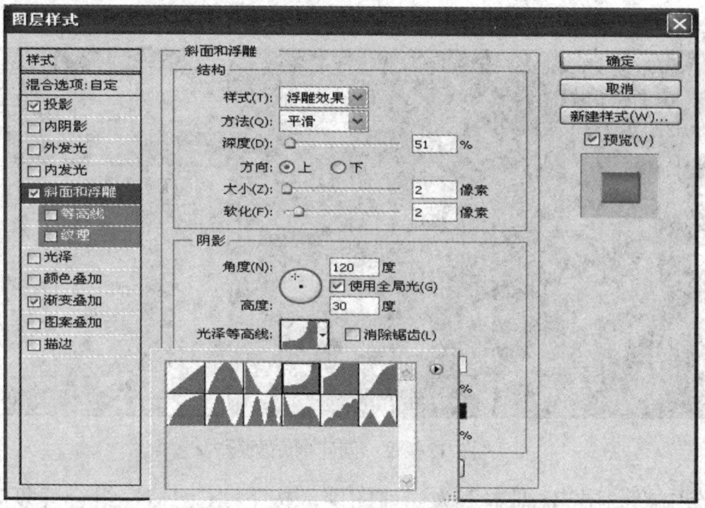

图 12-109 设置"斜面和浮雕"图层样式

(16) 把图层混合模式设置为"滤色"，如图 12-110 所示。

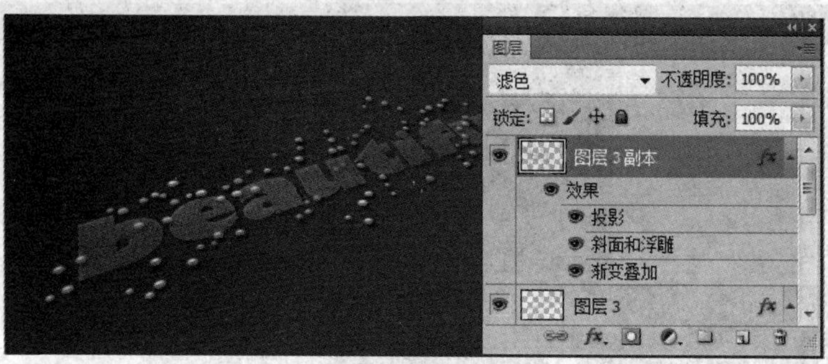

图 12-110 设置图层混合模式为"滤色"

(17) 执行"图层→新建调整图层→色阶"命令，创建"色阶调整"图层，输入阴影、中间调、高光的色阶值：145，9.99，227，如图 12-111 所示。单击"确定"按钮后，执行

"图层→创建剪切蒙版"命令(快捷键：Ctrl + Alt + G)，为当前图层创建剪贴蒙版，如图12-112 所示。

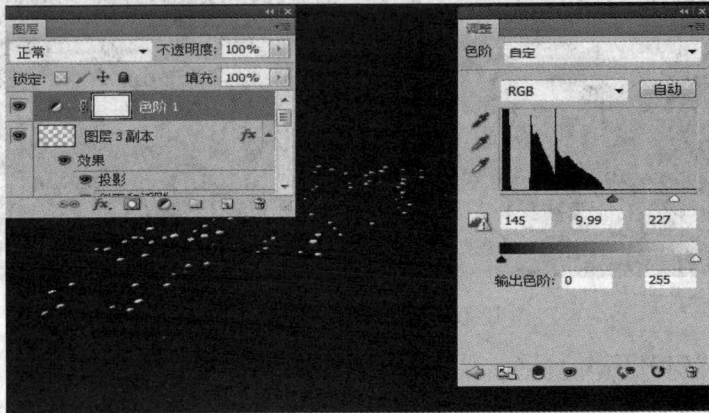

图 12-111　创建"色阶调整"图层

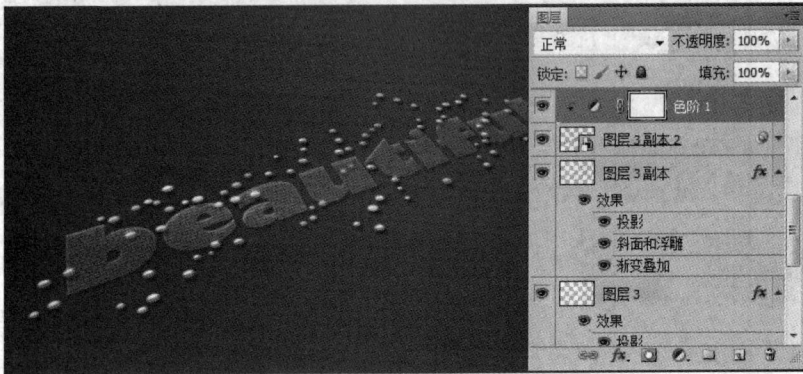

图 12-112　创建剪贴蒙版

(18) 单击选中"图层 3 副本"为当前图层，按下"Ctrl+J"组合键复制该图层，对复制得到的图层执行"图层→智能对象→转换为智能对象"命令，然后对图层适当地进行高斯模糊处理，以增强效果，如图 12-113 所示。

图 12-113　执行高斯模糊

(19) 根据需要渲染一下文字颜色。新建图层，设置前景色为白色，用软画笔给文字点上一些白色高光，如图 12-114 所示。

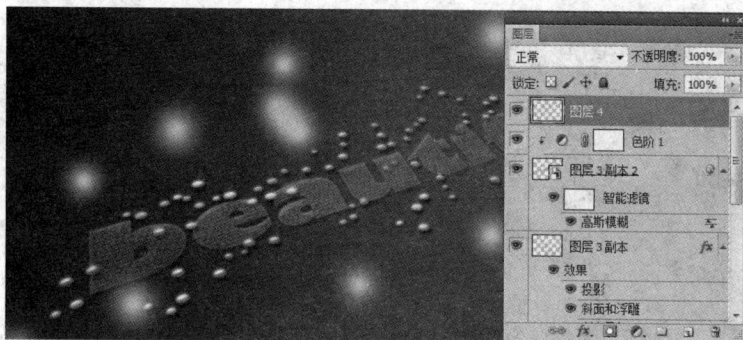

图 12-114　绘制白色高光

(20) 同前述一样，应用"对象旋转"工具，对绘制了白色高光的新建图层创建 3D 明信片，图层模式设为"变亮"，如图 12-115 所示。

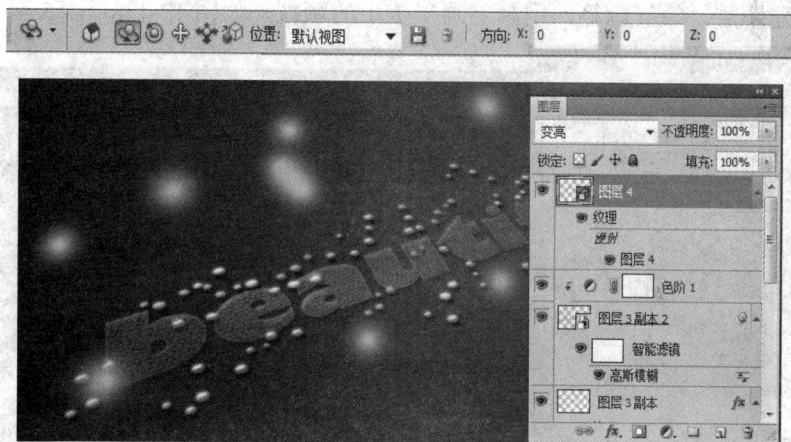

图 12-115　应用 3D 设置

(21) 新建图层，设置画笔参数，再用画笔画一个长条的白光，如图 12-116 所示。

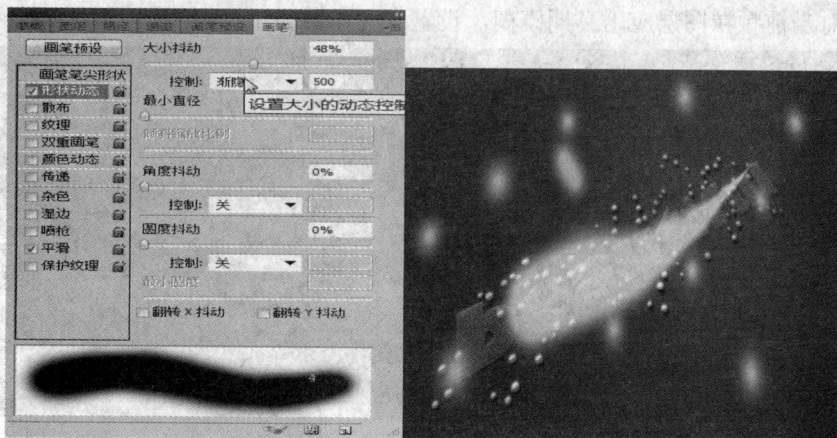

图 12-116　绘制长条白光

(22) 图层设置跟前面白色高光一样，应用 3D 工具，并设置图层混合模式为"叠加"，如图 12-117 所示。

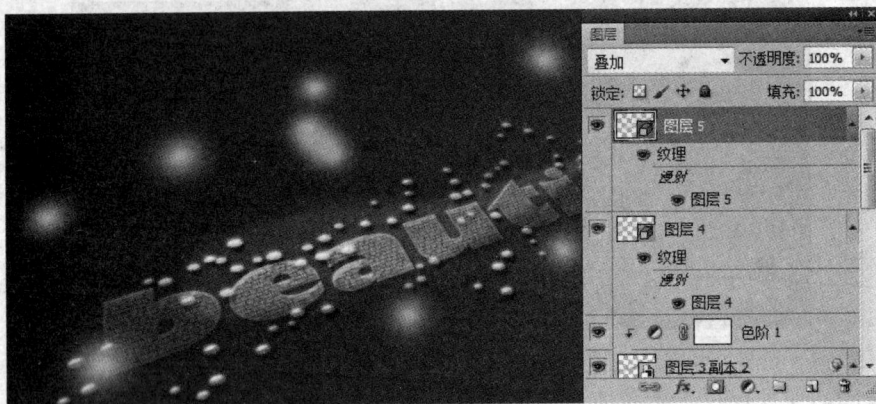

图 12-117　使用"叠加"的图层混合模式效果

(23) 新建图层，设置画笔，用画笔画一些小的颗粒，如图 12-118 所示。

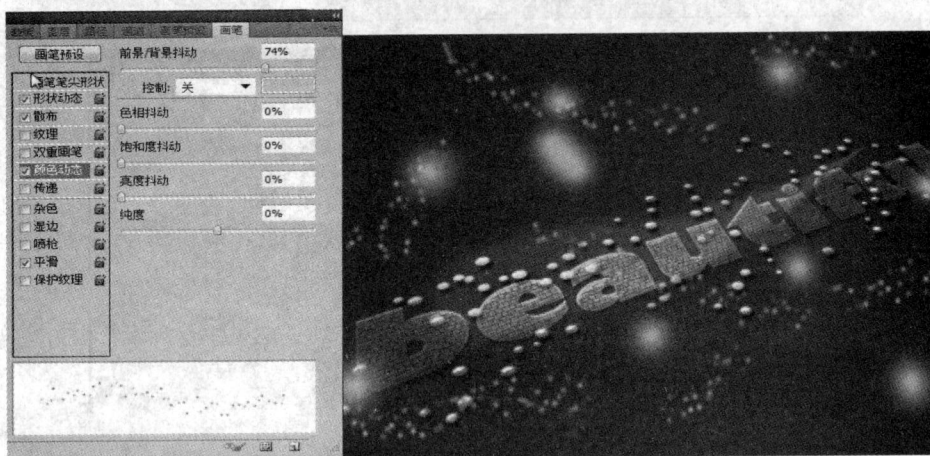

图 12-118　设置画笔绘制小的颗粒

(24) 对当前颗粒图层应用高期模糊，设置半径参数为 1 px，如图 12-119 所示。

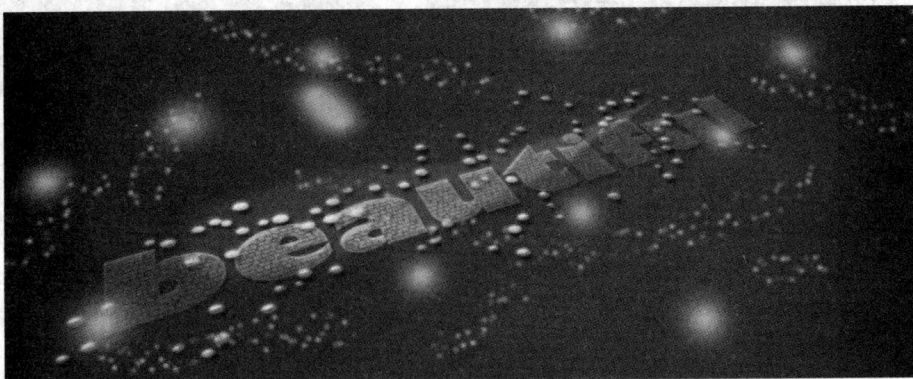

图 12-119　应用高斯模糊

(25) 复制当前图层，并执行"滤镜→模糊→动感模糊"命令，如图 12-120 所示。

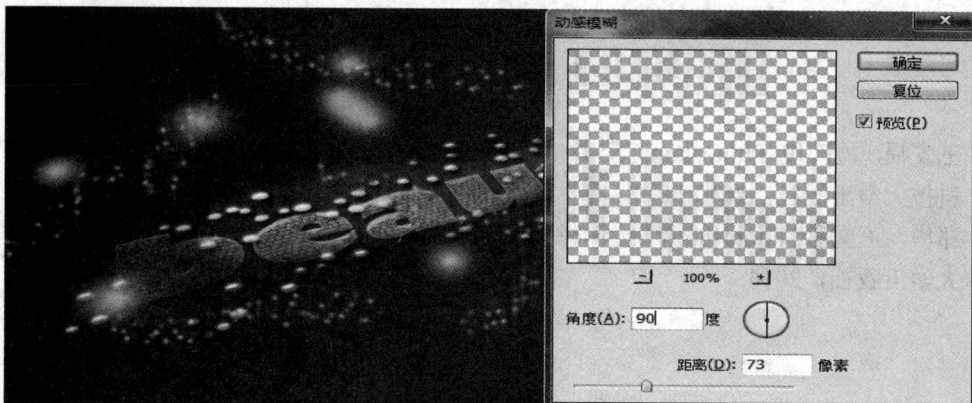

图 12-120　应用动感模糊

(26) 再次新建图层，设置一些 12 px～14 px 大小的颗粒画笔，在上面绘制一些亮点，得到如图 12-87 所示的最终效果。

参 考 文 献

[1]　王安福，孟广俊. Photoshop CS5 中文版图像处理基础与实践教程[M]. 西安：西安电子科技大学出版社，2015.

[2]　郑华，王文雅. Photoshop 图形图像处理案例教程(Photoshop CC)[M]. 北京：北京邮电大学出版社，2016.